新自由主義グローバリズムと家族農業経

村田

筑波書房

はじめに

　本書は，筑波書房創立40周年記念出版として企画された２巻本の１冊である。もう１冊の編者田代洋一氏とともに本書の編集機会を与えられたことはたいへん感慨深い。というのは，編者は同氏とともに筑波書房25周年記念出版の編集を依頼され，「筑波書房25周年記念出版　21世紀の農業・農村」の第１巻『再編下の世界農業市場』，第２巻『再編下の家族農業経営と農協』を，田代洋一編第３巻『日本農業の主体形成』，第４巻『日本農村の主体形成』とともに，2004年に出版することができたからである。

　25周年記念出版の村田編の２巻に，いずれも『再編下の…』と題したのは，「現代世界の農業・食料問題は，基本食料農産物の過剰生産とダンピング輸出競争から抜け出せない米国・EUなどわが国を除く先進国，基本食料の輸入依存を構造化させる中進国，さらに深刻な食料・飢餓問題から脱出できない周辺低開発国という国際関係が露わである。そして，このような国際関係が21世紀冒頭の世界の構造的な農業・食料問題となっているのは，20世紀最後の四半世紀に始まるグローバル化──世界資本主義の発展段階としては，国家独占資本主義的帝国主義段階から多国籍企業帝国主義段階への移行──が，ポスト冷戦下の覇権国家米国が主導するグローバリズムの世界の押付けであり，国際貿易体制のガット（GATT）体制から自由貿易協定（FTA）に補完されたWTO自由貿易体制への促迫をともなっていたことによる。」（同上第１巻序章，13ページ）という理解があったからである。

　そして，上記２巻が問題にしたのは，本書の序章に添付した図序-1の年表「多国籍アグリビジネスの農業包摂とオルタナティブ」が示す「穀物メジャー・アグリビジネス」が支配的であった段階の農産物貿易と農業・食料問題であり，危機に瀕する家族農業経営と農協の苦闘の実際を明らかにすることであった。

iii

さて，それから15年である。

　第1に，1980年ごろに始まるグローバリゼーションについて，上記2巻では，当時のわが国国際政治学界のなかでの議論から生み出された「多国籍企業帝国主義段階」規定を採用したが，本書では，今世紀に入っての国内外の，とくにアメリカ政治経済社会学界発の「新自由主義グローバリズム段階」規定を採用した。「多国籍企業帝国主義段階」規定では，現代資本主義における国家の役割をどう評価するかの議論につながりにくいというのがひとつの理由である。

　そして，1990年代後半にいたって，いよいよ金融資本の支配がグローバル化し，アグリビジネス多国籍においても穀物商社が主導する段階から，バイオテクノロジー農薬・種子メジャーが主導する段階に到達し，「資本主義的生産様式が行う最後の征服」である「農業の占領」（マルクス『資本論』，新日本出版社第Ⅲ巻b，1,147ページ）ともいうべき「資本による農業包摂」がアメリカを先頭に本格化している。

　さらに，今世紀に入って，現代資本主義は，本書序章に述べるように，貧困化，生態系への危機的な負荷，都市貧困のグローバル化といった，まさに「無惨」な事態を招来し，資本主義体制のままではそうした地球規模的危機は克服できないとする「資本主義の終焉」論が台頭し，国連が「持続的な開発」目標を2030年までに達成すべきとするような大転換を国際社会に迫る時代を迎えている。

　編者とその共同研究者は，国際農民運動「ビア・カンペシーナ」の提唱した「食料主権」論が国連人権理事会を動かし，国連総会が「家族農業の10年」や「農民と農村住民の権利宣言」を採択し，「国連サミット」（2015年）が「持続可能な開発のための2030アジェンダ」（SDGs）を採択して，SDGsの目標達成のための主たる担い手が小規模家族農業経営にあるとする主張を支持する。と同時に，先進国政府が「それは途上国の農家経営の問題だ」として小規模家族農業経営の擁護から距離を置き，とりわけわが国の安倍政権の場合には小規模家族農業と農協を排除することが日本農業の将来を開くとする

はじめに

「農業・農協改革」を強行していることは時代錯誤も甚だしいと考えている。

　本書は，そうした認識を，国家に寄生しながら最大限利潤の獲得に狂奔するアグリビジネス多国籍企業を批判することにとどめず，アグリビジネス主導の「農業の工業化」ではなく，小規模家族農業経営の「自然と人間との物質代謝」の再生をめざす環境にやさしい農業と，都市と農村を結ぶ新たな食料運動の発見につなげようとしたものである。

　なお本書の編者・執筆者は，外国農業については主として欧米農業・農政を専攻してきた。本書が途上国農業研究者の皆さんの「新自由主義グローバリズムと途上国の家族農業経営」研究に対する刺激となれば幸いである。

編者

目 次

はじめに …………………………………………………………………… iii

序章 「新自由主義グローバリズム」と家族農業経営

　　　　………………………………………………………… [村田 武] …… 1

　「新自由主義グローバリズム」が生み出した「無惨」…… 1

　「持続可能な開発目標」（SDGs）と家族農業 …… 4

　「新自由主義グローバリズム」とWTO農産物自由貿易体制 …… 8

　途上国の台頭とアメリカの多国間貿易交渉から2国間貿易交渉への逃避

　　…… 10

　バイオテクノロジー農薬・種子アグリビジネスの登場 …… 11

　先進国に共通する中小農家経営の減少と農業構造の変化 …… 15

　先進国におけるアグリビジネス主導の「農業の工業化」へのオルタナ

　　ティブ …… 18

第Ⅰ部　アメリカ北東部ニューイングランドにみるオルタナティブ

第1章　マサチューセッツ州の「ローカルフード」運動

　　　　………………………………………………………… [椿 真一] …… 25

　1．ニューイングランドの農業 ……………………………………………… 25

　2．多国籍アグリビジネスによる農業・食料支配と農場の二極分化 …… 30

　3．オルタナティブとしてのローカルフード・システム ………………… 33

　4．貧困層の拡大と食料確保の問題 ……………………………………… 36

　5．JD農場 …………………………………………………………………… 41

　　（1）非農家出身家族に経営を任せている農場 …… 41

　　（2）認証有機農業を基礎とした直接販売 …… 42

　　（3）地域社会への貢献 …… 44

　6．雇用型法人経営—TM農場 …………………………………………… 45

　　（1）消費者への直接販売を中心とした有機農場 …… 45

　　（2）非農家出身者による農場経営 …… 48

vii

（3）農場の経営規模拡大にともない販売額も増加 …… 49

（4）積極的な設備投資 …… 50

（5）ローカルフード・システムへの取組の苦労 …… 51

7．農場を運営する非営利組織—ザ・フード・プロジェクト …………… 52

（1）活動の目的 …… 52

（2）ザ・フード・プロジェクトの農場 …… 54

（3）青少年農業教育 …… 59

（4）ザ・フード・プロジェクトの経営収支 …… 60

8．ローカルフード・システムの構築に向けた今後の課題 …… 61

第2章　ニューイングランドの酪農協同組合と小規模酪農

………………………………………………… ［佐藤　加寿子］ ……67

1．アメリカ酪農における産地移動と経営規模拡大 ………………………… 67

2．加工事業型酪農協として展開するアグリマーク ……………………… 69

（1）組合員875・集乳量147万tの中規模酪農協同組合 …… 69

（2）その沿革と集乳量の増加 …… 71

（3）乳製品加工工場の整備 …… 73

（4）生乳と乳製品の販売 …… 75

（5）組合員に対するサービス …… 78

（6）食品安全・環境問題への取組—消費者・社会の声に応えて— …… 79

（7）協同組合間協同および地域への貢献，Bコーポレーション認証の取得 …… 83

3．組合員農場 ……………………………………………………………… 85

（1）搾乳ロボットの導入で搾乳頭数を増やすA農場 …… 85

（2）牛乳の宅配や牛肉の個人販売に取り組み始めたB農場 …… 87

第3章　マサチューセッツ州の都市近郊農場と保全地役権

………………………………………………………… ［橋本　直史］ ……91

1．保全地役権による農地保全 ………………………………………………… 91

（1）保全地役権 …… 91

（2）保全地役権による保全拡大とランドトラスト …… 94

（3）農地保全を対象とした保全地役権の制度化とその進展 …… 98

2．MA州における保全地役権制度による農地保全の展開 ……………… 102

（1）保全地役権による土地保全状況 …… 102

（2）ランドトラストの活動と特徴 …… 104

（3）MA州における土地利用および農家戸数・農地面積・農地価格の
変遷 …… 106

3．農地保全制度（APR）による農地保全の取組の現段階 ………… 109

（1）APRと保全面積の変遷 …… 109

（2）APR調査にみるAPR制度利用農家の意向 …… 114

（3）TM農場にみるAPR制度の意味 …… 118

おわりに……………………………………………………………… 119

第Ⅱ部　EUにおける農政と家族農業経営の現段階

第4章　EU共通農業政策（CAP）の新段階

…………………………………………………………[平澤 明彦] ……123

はじめに……………………………………………………………… 123

1．既往のCAP改革 ……………………………………………… 125

（1）現行CAPの構成 …… 125

（2）CAP改革の経緯と直接支払い制度 …… 127

（3）直接支払いの過去実績 …… 129

（4）農業の有する多面的機能への貢献 …… 130

2．2013年CAP改革の新たな展開 …………………………… 133

（1）新たな情勢 …… 133

（2）2013年CAP改革の内容 …… 136

3．分権の強化をめざす次期CAP改革案 …………………… 155

（1）CAP中期予算の削減案 …… 156

（2）次期改革案 …… 158

おわりに……………………………………………………………… 164

第5章　ポーランドの家族農業経営と今後の課題

…………………………………………………………[弦間 正彦] ……169

1．体制転換と家族農 …………………………………………… 169

（1）集団化が限定的であったポーランド …… 169

（2）家族農を取り巻く環境 …… 170

2．家族農の存在構造 …………………………………………… 172

（1）中央計画経済下（1948年から1989年）での家族農 …… 172

（2）体制転換後の家族農 …… 173

（3）EU加盟後の家族農の経済状況の変化 …… 174

おわりに…………………………………………………………………… 177

第6章　イギリスの家族農業経営とブレグジット農政改革

……………………………………………………［溝手 芳計］……179

はじめに……………………………………………………………………… 179

1．イギリス農業における家族経営の位置……………………………… 181

（1）フランス・ドイツとの比較 …… 181

（2）イングランドはどうか …… 183

2．近年におけるイングランド家族農業経営の苦境 ………………… 185

（1）激動にさらされる中小家族経営 …… 185

（2）所得構成の動向に見る家族経営の苦境 …… 187

3．家族農業経営の圧迫要因 …………………………………………… 188

（1）大規模経営へのBPS直接支払いの集中と地価上昇，投資力格差 …… 188

（2）EU拡大による移民労働力の流入 …… 191

（3）農産物輸出への依存と市場の振れ …… 194

（4）食品関連アグリビジネスの農産物市場支配と農業構造の変化 …… 196

（補遺）ブレクジット投票におけるイングランド農業界の捻じれ……199

4．ブレグジット農政改革と農業者団体の対応 …………………… 200

（1）政府の農政改革提案 …… 200

（2）農業団体の対応—家族農業経営支援の視点から見る …… 204

第7章　ドイツ・バイエルン州にみる家族農業経営

………………………………………………… ［河原林 孝由基］……211

1．農業構造の激変と迫られる気候変動・環境問題への対応 ………… 211

（1）EU共通農業政策の新自由主義的転換のもとでの農業構造の激変
…… 211

（2）バイエルン州北部の農業構造の変化 …… 214

2．協同バイオガス発電事業と家族農業 …………………………… 216

（1）レーン・グラブフェルト郡における協同バイオガス発電事業 …… 216

（2）"トウモロコシだらけ"に野生植物のオルタナティブ …… 223

x

（3）グロスバールドルフの新たな共同経営「ヘーゼルナッツ協同農園」
　　…… 229
3．有機農業に活路を見出す ……………………………………………… 232
（1）酪農から撤退して有機農業へ「ロートハウプト農場」…… 232
（2）有機酪農の「A・ヘルリート農場」…… 236

第8章　フランス・ブルターニュにみる家族農業経営
**　　　―酪農を中心に―**───────────────────────[石月 義訓]……239

はじめに ……………………………………………………………………… 239
（1）フランスの酪農 …… 239
（2）ブルターニュ地方の酪農 …… 241
1．ブルターニュ地方の酪農家族経営とその存在形態 ………………… 242
2．生乳生産クオータ制の廃止と酪農家族経営の対応 ………………… 248
（1）新自由主義的酪農政策と生乳生産クオータ制の廃止 …… 248
（2）生乳生産クオータ制廃止と農民団体 …… 250
3．酪農家族経営のオルタナティブな対応 ……………………………… 252
（1）草地型酪農システムの再評価 …… 252
（2）酪農家族農業経営と「持続可能な農業ネットワーク」…… 253
おわりに ……………………………………………………………………… 255

第9章　イタリアにおける「ショートフードサプライチェーン」の
**　　　展開と小規模家族農業** ……………………………………[岩元 泉]……257

1．イタリアにおける有機農産物市場 …………………………………… 257
（1）イタリア有機農産物マーケットにおけるLFSC …… 258
（2）EcorNaturaSiの展開 …… 260
（3）生産者組織の展開 …… 261
2．GAS（連帯購買者グループ）の生成と展開 ………………………… 262
（1）GASの歴史と組織 …… 262
（2）GAS ROMA SECONDOの事例 …… 265
（3）CAPO HORN協同組合 …… 268
（4）GASにおける消費者と生産者の関係 …… 271
3．SFSCの多様化 ………………………………………………………… 274
（1）宅配・ボックススキーム …… 275

xi

（2）アルバイア（ARVAIA）協同組合 …… 276

（3）カンピ・アペルティ（CAMPI APERTI）…… 278

4．イタリアの家族農業 …… 279

（1）統計上の家族農業 …… 279

（2）家族農業とショートフードサプライチェーン（SFSC）…… 280

【参考文献】……………………………………………………………… 283

事項索引 ………………………………………………………………… 295

執筆者紹介……………………………………………………………… 302

序章

「新自由主義グローバリズム」と家族農業経営

村田 武

「新自由主義グローバリズム」が生み出した「無惨」

　イギリス・サッチャー政権（1979年5月〜90年11月）とアメリカ・レーガン政権（1981年1月〜89年1月）とが1980年代に入って推進したのは，イギリスではフェビアン社会主義以降の75年間の，アメリカではルーズベルト大統領のニューディール政策以降の50年間の社会福祉国家と労働運動を攻撃してその解体を強行し，大企業に有利な「規制緩和」を正当化するために「市場原理主義」を擁護するとともに，各国に資本移動の障壁を撤廃させ，金融市場のグローバル化を強制することであった。これが世界的な規模で貧困化や環境悪化など深刻な問題を噴出させるにつれて，これは「世界資本主義システム」全体の変容であり，「新自由主義グローバリズム」だとする認識が一般的になった。やっかいであったのは，この新自由主義をアメリカ（クリントン民主党政権）でもEU諸国（イギリスのブレア政権やドイツのシュレーダー政権など）でも，中道左派政権が受け入れるなかで進められた新たな貿易交渉が，「自由貿易」の名のもとに，それまではガット（GATT，関税貿易一般協定）のもとで，おおむね国際協調と共存が認められていた農業を市場争奪戦に引きずり込むとともに，経済以外の環境や医療の分野でも社会的な規制の導入を妨害し，企業利益の増進を図るものとなったことである。わが国でも中曽根政権の「臨調・行革」から安倍政権の「アベノミクス」成長戦略にいたるまで，こうした動きに追随するものであった[1]。

1

この「新自由主義グローバリズム」が生み出したものは、「無惨」そのものであった。

　第1に、それまでの「北」と「南」の諸国間の経済格差をさらに大きくするとともに、先進諸国でも途上国でも格差と貧困が拡大した。世界でもっとも「豊か」であったはずのアメリカでも、失業者だけでなく、最低生活賃金すら支払われなくなった勤労者にも貧困が広がっている[2]。

　第2に、「生態系への危機的な負荷」といわれる自然環境の破壊が危機的状況になった。D・ハーヴェイは、新自由主義グローバリズムがもたらした環境破壊を以下のように要約した。

　「資本の生態系の時間的・地理的規模は、指数関数的成長に応じて変容してきた。過去において問題は通常、局地的であった——こちらでは河川の汚染があり、あちらでは悲惨なスモッグが発生した。現在では問題はより広域的なもの（酸性雨、低濃度オゾンガス、成層圏オゾンホール）に、あるいはよりグローバルなものになっている（気候変動、グローバルな都市化、生息環境の破壊、生物学的種の絶滅と生物多様性の喪失、海洋や森林や地表における生態系の悪化、そして人工的な化学物質——肥料や農薬——が地球上の生物と土地とに対するその副作用も影響範囲もわからないまま野放図に導入

（1）三宅芳夫「リベラル・デモラシーシーの終焉？　新自由主義グローバリズムの奔流の中で」『世界』（2019年2月号）参照。なお、宇沢弘文は、菅直人民主党政権が唐突に打ち上げたTPP（環太平洋経済連携協定）への参加表明を批判する発言において、「新自由主義は、企業の自由が最大限に保証されるときにはじめて、一人一人の人間の能力が最大限に発揮され、さまざまな生産要素が効率的に利用できるという一種の信念に基づいて、そのためにすべての資源、生産要素を私物化し、すべてのものを市場を通じて取引するような制度をつくるという考え方である」とした。佐々木実『資本主義と闘った男——宇沢弘文と経済学の世界』講談社、611ページ。さらにジョセフ・スティグリッツは、「市場原理主義」を「束縛を解かれた市場は独力で経済的繁栄と成長を確実に達成するという考え方」と解説している『フリーフォール』徳間書店、2010年参照。
（2）ジェレミー・シーブルック（渡辺景子訳）『世界の貧困』（青土社、2005年）参照。

序章 「新自由主義グローバリズム」と家族農業経営

されること）。多くの場合，局地的な環境的諸条件は改善しているが，広域
的問題，とりわけグローバルな問題は悪化している。その結果，資本と自然
の矛盾は今では，伝統的な管理手法や措置手法では手に負えなくなってい
る。」(3)

　そして，この「生態系への危機的な負荷」のなかで，種の絶滅，遺伝子の
多様性の喪失，湿地破壊，土壌侵食，殺虫剤と除草剤の毒性作用などの多く
の問題が，アグリビジネス多国籍企業主導の種子独占と農業技術革新（農業
の「工業化」）——遺伝子組換え（GM），農薬・ポストハーベスト，化学肥
料，牛成長ホルモン・抗生物質，放射線照射，食品添加物など——と，大規
模農業開発——アフリカや旧社会主義国など世界的な農地争奪（ランドラッ
シュ）をみよ——による大規模法人型農場が担う農業生産力の引上げによる
ものであることも明らかになった(4)。

　第3に，「大都市メガ・スラムの惨状」といわれる1980年代以降に顕著に
なった途上国におけるスラムの拡大をともなった都市の巨大化である。これ

（3）デヴィッド・ハーヴェイ（大屋定晴他訳）『資本主義の終焉・資本の17の矛盾
　　とグローバル経済の未来』（作品社，2017年）336ページ。ジョン・ベラミー・
　　フォスター（渡辺景子訳）『破壊されゆく地球・エコロジーの経済史』（こぶ
　　し書房，2001年）参照。
（4）「農業の工業化」概念は，単に「アグリビジネス多国籍企業主導の種子独占と
　　農業技術革新」ではなく，「資本蓄積のための要請に適合的な構造に農業を再
　　編する過程としての『資本による農業の包摂』であり，この『包摂』こそ『農
　　業の工業化』の本質的性格であり結果でもある」とする磯田宏氏の主張を肯
　　定的に理解したうえのものである。磯田宏『アグロフュエル・ブーム下の米
　　国エタノール産業と穀作農業の構造変化』（筑波書房，2016年）第3章参照。
　　そして，この「資本による農業の包摂」が，資本主義の「新自由主義とグロー
　　バリズム」段階にいたって，現代アメリカでは，マルクスが指摘した「資本
　　主義的生産様式による農業の占領，自営農民の賃労働者への転化は，実際上
　　一般にこの生産様式の行う最後の征服である」の段階に到達したものと，私
　　は理解している。（『草稿』では，「農業における資本主義的生産様式は，実際
　　上一般に，資本主義的生産最後の姿態なので」）（K・マルクス『資本論』第3
　　巻第6篇「超過利潤の地代への転化」第39章「差額地代への第一形態（差額
　　地代Ⅰ），新日本出版社『資本論』Ⅲb，1147～48ページ。

3

を「都市貧困のグローバル化」だとするM・デイヴィスは，「IMFと世界銀行が推進する農業の規制緩和と金融改革政策が農業労働力を過剰にし，都市のスラムに向けて脱出するのを促し続けてきたことによるものだ」と的確に指摘した[5]。

「持続可能な開発目標」（SDGs）と家族農業

　2015年9月の「国連サミット」で採択され，国連加盟193か国が2016〜30年の15年間で達成をめざすとした「持続可能な開発のための2030アジェンダ」は，まさに新自由主義グローバリズムが生み出した貧困と格差，地球温暖化・気候変動など環境破壊との闘いを国際社会に呼びかけるものであった。

　国際社会の焦眉の課題となった地球温暖化への取組は，すでに1992年の「地球環境サミット」を起点に，気候変動枠組み条約と生物多様性条約によって，食料生産だけでない農業政策に転換し，環境政策と農業政策の統合をめざす方向が確認されていた。また2008年の「ラムサール条約第10回締約国会議」（韓国）の水田決議では，水田の多面的機能が国際決議され，2010年の「COP10」（生物多様性条約第10回締約国会議，名古屋）では，世界の自然保護と食料危機の問題を結びつけ，農業・環境・食料政策の統合を求める流れを促進するとされていた。こうした動きが，17項目にわたる「持続可能な開発目標」（Sustainable Development Goals, SDGs）に結実したのである[6]。

　国連食糧農業機関（FAO）は，このSDGsの目標達成のために「家族農業の10年」（2019〜28年）を準備した[7]。そこで提起されたのは，1家族による，ないしは主に家族労働力による農業経営＝小規模な家族農場（family farms）を支持することが，17項目の目標のうちの多くの目標の達成に不可欠であって，各国は家族農業への公的支援・政策の抜本的強化を推進しようではないかという提案である。これは国際農民組織「ビア・カンペシーナ」

（5）マイク・デイヴィス（酒井隆史他訳）『スラムの惑星・都市貧困のグローバル化』（明石書店，2010年）24ページ。

序章　「新自由主義グローバリズム」と家族農業経営

（1993年設立）のイニシアチブのもと，コスタリカを中心に14か国が元提案国となって，FAOや，途上国の農業開発を目的にして1977年に設立された「国連農業開発基金」（IFAD）を動かし，国際的キャンペーンを盛り上げてきた成果がこの決議につながったとされている。そして，FAOは，小規模

（6）しかし，国連が2019年2月にまとめた『地球環境概況第6次報告書』は，地球環境の劣化に歯止めがかかっておらず，このままでは環境保全の他，飢餓や乳幼児死亡率，水資源などの改善も進まず，SDGsの全17目標のうち8つの目標の達成が危ぶまれると指摘した。そうした事態が生まれるのは当然だろうと，スーザン・ジョージは以下のように国連の取組みを厳しく批判していた。「持続（サステイナブル）可能な開発の名のもとに召集された「地球環境サミット」（1992年・国連リオ会議）が取りまとめた行動計画「アジェンダ21」が企業活動の規則について触れるのを回避した」ことにともない，現在にいたる現実を見るとき，持続可能な開発とは皮肉な呼び名だ。「持続可能な開発のための世界ビジネス・カウンシル」に結集する超国籍企業が，「リオ宣言」が各国は自国の資源を活用する絶対的な権利を有するとしたが，現実のそうした権利を持つのは諸国家を超えて活動する権限を与えられた企業であって，各国は国家を超えた投資を招き寄せるのに必死であるから，高度な環境基準や社会水準を求めず，従順で，不十分な賃金であっても，生産力のある労働力を提供する国々が，真っ先に“投資”という獲物を勝ち取るのである。中国が海外投資先のトップに位置し，1997年以来，国外からの直接投資で2,700億ドル以上を招き寄せたことは，驚くべきことではない」スーザン・ジョージ（杉村昌昭・杉田満訳）『オルター・グローバリゼーション宣言』（作品社，2004年）53〜54ページ。

（7）途上国における飢餓問題と農村からの農民を含む住民の追い出しに直面して，1993年に国際農民組織「ビア・カンペシーナ」が設立され，「農業をWTOから外して食料主権の確立」をめざす「農業改革グローバル・キャンペーン」を展開してきた（わが国では農民連が2005年に加盟）。ビア・カンペシーナの運動は，「国連食糧農業機関」（FAO）や「国連農業開発基金」（IFAD，途上国の農業開発を目的に1977年に設立）を動かし，2000年には，「農民の権利を守る国際法制」が必要だと，国連人権理事会への働きかけを強めてきた。それが「国連人権理事会」での議論を推進し，2018年9月に同理事会で「農民と農村で働く人々の権利宣言」が採択され，同年12月には国連総会で124か国の賛成で採択されるにいたった。この国連総会で，決議に反対したのは，アメリカ，オーストラリア，ニュージーランド，イギリス，スウェーデン，チェコ，ハンガリー，グアテマラ8か国であった。棄権したのが54か国で，わが国は人権理事会でも総会でも棄権している。農民運動全国連合会「農民」2019年4月22日参照。

5

家族農業を支持すべきだとする根拠に，世界農業における家族農業の存在意義を強調したのである。FAOは小規模家族農場の存在意義を以下のように列挙した。

　①世界農業において農場の90％（5億農場）以上は家族によって経営されている，②先進国でも途上国でも世界の農業生産（農産物生産額）の80％以上は家族農場が生産している，③家族農場は世界の最大の雇用者（就業機会）である，④家族農場はローカル市場の発展やコミュニティでの協働と活力維持に貢献し，国内生産物の生産を担い，ローカルな伝統や文化遺産，食文化，コミュニティの生態系と農村景観の保全に貢献している，⑤世界の家族農場の大多数はきわめて小規模で，とくに女性が経営主である農場の規模は男性のそれの半分ないし3分の2の規模にすぎない，⑥漁業に従事する1億4,000万人のうちの90％は小規模漁民であり，漁獲した魚の60％は直接食用になる，⑦2億人から5億人の家畜放牧農民が，地表の3分の1を利用しており，粗放的な放牧・半放牧ないし移牧によって生活を維持しており，厳しい気候環境の地域での食料保障に大きく貢献している，⑧家族農場は林業コミュニティにも存在し，極貧層の40％は森林・サバンナ地域に住む。そのような地域では，林業と農業の複合が自然資源の複合的管理を生み出している，⑨山地農業はほとんどが家族農場であって，途上国や旧社会主義国の山村住民のほぼ40％（3億人）は，食料確保が不十分で，その半分は慢性的飢餓に苦しんでいる，⑩3億7,000万人を超える人々，すなわち世界人口の5％は土着住民で，貧困者の15％を占める。伝統的な土着住民地域は世界面積の22％だが，地球上の生物多様性の80％を保全する，⑪家族農場は，したがって食料保障の向上，持続的成長，そして農村の貧困と環境劣化との闘いにおいて鍵を握っている[8]。

（8）FAO, FAO'S WORK ON FAMILY FARMING Preparing for the Decade of Family Farming（2019-2028）to achieve the SDGs, 2018. 小規模・家族農業ネットワーク・ジャパン編『よくわかる国連「家族農業の10年」と「小農の権利宣言」』（農文協ブックレット，2019年）参照。

序章 「新自由主義グローバリズム」と家族農業経営

　そして，FAOは，SDGs目標の②飢餓ゼロ（飢餓の終結，食料保障と持続的な農業）の達成こそ家族農業が担うべき中心的課題とした。さらに，①貧困撲滅では資源やサービスへのアクセス，脆弱性と危険性の削減，⑤ジェンダーの平等と女性・少女の自立では資源へのアクセスにおける平等と土地所有，経済的サービス，⑦確実かつ現代的エネルギーへのアクセス，⑧包括的持続的な経済成長と，雇用で完全雇用と男女すべてに働きがいのある仕事の確保，児童労働の排除，⑨確実なインフラ整備や持続的な工業化とイノベーションの促進では，小規模製造業や金融サービスへのアクセス，⑩国内・国際的な不平等の是正では社会的な保護政策，⑫持続的な消費と生産の型では，自然資源の持続的管理と効率的利用，生産・流通過程での食品ロスの削減，持続的な公的調達，⑬気候変動への緊急行動では，弾力性と適応能力の強化，⑭持続可能な開発のための海洋と海洋資源の保全と利用では，小規模漁業者の海洋資源と市場へのアクセス，⑮陸上生態系の保護と回復，持続可能な利用の推進，持続可能な森林経営，砂漠化との闘い，土壌劣化の阻止・回復，生物多様性の損失阻止，などの目標についても，その達成には家族農業が鍵を握っており，家族農業を支持し，その存在を確実なものにすることこそ国際社会の喫緊の課題だとして，「家族農業の10年」（2019〜28年）を提案したのである。

　つまり，FAOは，新自由主義グローバリズムが生み出した「無惨」を克服しようというSDGsにおいて，家族農場を支え，安定・成長させることが目標達成に近づけることを国際社会に認知させる道を選択した。これは，多国籍企業主導の世界経済編成のもとで，農業や食料の分野で支配力を強めたアグリビジネス多国籍企業が主導する農業の「工業化」による生産力上昇と，自由貿易を標榜する農業国際分業の強制では，飢餓の克服にも，農村住民の貧困からの脱出にも，気候変動に対処し資源の持続的利用を可能にする持続的かつ環境保全型農林水産業の発展にもつながらず，事態をむしろ悪化させるとの理解を国際社会に提起したものである。

7

「新自由主義グローバリズム」とWTO農産物自由貿易体制

1970年代後半から1980年代にかけての米欧間の農産物貿易摩擦は，アメリカのカーギル社に代表される穀物商社や食品産業企業などアグリビジネス企業の巨大化と支配力の強化を背景にした穀物や大豆，さらに食肉など畜産物の増産と補助金つき輸出攻勢，それに対するEUの共通農業政策（CAP）の価格支持政策に支えられた穀物増産と補助金つき輸出が生み出したものであった[9]。

巨大穀物商社などの政治的圧力に押されたアメリカ・レーガン共和党政権は，農産物過剰と貿易摩擦の緩和をめざし，ガット（GATT，関税貿易一般協定）の多国間貿易交渉であるウルグアイ・ラウンド（UR，1986〜93年）で，世界貿易機関（WTO）体制を構築することに成功した（UR交渉の妥結時にはクリントン民主党政権）。こうして1995年にスタートしたWTO体制は，1948年以来のガット体制（工業製品と農産物を事実上別扱いにし，農産物については国内農業を守るための輸入数量制限など関税以外の貿易障壁を容認した）を崩し，関税のみを許容する農産物自由貿易体制を成立させるものに

（9）1973年にウクライナやアフリカ・サヘル地域で発生した大干ばつは，第2次世界大戦後の本格的な世界食料危機の引き金になった。そこで，コンチネンタル・グレイン社やカーギル社など巨大穀物商社は，アメリカやアルゼンチンでトウモロコシや小麦を大量に買い付け，飼料穀物不足のロシア（当時はソ連邦）に輸出して大きな利益をあげ，それが世界的な穀物価格高騰を招いたことで，オイル・メジャーといわれる巨大企業が世界のエネルギー資源たる石油の採掘からその貿易にいたるまでを支配しているのと同様に，世界の食糧（穀物）の生産・貿易を支配する巨大企業が存在することを世間に知らしめることになった。この2社に加えて，ブンゲ社，ルイ・ドレフュス社，アンドレ・ガーナック社の合計5社の穀物商社は，いずれも株式非公開の同族会社で，年間販売額や利益を公表していなかったので，その存在は世間からは「秘密のマントで覆い隠されていた」。そこで明るみになったのは，これら穀物商社5社はアメリカの穀物輸出の約85％を押さえており，押しも押されもせぬ「世界市場における穀物メジャー」であったというところにあった。R・バーバック／P・フリン（中野一新・村田武監訳）『アグリビジネス』（大月書店，1987年）参照。

なった。

WTO農産物自由貿易体制は，ガットが許容していた国際農業調整，その典型である1950年代以来の「国際商品協定」，すなわち砂糖，コーヒー，ココアなどの一次産品に関する貿易量を規制する緩衝在庫や輸出割当などによって国際価格の安定をめざす国際協調の取組を頓挫させることになった。さらに，国連貿易開発会議（UNCTAD）が1976年の第4回総会で採択した「一次産品総合プログラム」など，途上国農業の安定的発展をめざす国際社会の農産物貿易管理体制強化にもストップがかけられた。一次産品総合プログラムは，広範な一次産品の価格安定と輸出所得の改善をめざす包括的国際措置として，「一次産品共通基金」を設立し，産品ごとの国際商品協定の締結を促進する意欲的な約束であった。しかし，WTOの農産物自由貿易主義を最優先する新自由主義イデオロギーは，そのような国際協調をめざす貿易管理をアンフェアなものとして排除した。その結果生まれた国際商品市場でのコーヒー価格の暴落と長期低迷が，「コーヒー危機」として途上国の生産農家を直撃し，それがヨーロッパやアメリカでの生産費を償う真っ当な価格で輸入しようという「フェアトレード運動」を広げることにもつながったのである。

WTOは加盟国から国内農業保護のための自主的な農産物貿易政策の採用を奪うだけでなく，各国の国内農業政策を市場原理指向の新自由主義的農政に転換させるという合意をも押しつけた。「WTO農業協定」は，米欧の補助金つき輸出による財政支出の削減を狙って，生産を刺激する農産物価格支持政策の抑制を求める「デカップリング」政策への転換と国内農業支持の削減を加盟国全体に押しつけたのである。これは穀物の生産過剰と貿易摩擦に直面して，それぞれの穀物農業の生産抑制を迫られたアメリカとEUが，穀物過剰生産国だけでなく輸入国にも「構造調整」を迫るものであった。穀物増産にポジティブな（すなわち"カップル"）価格支持政策から，穀物生産を抑制するネガティブな（すなわち"デカップル"）な政策に転換すべきだということであった。

このように農業分野にも新自由主義的政策を「国際基準」として押しつけるにいたったのが，まさに1980年代に始まるアメリカとアグリビジネス多国籍企業主導のグローバリズムでありWTO体制であった。

途上国の台頭とアメリカの多国間貿易交渉から２国間貿易交渉への逃避

WTO設立協定の締結が迫るなかで，アメリカ（クリントン政権）は，日欧資本との競争から北米市場を守るべくカナダとメキシコとの３か国で「北米自由貿易協定」（NAFTA）を締結した（1994年発効）。今世紀に入って顕著になる原則関税ゼロの早期達成をめざす二国間自由貿易協定（FTA）・経済連携協定（EPA）の乱立は，このNAFTAを嚆矢とするものである。

WTO体制のもとで，先進国多国籍企業の直接投資による「輸出工業国」化の著しいブラジルなど新興工業諸国に加えて，中国もまた外資導入とアメリカ市場の安定的確保をめざして2001年末にWTO加盟を果たした。WTO加盟についての米中交渉で中国が譲許した農産物関税率は先進国並みに低い17％であった（日本12％，アメリカ６％，EU20％）。大豆についてはすでに1996年には純輸入国になっていた中国は，その後の10年間に世界最大の大豆輸入国となり，アメリカ産大豆の輸入増加に加えて，南米からの輸入がアメリカを上回り，2007年には新しい「大豆の貿易風」（"Tradewinds of soybeans"）が生まれたと報じられるにいたった[10]。

WTO協定の自由化水準のレベルアップをめざしたい先進国の意向にもとづくWTO第３回閣僚会議（1999年秋，アメリカ・シアトル）が，自由貿易に反対するアメリカの労働運動や世界の非政府組織（NGO）の抗議行動に包囲されるなか，「新ラウンド立上げ閣僚宣言案」は途上国に拒否された。ようやく01年11月の第４回閣僚会議（カタール・ドーハ）で立ち上げた新ラウンド（「ドーハ開発アジェンダ」）も，03年９月にメキシコ・カンクンで開催された第５回閣僚会議では，WTO自由貿易体制が国益にはつながらな

───────────────

(10)村田武編著『地域の再生④　食料主権のグランドデザイン』（農文協，2011年）52～53ページ参照。

かったとするインドやブラジルにリードされた途上国グループの抵抗によって，新ラウンド議長再提案の合意に失敗した。この間に，市場原理主義優先のグローバリズムに異議を唱え，代案を模索する草の根の運動団体や個人が参加する「世界社会フォーラム」（2001年ブラジル・ポルトアレグレ）が開催され，WTOの大企業利益優先への批判を強めている。

すなわち，途上国政府やNGOの先進国に対する抵抗力がアップしているのは，グローバリズムに反対する市民運動や農民運動が各国で成長していることによるものである。たとえば農民組織では「ビア・カンペシーナ」が今や世界の農民運動の最大勢力に成長して，「農業をWTOから外して食料主権を確立する」ことをめざす「農業改革のためのグローバル・キャンペーン」を広げている。NGOでは，イギリスのオックスフォードに本部を置く世界最大級の途上国支援NGO「オックスファム」（Oxfam）の途上国支援キャンペーンが幅広い支持を得ている[11]。

こうして迎えたのが，2008年秋の「アメリカ発の金融危機」（「リーマン・ショック」）であった。世界的な金融・経済危機は，まさにパックス・アメリカーナの終焉であり，米欧主導型WTO新自由主義グローバリズムの修正へ向かう画期となった。

バイオテクノロジー農薬・種子アグリビジネスの登場

1973年の世界食料危機とソ連邦の穀物輸入で登場したコンチネンタル・グレイン社やカーギル社など穀物貿易巨大企業は，先物取引市場（穀物のシカゴ，コーヒーなど熱帯産品のニューヨーク）を利用して世界農産物貿易を支配するものであり，ゼネラルフーズ社やネスレ社，ユニリーバ社といった食

---

(11)1990年代に「ビア・カンペシーナ」に代表される国際的な農民組織が誕生し，FAOや国連人権理事会に大きな影響を与えてきたことについては，マーク・エデルマン／サトゥルニーノ・ボラス・Jr.（ICAS日本語シリーズ監修チーム監修）『グローバル時代の食と農　国境を越える農民運動』（明石書店，2018年）参照。とくに「農民と農村住民の権利宣言」が国連人権理事会で採択される経緯については同書140～142ページ。

品加工大企業は原料農産物調達で農業に対する生殺与奪の権をにぎるもので
あった。しかしその後の国際農産物価格の大変動，とりわけWTO発足の
1995年，そして96年には好調であった穀物国際価格が，2002年になってアメ
リカ・カナダ・豪州の同時不作で需給が引き締まるまで大きく低迷するなか
で，穀物取引のうまみが失われ，ソ連邦への穀物輸出の主力であったコンチ
ネンタル・グレイン社が1999年には穀物関連施設をカーギル社に売り払って，
穀物取引から撤退した。アンドレ・ガーナック社は2001年に大豆投機の失敗
で倒産した。ルイ・ドレフュス社も1997年にブラジルでの大豆搾油業に主力
を移し，かつての穀物商社5社のうち，残るはカーギル社とブンゲ社だけと
なり，これに新たにアーチャー・ダニエルズ・ミッドランド社（ADM社）
とコナグラ社が加わっている。しかも，これら穀物商社も穀物取引専業では
なく，フィードロット直営・食肉加工からバイオ燃料製造など経営多角化に
余念がない。

　穀物商社が主導してきたアグリビジネス業界に大きな変化が生まれるのは，
(1) 1996年にアメリカで遺伝子組換え作物の商業栽培が開始され，(2) 1970
年代始まっていたアメリカ中西部のトウモロコシ生産地帯でのバイオ燃料
（エタノール）製造が，90年の「改定大気浄化法」以来の法改正のなかで05
年の「2005年エネルギー政策法」によるバイオ燃料の使用を義務づけた「再
生可能燃料基準法」によるエタノール製造の国策化（中東からの原油輸入量
の大幅削減目標と一体）によって，いっきょに拡大されることになった――
ちなみにADM社は，バイオ・エタノール製造のトップ企業となり，製造量
では全米の約4分の1を占める――，(3) アメリカにとっては，中国が2001
年にWTO加盟することで巨大な穀物輸出市場として登場した，ことなどを
背景にしている（**図序-1**・年表参照 [12]）。

---

(12)年表の最下段には，H・フリードマンとP・マクマイケルに代表される，資本
　　主義世界経済の展開における農業・食料部門は異なった資本の蓄積様式に照
　　応した国際的諸関係に編成されるという「フードレジーム論」の段階規定を
　　示しておいた。磯田前掲書第1章参照。

12

序章 「新自由主義グローバリズム」と家族農業経営

図序-1 〔年表〕 多国籍アグリビジネスの農業包摂とオルタナティブ

	19世紀末	20世紀	21世紀
大不況		1929世界経済恐慌　73食糧危機（70年代初め）	2006食料危機
		ブレトン・ウッズ体制崩壊（70年代）	
		80年代グローバリゼーション時代の到来	
		トラクタリゼーション　農業の工業化始まる　GM作物商業栽培開始（95）	
		46GATT　95WTO　FTA/EPA	
	1902ブリュッセル国際砂糖協定	33国際小麦協定　37国際砂糖協定　62国際コーヒー協定	
（アメリカ）		1933農業調整法　96農業法	2008農業法
（欧州）独仏農業保護関税		1933英・ミルク・マーケティングボード　60年代 EU・CAP　84EU生乳クォータ　92EU直接支払い制度	2015EU生乳クォータ廃止
（日本）		1942食管制度　61農業基本法　91牛肉・オレンジ自由化　95食糧法	
（アグリビジネス）		70年代 穀物メジャー（先物取引市場依拠で貿易支配）食品メジャー（バイオテクで農業包摂）スーパーマーケット有機登場（89）再エネ事業成長とアグリビジネスへの参入	
		90年代 農薬・種子メジャー	
（オルタナティブ）		24独・バイオダイナミック農法　45英・ハワード有機農業	
		フェアトレード運動　国際オルタナティブ・トレード連盟（89）　国際フェアトレード認証ラベル（97）	
		80ICAモスクワ大会（レイドロー報告）　93ビア・カンペシーナ設立	01第1回世界社会フォーラム
		93「食料主権」運動提唱（96）	
		伊・スローフード運動　米・ローカルフード運動	
		00米・有機認証	
		国連 「2012国際協同組合年」「2014家族農業年」	
			「家族農業の10年」（19-28）
			18「農民の権利宣言」

第2次農業革命（1830〜80）　　　　第3次農業革命（1945〜）

第1フードレジーム（1870〜1914）　第2フードレジーム（1945〜73）　企業フードレジーム・第1局面（1980〜90年代）　企業フードレジーム・第2局面（21世紀〜）

国家独占資本主義　　　　80新自由主義グローバリズム

13

遺伝子組換え作物（以下ではGM作物）は，農薬メーカーであるモンサント社が開発した汎用性除草剤ラウンドアップ（Roundup，農薬成分はグリホサート）に対する耐性をもつ大豆に代表される除草剤耐性の形質をもつものから，害虫アワノメイガに抵抗性をもつトウモロコシに代表される害虫抵抗性をもつものが続いた。今日では，除草剤耐性や害虫抵抗性などの形質を２つ以上保有する「スタック」（Stuck，積重ね）と呼ばれるGM作物が主流になっている。GM作物栽培の先頭に立つアメリカでは，2009年に6,400万haもの栽培面積になった。この2009年段階で，GM作物の商業栽培を認可した国は25か国（ブラジルが第２位で2,140万ha，アルゼンチンが第３位で2,130万ha）にまで上るにいたった。そしてこれが，農薬大企業がGM種子企業を傘下に収めて，このバイオテクノロジー分野で競争する農薬・種子企業としての成長機会を与えることになった。

　問題は，GM種子製造販売企業と栽培農家との関係である。特許権を付与されたGM種子を購入する農家は，メーカーとの直接契約によって，①種子代に加えて技術料（特許料）の支払い，②農薬とのセット購入，③購入種子の第三者への譲渡禁止，④すべて販売目的として栽培，⑤毎年の種子更新，を義務づけられており，これに違反すれば提訴され，賠償金の支払いを迫られる。すなわち，バイテク・アグリビジネスは，事実上，穀作経営を垂直的統合のもとに組み入れることが可能になったのである。そして，これら中規模・大規模穀作農場は，遺伝子組換え種子企業を傘下に収めた農薬企業モンサントに代表される巨大アグリビジネスによって種子供給を通じて管理され，経営は自立しているようにみえるが，巨大アグリビジネスの支配する垂直統合に事実上組み込まれるにいたった。こうして，農薬・種子メジャーの登場と，さらに金融メジャーの参入によって，「資本の農業生産そのものの包摂」が本格化する段階となった [13]。

　この間に，グローバルな事業展開を推進するアグリビジネスでは，遺伝子組換えに代表されるバイオテクノロジー分野（農薬・種子部門）で，多国籍企業の統合が顕著である [14]。

序章 「新自由主義グローバリズム」と家族農業経営

1992年には16社あった巨大農薬企業は，21世紀に入ると，シンジェンタ（スイス），バイエル（独），BASF（独），ダウ・アグロサイエンス（米），モンサント（米），デュポン（米）の6社になった。これら6社で，世界の種子・農薬市場の70％に近いシェアを持つとされる。さらに2015年以降，これらトップ6社も，農産物需要の伸びの停滞や研究開発費負担の増加（農薬の動植物に与える影響や土壌での分解とその影響，さらに水や空気をふくめた環境への影響などのリスク対応コストが高まっているとされる）などへの対応とさらなる統合を迫られている。2017年にはモンサントがドイツのバイエルに買収された。

先進国に共通する中小農家経営の減少と農業構造の変化

いずれの先進国でも，1980年代に始まるグローバリゼーションと多国籍アグリビジネス企業の成長と，世界農産物貿易と農業生産へのアグリビジネス

---

(13) なお，注（11）で紹介した『グローバル時代の食と農 国境を越える農民運動』には，以下のような指摘が末尾（156ページ）にある。
「最後に指摘しておきたい点がある。企業が保有する推進力と資源，そして国際ガバナンス機構の支援を受けてともに進める工業的農業生産モデルが，少なくとも，立ち向かう勇気を失わせるほどの威力を持っている点である。ビア・カンペシーナの支持者が「二つの農業生産モデルのぶつかり合い」と呼ぶもの——すなわち，「大規模の，化学物質を集約的に用いる，遺伝的に単一的なモノカルチャー農業モデル」と，「小規模の，多様な作物によるアグロエコロジー的生産モデル」——の間の勢力バランスは，きわめて非対照的である。もちろんすべての小農が環境保全に熱心なわけではないが，実際には多くがそうである。そして，小農は工業的生産システム（関連組織や資材）によって，あらゆる面で継続的な脅威にさらされている。たとえば，作物の遺伝子，土壌や水の汚染，土地からの追放，契約栽培を通した企業への隷属化，債権者や仲介者からの圧力，小農運動の非合法化などである。近年，国際的な主流派の専門家でさえも，長期的観点から工業的農業生産モデルの持続不可能性にますます賛同するようになっており，食品産業が消費者の命を奪い，多大な社会・環境コストを生み出していることに気づき始めている。」
(14)「アグロ多国籍企業の統合——巨大化する世界の農薬企業」『農業協同組合新聞』2016年7月6日参照。

15

支配が強まるなかで，農業経営構造は大きく変貌している[15]。

アメリカでは，第2次世界大戦直後には500万経営を超えていた農業経営が200万経営水準にまで減少した（2011年217万経営）。そのなかで，一方では農産物販売額が35万ドル（1ドルを110円とすると，3,850万円）を超える大型農場（22.3万経営で経営数では10.3％）による農業生産の4分の3に及ぶ大きな集積（74.5％），他方では販売額35万ドル未満の小規模家族農場（194.9万経営）の経営危機と離農が顕著である。とりわけ販売額が10〜15万ドルの（農業主業農場ではあるが低販売農場）56.7万経営や，10万ドル以下の農業非主業農場（91.0万経営）やリタイア農場（35.4万経営）には，とくにその下層ではアフリカ系など有色人種による経営が多く，低い農業所得ではあっても，それを手放しては生活が困難な，アメリカ国民のなかの低所得層を構成している。それに危機感を抱いたアメリカ農務省が『アメリカにおける農場の構造と経営状態』（Structure and Finances of U.S. Farms: Family Farm Report）と題するファミリーファーム・レポートを毎年のように刊行して，大規模経営への生産の集積集中に警鐘を鳴らしている。家族小農場がアメリカ農業と農村社会の土台であり，持続的な農村再生には活力

---

(15) わが国では，最新の2015年農林業センサスによれば，137.7万経営にまで減った農業経営体のうち家族経営体（農家）が135.8万経営に対し，法人経営が3.2万経営にまでになった。経営規模別では，この137.7万経営のうちで，10〜30ha経営が3万5,700経営，30〜100ha経営が1万5,500経営，100ha以上経営が1,600経営である。そして，これらの大型経営が主として借地（53.6万経営が田畑を借地しており，その借地総面積は113万ha）によって耕地の集積を行い，10〜30ha経営で60万ha（耕地総面積345.1万haの20.4％），100ha以上経営で104.4万ha（同30.3％）と，10haを超える大型経営が耕地の半ばを占めるまでになっている。わが国も遅ればせながら，フランスやドイツなどEU諸国が先行した戦後の農業構造改革政策とその結果としての農業構造変化の後を追っているのである。問題は，わが国では，中小規模農家が高齢化と販売農家からの脱落が急で，大型経営による借地による規模拡大や法人化はあっても，農地の荒廃を防げず，全国いたるところで「産地」が失われ，農業生産力の減退が顕著なことだ。アメリカやドイツ，フランスでは，中小家族農場の撤退はあっても，農業生産力の減退にはなっていない。

拙稿「日本農業に求められる構造改革とは」『前衛』2018年3月号を参照。

のある小農場の存在が不可欠であるとして，農業財政支出をもっと小農場支援に向けるべきだとする提案さえ行っている。農業政策が一貫してアグリビジネス大企業や輸出農業にシフトした大規模農場の利害を優先する議会に握られたアメリカで，中小規模農場の苦境と農村の疲弊に危機感を抱いた農務省の悲鳴が聞こえてくる[16]。

　EU諸国でも家族農業経営の危機は深刻である。ドイツやフランスなどの

---

(16) 前掲磯田第3章参照。
　このようなアメリカ農業のバイオテクノロジーを駆使した技術革新と「農業の工業化」は，小規模農場の駆逐と農村の過疎化・疲弊だけでなく，土壌・水資源の浪費を極度に高めており，SDGsに沿った発展方向ではない。そこで再び注目されているのが，K・マルクスが『資本論』で言及した資本主義的農業と人間と土地とのあいだの物質代謝，および土地の豊度との関係である。現代農業のあり方は，まさに「人間と土地との物質代謝」のあり方，つまり現代の「持続可能な開発目標」との関係ぬきには語れなくなっているとともに，「合理的農業」は資本主義的すなわち企業的大規模農業とは相容れず，小農民ないしその結合組織による管理を必要とするというマルクスの指摘の重要性が，アメリカの経済社会学や文化人類学の有機農業研究で見直されていることに注目したい。マルクスのこの指摘は，『資本論』第3巻第6章第2節（社会科学研究所監修・資本論翻訳委員会訳・第3巻a，新日本出版社，207ページ）にある。ジョン・ベラミー・フォスター（渡辺景子訳）『マルクスのエコロジー』（こぶし書房，2004年）第5章「自然と社会の物質代謝」参照。
　そして，アメリカにおけるマルクスの再読の背景には，以下のような認識がある。「経済が急速に発展するときには，いつでも敗者が生まれる。工業化された農業が発達すると，敗者は離農を迫られる。有機農業は，20世紀初頭にとくにイギリスで起きたフードシステムの工業化によって生じた問題に対する，地域密着型で環境に配慮した農家ベースの対応として始まった。資本主義を批判したカール・マルクスや後のカール・カウツキーが土壌の肥沃度の低下と拡大を続ける農業システムの関係に言及して，このシステムは「人間によって消費された土壌の栄養分が土壌に戻されるのを妨げている」と述べた。1924年にオーストリアの哲学者ルドルフ・シュタイナーが，「バイオダイナミック農法」と彼が呼んだ農業に関する一連の講義で，社会運動としての『有機』農業の観念について最初に意見を述べる以前から，このような議論はあったのである。」コノー・J・フィッツモーリス／ブライアン・J・ガロー（村田武／レイモンド・A・ジュソーム・Jr.監訳）『現代アメリカの有機農業とその将来——ニューイングランドの小規模農場』（筑波書房，2018年）27ページ。

先進国では，とくに共通農業政策（CAP）の「生乳生産クオータ制度」（生乳生産量を酪農家すべてに制限）が2015年4月に廃止されて以降の生乳価格の低落（ちなみに，2016年6月のEU28カ国の平均生乳取引価格は100kg当たり25.81ユーロ（1kg当たり25.8セント，当時の為替レート1ユーロ＝130円とすると33.5円）という最安値を更新した）のなかで，酪農経営の危機と離農が顕著である。さらに，EUが中東欧にまで広がるなかで，経済危機からの脱出に苦労する中東欧諸国では，農外産業の成長による農村の過剰人口を吸収することが困難ななかで，圧倒的な小規模家族農業に担われた農業分野にあっては，小規模農家の経営安定と農業所得の増大がEU農政の喫緊の課題になっている。

先進国におけるアグリビジネス主導の「農業の工業化」へのオルタナティブ

農業と食料の分野での新自由主義グローバリズムへの移行を体現し，各国の農業と農業経営に大きな影響を与えることになったのは，1995年に発効したWTO自由貿易体制であった。決定的であったのは，それが国内農業を保護する国境措置の撤廃ないし削減だけでなく，「デカップリング」政策を標榜して国内農業保護政策の抜本的切下げ（農産物価格支持から直接支払いへの転換）を先進国・途上国，農産物輸出国・輸入国に関係なく，WTO加盟国すべてに強要したことであった。

アメリカでは，バイオテクノロジーの発展に依拠した農薬・種子アグリビジネス多国籍企業が主導する「農業の工業化」とされる農業技術革新が穀作でも畜産でも大規模経営を育て，大産地からの遠隔地への広域流通が一般化し，同時に資本による農業包摂が進展するなかで，遺伝子組換え（GM），牛成長ホルモン，農薬（グリホサートやネオニコチノイド系農薬）・化学肥料などのバイオテクノロジーの農業への大量投入が，地球温暖化と気候変動を激化させ，環境問題を深刻化させるとともに，食品の安全性をめぐる危惧をアメリカ国民のなかに広げることになった。また，アメリカ農業の国際競争力の源であり心臓部である中西部コーンベルトでは，エタノールブームの

なかでトウモロコシ産地が移動し，穀作農業の規模拡大と大規模層への生産集中が進むなかで，耕地利用の単純化・モノカルチャー化，遺伝子組換え種子の普及・プラウ耕の衰退が広がっている[17]。

このようなアメリカでは，大都市近郊や大規模穀作農業に必要な広大な農地に恵まれない地域で，1980年代に本格化した有機農業やCSA（Community Supported Agriculture，地域に支えられる農業）を足場に，農業の「工業化」へのオルタナティブであることを自覚し，気候条件や土地資源に十分配慮した環境適合型で，コミュニティの再生と結合したローカルフード（アメリカ版地産地消）運動を担おうという中小規模家族農場が存在し，都市住民の貧困対策と小規模家族農場擁護を一体的に進めようという運動が起こっている（第1章〜第3章）。

WTO体制に対応しての共通農業政策（CAP）改革を推進してきたEUでも，基幹的農業部門である酪農で生産調整（生乳生産クオータ）廃止（2015年4月）にともなう生乳価格の低価格への張付きのなかでの酪農経営の急激な解体，さらに小規模家族農業構造で停滞する中東欧諸国へのEUの拡大のもとで，CAPは新たな転換を迫られている（第4章）。

このCAPの新たな転換と関連させて，中東欧諸国を代表してポーランドをみる（第5章）。また，EU離脱をめぐる混乱のなかにあるイギリスについて，これまで紹介の少なかった中小家族農業経営とその農民運動組織をみる（第6章）。

というのも，EU諸国では，中小経営の経営危機が深刻化するなかで，中小経営の利害に無関心な既存の主流農業団体に対抗するとともに，政治的中立を掲げ，活発な政治運動を展開している中小農業経営団体が生まれているからである。たとえば，ドイツでは保守党キリスト教民主同盟支持の「ドイツ農業者同盟」（DBV）が大規模経営やアグリビジネスの利害を優先し，生乳クオータ制の撤廃にも，EUとアメリカやわが国との農産物の関税引下げ・撤廃をめざす二国間経済連携協定（EPA）にも反対しないなかで，酪農分野では「ドイツ酪農家全国連盟」（Bundesverband Deutscher

(17)農業の「工業化」に対するオルタナティブとして登場したアメリカの有機農業は，2000年に農務省の無農薬・無化学肥料の有機農業基準が施行されて以降，カリフォルニア州を先頭に，低賃金の外国人労働力に依存した大規模野菜農業経営の産品がスーパーマーケットで流通する「スーパーマーケット有機」が主流になり，コミュニティの再生やローカルフード運動と結びついた有機農業との「二極分化」が進んでいる。

　なお，イギリスの農学者アルバート・ハワード（Albert Howard　1873〜1945年）が，インドでの実験と実践から，腐植や菌根菌の働きに着目して，土壌の肥沃度の回復には良質の堆厩肥の投入が必要だとし，それが作物・家畜のひいては人間の健康をもたらすとしたが，アメリカ農業について以下のような，鋭い批判を行っている。第1に，アメリカ農業の「機械化の進展と処女地の略奪」は，「植民地方式」であって，この植民地方式の農耕はもっぱら収奪すること，つまり大自然の蓄積物＝土壌の肥沃度を横取りし，農産物という形に転換しただけのことである。…北アメリカのような広大な小麦地帯では，腐食の富が50年にわたって利用できるほどで，農家はこの富を掘り当てる方法を十分に知っていた。要するに，ヨーロッパを支えてきた農耕方式——作物生育と土壌腐食との均衡のとれた状態——つまり有畜複合農業は，ついに海を越えて新大陸に渡ることがなかったのであって，近代農業が犯してきた過ちのうちで，もっとも致命的なものは複合経営の放棄であった。第2に，アメリカでは第二次世界大戦が，前例のない規模で土壌の肥沃度を収奪した。旱ばつと砂嵐の続発は，経済不況の時代には農家経済を著しく圧迫した。ルーズベルト大統領の任期中は，土壌保全がもっとも重要な政治的，社会的問題となっていた。第3に誤った土壌管理である。化学肥料，とくに硫安の使用＝腐食含量が高く，安全範囲の大きい所でさえ，化学肥料の施用は大きな危害がもたらされる。吸収同化されやすい形態の無機態の窒素が添加されると，細菌類やその他の微生物が刺激され，その結果，微生物はエネルギー源としての有機物を腐食に求め，ついにはこれを使いつくす。次いで，土壌粒子を結合させている接着力の強い有機物をも使いつくしてしまう。

　A・ハワード（横井利直他訳）『ハワードの有機農業（上）（下）』（農文協・人間叢書，2002年）の上巻，100ページ以下。

　アメリカの1980年代以降の有機農業運動は，ドイツ発の「バイオダイナミック農法」を継承するとともに，ハワードの以上のような指摘も肯定的に受け止めているものとみられる。また，K・マルクスの『資本論』第1部第4編第13章（同上，第1巻b，863〜64ページ）における指摘，すなわち「資本主義的農業のあらゆる進歩は，単に労働者から略奪する技術における進歩であるだけでなく，同時に土地から略奪する技術における進歩でもあり，一定期間にわたって土地の豊度を増大させるためのあらゆる進歩は，同時に，この豊度の持続的源泉を破壊するための進歩である。ある国が，たとえば北アメリカ合衆国のように，その発展の背景としての大工業から出発すればするほど，この破壊過程はますます急速に進行する」と指摘したことも，アメリカの有機農業運動の多くのリーダーには共通の理論的財産になっている。

序章 「新自由主義グローバリズム」と家族農業経営

Milchviehhalter, BDM e.V.）が1998年に組織されている。また，中小農家を
幅広く結集する「農業同盟」（AgrarBündnis）は，政府が毎年刊行する『農
業報告』（Der Agrarbericht）に対抗する『批判的農業報告』（Der kritische
Agrarbericht）を1993年以来毎年刊行しており，EUの共通農業政策改革に
ついての批判的分析など，重要な論陣を張っている。最近では，これら中小
農民団体がいっしょになって，バイエル本社に「遺伝子組換えの先頭を走る
モンサントを買収するとは何事だ」とデモンストレーションをかけている。
これらの農民団体の多くが国際農民組織「ビア・カンペシーナ」に参加し，
「家族農業の10年」や「農民の権利宣言」を実現する運動を各国で担ってい
るのである[18]。

　ドイツ（第7章），フランス（第8章），イタリア（第9章）などで，家族
経営が地域農業の主幹経営であり，地域基幹産業の担い手として存在してい
る地域を選抜し，家族経営の存在構造を探る。

---

(18)「ドイツ酪農家全国連盟」については，村田武『現代ドイツの家族農業経営』
　　（筑波書房，2016年）56〜58ページ参照。
　　なお，ドイツの「農民的農業活動グループ」（AbL, Arbeitsgemeinschaft
　　bäuerliche Landwirtschaft e.V.）の提案で，わが国の農民運動全国連合会（農
　　民連）とオーストリアの「山地・小農民連盟」（ÖBV, Österreichische Berg-
　　und Kleinbäuer_innen Vereinigung）は，以下のような共同記者発表を行っ
　　ている。なお，農民連，ÖBV, AbLは，いずれもビア・カンペシーナ加盟組
　　織である。

21

日本・オーストリア・ドイツの農民は日欧FTA協定に反対する

2018年7月17日

農業を世界市場で大安売りしてはならない

　本日7月17日，東京でEUと日本との自由貿易協定（日欧FTA）が署名された。「農民にとっては，この協定は拒否されるべきものである」と，ヨハン・クリーヒバウム（オーストリア中部の酪農家でオーストリア山地・小農民連盟会長）は語った。エリザベス・ヴァイツェンエッガー女史（南ドイツの酪農地帯アルゴイの酪農家でAbLの全国理事）は，「ドイツはこの自由貿易協定を拒否すべきであり，そうしなければ，ドイツ政府は農民的農業をドイツでも日本でも大安売りする一里塚をもうひとつ築くという責任を負うことになる。私たち農家は，とりわけ酪農・食肉生産分野では，さらなる危機的価格下落に見舞われることになる」としている。「その要因は，政治的に計算された過剰生産にあろう。したがって，私たち農家はコスト引下げへの対応を迫られ，同時にそれは加工食品産業の世界市場での拡大を可能にする」と，彼女は力説する。輸出志向の乳業企業や食肉企業は，こうした取引で利益を上げる一方，農家の没落への圧力は高まるばかりである。クリーヒバウムによれば，「日欧FTAによって，欧州の乳業・食肉産業のために利益の上がる市場を日本に開かせるべきだということだろうが，われわれにとってはそうではないのだ。」

　日本では，とりわけ小規模構造の農業がダンピング輸出に直面することになる。笹渡義夫（農民連会長）は，「日欧FTAは欧州の乳業市場やその他の農業部門をさらに自由化することになろう。ということは，われわれ農民的農業にとってはとりわけ打撃が大きくなるということだ」と語る。「欧州からの農産物の輸入の増加は，日本の農家を脅かすものだ」というのである。

　農民連とÖBV，AbLは現在の日欧FTAを拒否する。

　AbLとÖBVが求めるのは，日欧FTAではなく，われわれ農家が生産を維持でき，かつ他国に損害を与えることのないような，品質の良い農産物を適正な価格で販売できるフェアな条件での世界貿易である。

第Ⅰ部
アメリカ北東部ニューイングランドにみる
オルタナティブ

第1章

マサチューセッツ州の「ローカルフード」運動

椿 真一

1. ニューイングランドの農業

　ここではアメリカ北東部ニューイングランドにおける家族農場と協同組織のアグリビジネスに対抗する取組を，主としてマサチューセッツ州にみる。ニューイングランドには「農業の工業化」へのオルタナティブとしての取組である有機農業をベースとした消費者への直接販売としてのCSAやファーマーズ・マーケットなどがまとまりをもって存在している。さらに都市化圧力による農地の減少に抗すべく，農地を維持していくための制度的枠組みも整っているからである。

　ニューイングランドとはアメリカ北東部，大西洋岸のメーン，ニューハンプシャー，マサチューセッツ，ロードアイランド，コネティカットおよびヴァーモントの6州を含む地域の総称である（**図1-1**）。アメリカ大陸で最も古くからイギリスからの入植が進み，19世紀のアメリカ産業革命時代には繊維工業が発達した地域で，アメリカの中でも「より古い文化をもち経済的発展のより高い地方」であった[1]。

（1）レーニン「農業における資本主義の発展法則についての新資料」マルクス＝レーニン主義研究所訳『レーニン全集第22巻』（大月書店，1957年）5〜57ページ。また，秋元英一は，1920年代末にはニューイングランドを含む北東部は「工業・金融」成熟地帯であったと指摘する。秋元英一『ニューディールとアメリカ資本主義』（東京大学出版，1989年）49〜50ページ。

25

第Ⅰ部　アメリカ北東部ニューイングランドにみるオルタナティブ

図1-1　ニューイングランドの位置

出所：http://www.snavi.com/ja/northeast/

　その一方で，ニューイングランドは肥沃な大地を有しており，20世紀の初めには農場の平均規模が全米でもっとも小さいながらも，野菜や果実といった商業的作物生産が盛んで，集約的な農業が行われていた[2]。酪農経営の発展もみられ，当時はもっとも小規模な農場が多い地方でありながら，もっとも大規模な酪農経営が盛んな地域と評されていた。

　ところが，第二次世界大戦後になってからはアメリカ西部の大規模農業の勢いに押されて収益性が低下し，農地は都市のスプロール化によってますま

（2）20世紀初頭のアメリカ農業を分析したレーニンは，当時のニューイングランドの農業を次のように整理している。ニューイングランドの農場の平均規模は全米のすべての地方のうちでもっとも小さく，農業従事者も人口の10％程度（全米では平均33％）であるが，アメリカの中でもっとも集約的な農業が行われている地域だと位置づけている。酪農においても，農場の面積規模は全米平均以下でありながら生産物価額と労働者を雇うための資本支出とが平均以上であることを特色としていた。このように，20世紀初頭のニューイングランドは土地面積がもっとも小さい農場が多い地域にもかかわらず，土地に投下される資本がもっとも大きい地方とされ，農業の資本主義的展開が進んでいたというのである。前掲注（1）レーニン参照。

26

第1章 マサチューセッツ州の「ローカルフード」運動

す食いつくされていった。それでも消費地に近いという立地によってある程度の収益を確保することができたために，野菜や果実を生産する小規模な農場が維持されてきたのである[3]。

現在のニューイングランドは「エレクトロニクスハイウェー」と呼ばれるなど，電子部品を中心とした工業の発展と都市の郊外化の拡大がみられるが，そうしたなかでも耕作可能な土地が点在しながら残っていて，今でも農業の生産性は高い地域とされている[4]。

そうしたニューイングランド農業の特徴を2017年農業センサスから確認しておこう。第一に，現在でも小さい農場面積で集約的な農業がおこなわれている構造は変わっていない。ニューイングランドの平均的な農場面積（119エーカー）は，アメリカ平均の農場面積（441エーカー）と比べると4分の1ほどである。ニューイングランドの中でもとりわけ平均農場面積が小さいのはロードアイランド州（55エーカー）で，マサチューセッツ州（68エーカー）がそれに続く。一方で平均農場面積がもっとも大きいのはヴァーモント州（175エーカー）で，メーン州（172エーカー）とニューハンプシャー州（103エーカー）では100エーカーを超えている。

農場面積が小さいため，広大な農地を必要とする肉牛放牧や穀作農業といった粗放的農業の展開は弱い。全国では肉牛放牧農場の割合が31.4％，油糧種子・穀物農場が15.9％と高いシェアを誇るのとは対照的である（表1-1）。しかし，それにかわって施設園芸・花卉や野菜生産といった集約的な農業が展開している。ニューイングランドでは施設園芸農場の割合が10.8％（全国は2.2％），野菜農場が10.2％（全国は2.2％），果実農場が8.3％と高いシェアとなっている。また酪農や家禽，牧羊も全国平均よりは若干高い。

第二に，有機農業に取り組み，都市近郊という地理的特性を活かして農産

（3）コノー・J・フィッツモーリス，ブライアン・J・ガロー著（村田武，レイモンド・A・ジュソーム・Jr.監訳）『現代アメリカの有機農業とその将来』（筑波書房，2018年）90ページ。
（4）前掲注（3）90ページ。

第Ⅰ部　アメリカ北東部ニューイングランドにみるオルタナティブ

表1-1　農場類型（北米産業分類）

	全米	ニューイングランド	マサチューセッツ
農場数計	100.0	100.0	100.0
油糧種子・穀物	15.9	0.8	0.8
野菜・メロン	2.2	10.2	12.5
果実・ベリー類	4.7	8.3	11.7
施設園芸・花卉	2.2	10.8	10.7
その他	22.3	25.0	19.5
うちタバコ	0.2	0.2	0.1
綿花	0.4	—	—
その他	21.7	24.8	19.4
肉牛放牧	31.4	10.7	8.5
肉牛肥育	0.7	0.1	0.1
酪農	1.8	4.4	1.9
養豚	1.1	1.6	1.6
家禽・採卵	2.2	3.0	3.7
牧羊・山羊	4.6	6.9	6.5
その他畜産・漁業	10.9	18.3	22.4

資料：USDA Census of Agriculture 2017 Table 44.

物を消費者に直接販売している農場が多い（**表1-2**）。ニューイングランドの地形は工業的農業の栽培には向いていないものの，小規模有機経営であれば比較優位を得ることができることから，かなりの農地が有機農業に向けられているとされる[5]。有機農場が全農場に占める割合は，ニューイングランドが5.2%であり，全国（0.9%）よりもかなり高い。ただし全国では有機農場の97.7%までが農務省の認証有機に対して，ニューイングランドはその割合が90.4%と少し低くなっている。

　また，ニューイングランドは直接販売を行う農場が多い地域である。消費者への直接販売を行った農場の割合は全国の6.4%に対し，ニューイングランドが26.0%ときわめて高くなっている。農産物販売総額に占める消費者直接販売額も10.1%と全国（0.7%）よりも高い。

　以下でマサチューセッツ州をとりあげるのは，野菜・果樹園芸を中心とした集約的な農業が展開し，消費者への直接販売が盛んなど，ニューイングランド農業の特徴がよく現れているからである。

──────────

（5）前掲注（3）79ページ，81ページ。

28

第1章　マサチューセッツ州の「ローカルフード」運動

表1-2　ニューイングランドの農業構造

	全米	ニューイングランド	マサチューセッツ
農場総数	2,042,220	32,336	7,241
農産物総販売額（1,000 ドル）	388,522,695	2,749,020	475,184
平均農場面積（エーカー）	441	119	68
1農場当たり農産物販売額（1,000 ドル）	190	85	66
有機農場数	18,166	1,667	204
うち認証有機農場	17,741	1,507	156
全農場に占める有機農場（%）	0.9	5.2	2.8
有機農場に占める認証有機（%）	97.7	90.4	76.5
消費者直売農場数	130,056	8,422	1,814
消費者直売販売額（1,000 ドル）	2,805,310	277,673	100,466
全農場に占める直接販売農場（%）	6.4	26.0	25.1
農産物販売額に占める直接販売額（%）	0.7	10.1	21.1

資料：USDA Census of Agriculture 2017

　マサチューセッツ州では都市近郊農業や酪農が発達しており，農業は施設園芸，苗木やベリー類，野菜，酪農が中心である。農産物の総販売額（2017年）は4億7,500万ドルで，主なものとして露地野菜類が21.5％，果実やベリー類が18.6％，施設園芸・苗木が29.4％，牛乳が10％で，これら品目で販売額全体の約8割を占めている。この4品目が農産物販売額に占める割合は，全国では26.0％にとどまるものであり，同州で野菜・果樹園芸や酪農がいかに盛んであるかがわかる。

　また有機農場については農務省の認証有機農場の割合が76.5％とぐっと低く，「スーパーマーケット有機」とは距離をおいた有機農業が展開していること，農産物販売額に占める消費者直接販売額が21.1％および全国で最も高い数値となっているなど，オルタナティブな農業の取組が活発である。

　しかし他方で，マサチューセッツ州では近年全国平均を大きく上回って農場が減少している。マサチューセッツ州では2002年から2012年まで一貫して農場数が増えており，同期間に全国では農場数が減少していくなかで，農場が増加した数少ない地域であったが，2012年からの5年間では，農場数は全国の減少率（3.2％）を上回り6.6％も減少しているのである。

　農場の生残りをかけたオルタナティブな農業の実態がどのようなものであるか，以下で詳しくみていこう。

29

第Ⅰ部　アメリカ北東部ニューイングランドにみるオルタナティブ

2. 多国籍アグリビジネスによる農業・食料支配と
農場の二極分化

　1980年代後半以降，多国籍アグリビジネスは国境を越えた展開やM&Aを通じた多角的な事業展開を行い，農産物の流通・加工や国際貿易への支配にとどまらず，農業生産そのものを傘下に組み込んできた。これは多国籍アグリビジネスによる農業・食料の包摂とされ，バイオテクノロジーを駆使してのアグリビジネス資本による農業生産過程の包摂は，いわゆる「農業の工業化」とされるとともに，農業経営者は農産物価格の引下げ圧力や生産資材の上昇圧力にみまわれ，その経営を存続させるには規模拡大による収益確保を迫られている[6]。

　このような中，アメリカにおいては，近年の農業構造変動の中で農場数が減少するとともに農業経営の二極分化の進行が指摘されている。1980年代から農場数に占める小規模農場の増加と，販売額における大規模農場への集中の傾向が継続的に高まっており，とくに農産物販売規模1,000ドル未満の極小農場の顕著な増加と，販売額100万ドル以上層農場数の増加という「極小農場と大規模農場の両極増加」がみられる[7]。

　2012年アメリカ農業センサスの農場類型別農場では，年間の農場収入額が100万ドルを超える大規模家族農場は経営数ではわずかに2.8%であるが，販売額シェアでは45.3%に達している（**表1-3**）。一方で，農場収入額が35万ドル未満の小規模家族農場は，農場数では約9割を占めているものの，販売額

（6）北原克宣「はしがき」北原克宣・安藤光義『多国籍アグリビジネスと農業・食料支配』（明石書店，2016年）3～6ページ。磯田宏「アグリビジネスの農業支配は可能か」矢口芳生編著『農業経済の分析視角を問う』（農林統計協会，2002年）31～69ページ。F・マグドフ，J・Bフォスター，F・Hバトル編（中野一新監訳）『利潤への渇望』（大月書店，2004年）8ページ。

（7）磯田宏「アメリカ穀作農業構造の現局面―サウスダコタ州を主な事例に―」『九州大学大学院農学研究員農業資源経済学部門農政学研究分野ワーキングペーパー』2012年。

30

表1-3 2012年および2017年のアメリカにおける農場類型別農場（農場数、販売額シェア）

	合計	小規模家族農場					中規模家族農場	大規模家族農場			非家族農場
		退職農場	農業非主業農場	農業主業農場			総現金農場収入35万～100万ドル	総現金農場収入100万～500万ドル	総現金農場収入500万ドル以上	小計	
				総現金農場収入15万ドル未満	総現金農場収入15万～35万ドル	小計					
2012年 農場数	2,109,303	611,861	811,571	342,440	95,344	1,861,216	118,340	53,825	5,712	59,537	70,210
農場数シェア(%)	100.0	29.0	38.5	16.2	4.5	88.2	5.6	2.6	0.3	2.8	3.3
販売額シェア(%)	100.0	3.2	4.4	4.0	8.0	19.6	19.3	26.1	19.2	45.3	15.8
2017年 農場数	2,042,220	218,204	831,791	646,407	115,518	1,811,920	127,862	50,598	5,872	56,470	44,010
農場数シェア(%)	100.0	10.7	40.7	31.7	5.7	88.7	6.3	2.5	0.3	2.8	2.2
販売額シェア(%)	100.0	1.3	4.9	9.2	10.3	25.7	22.6	23.1	15.9	39.0	12.6

資料：USDA Census of Agriculture2012, America's Diverse Family Farms 2018 Edition,
https://www.ers.usda.gov/topics/farm-economy/farm-structure-and-organization/farm-structure/

注：1）2012年の数値は2012年アメリカ農業センサス、2017年の数値は農場数がAmerica's Diverse Family Farms 2018 Edition、販売額シェアは農務省エコノミックリサーチサービスのウェブページによる。

2）シェアは小数第2位以下を四捨五入しているため、合計は必ずしも100とはならない。

第Ⅰ部　アメリカ北東部ニューイングランドにみるオルタナティブ

シェアでは2割に届かない。2019年春に公表された最新の2017年農業センサスにおいては，小規模家族農場の農場数シェアや販売額シェアがやや高まり，大規模家族農場の販売額シェアが落ち込んだ。大規模家族農場であっても経済的に苦境に立たされ，収益が悪化しているようにもみえるが，それでも農場の二極分化と大規模層への生産集中という構造は，現在でも基本的に変わっていないと判断してよかろう。

　アメリカ農務省が『アメリカにおける農場の構造と経営状態』と題するファミリー・ファーム・レポートを毎年のように刊行しているのは，こうした状況に危機感を抱いているからであって，同レポートが「大規模経営への生産の集積集中に警鐘を鳴らし」，「家族小農場がアメリカ農業と農村社会の土台であり，持続的な農村再生には活力のある小農場の存在が不可欠であるとして，農業財政支出をもっと小農場支援に向けるべきだとする提案さえ行っている」との指摘もある[8]。

　こうした主張の背景にあるのは，アメリカで次のような問題が起きているからである。すなわち，第一に環境への負の影響である。「工業的・化学的な現代農業のあり方が土，水，空気，風景および動植物のすべての段階で環境破壊の主役を演じている」[9]のであって，例えば，大規模化を進めてきた穀作農業では，投入費用の膨張と所得率の低下，収量変動による経営の脆弱化の一方，耕地利用の単純化・モノカルチャー化，GM種子の普及，プラウ耕の衰退の広がりにより環境負荷が増大している[10]。

　第二に，安全で健康的な食料へのアクセスの問題である。農業の工業化に

（8）前掲注（3）242ページ。

（9）トゥラウガー・グロー，スティーヴン・マックファデン著（兵庫県有機農業研究会訳）『バイオダイナミック農業の創造』（新泉社，1996年）12ページ。

（10）磯田宏「アメリカ穀作農業の構造変化―工業化農業の到達と模索」松原豊彦・磯田宏・佐藤加寿子著『新大陸型資本主義国の共生農業システム　アメリカとカナダ』（農林統計協会，2011年）11〜85ページ。磯田宏「米国におけるアグロフュエル・ブーム下のコーンエタノール・ビジネスと穀作農業構造の現局面」北原克宣・安藤光義編著『多国籍アグリビジネスと農業・食料支配』（明石書店，2016年）11〜72ページ。

第1章 マサチューセッツ州の「ローカルフード」運動

ともない農業投入財供給から農業生産，流通，加工，外食にいたる諸個別産業からなる農業・食料セクターのサプライチェーン（付加価値連鎖）が長く大きくなっており，生産と消費の切断，隔絶化によって食品の安全性の低下といった問題が生み出されている[11]。これに付随するかたちで，日常的で過剰なジャンクフードの摂取に代表される食生活の乱れ問題，とくに貧困層で不適切な食生活による肥満の問題も顕著になっているとの警鐘も鳴らされている[12]。

　第三に，農村コミュニティの衰退である。アメリカにおいては農産物価格が低落するなかで，1996年農業法以来の直接支払い等の補助金は大規模農場に対して手厚いものであり，家族農場のなかでも小規模農場の多くが離農を迫られ，過疎化をはじめアメリカ農村社会の崩壊という危機を生み出してきた[13]。農場の大規模化は一定地域内の農場数の減少と同義であり，他産業の新たな展開や立地がないかぎり当該地域の人口扶養力の縮小と農村コミュニティの弱体化を招くのである[14]。

3．オルタナティブとしてのローカルフード・システム

　アメリカではこれらの問題に抗すべく，オルタナティブな農業として有機農業が取り組まれてきた。有機農業は小規模でエコロジカルな農業であり，それを取り巻く農業景観と調和しながらコミュニティを土台としてコミュニティづくりをめざすものとして展開されてきた。ところが，2002年に農務省

---

(11)磯田宏「北米における共生農業の模索―新生代農協とCSAを中心に」松原豊彦・磯田宏・佐藤加寿子著『新大陸型資本主義国の共生農業システム　アメリカとカナダ』（農林統計協会，2011年）176ページ。

(12)エリック・シュローサー著・楡井浩一訳『ファストフードが世界を食いつくす』（草思社，2001年）。グレッグ・クライツァー著（竹迫仁子訳）『デブの帝国』（バジリコ株式会社，2003年）。

(13)村田武「食料危機とアメリカ農業の選択」食料の生産と消費を結ぶ研究会編『食料危機とアメリカ農業の選択』（家の光協会，2009年）10〜34ページ。

(14)前掲注（10）磯田（2011）参照。

33

第Ⅰ部　アメリカ北東部ニューイングランドにみるオルタナティブ

の「全国有機プログラム」（National Organic Program）が施行されたことで，有機市場は「工業的フードシステムの需要を満たせる大規模有機経営タイプが有利になる形」に変わっていった。すなわち，全国有機プログラムは「合成化学投入財の代わりに有機代替品を用いる」が，「有機農業といっても多くの農薬は引き続き許容」されたため，「合成農薬を許可された代替品に交換」するだけでよく，有機農場であっても工業的農法が放置され，企業的有機農場が成立したのである。それらは「比較的大規模な農場が機械装備率を高め，アグロインダストリーの高度に資本主義化された」農場で，チェーン展開する食品小売業者に販売する目的で有機農産物を生産しており，「スーパーマーケット有機」と呼ばれ，今日のアメリカの有機農業の主流をなしている。こうした状況についてC・フィッツモーリスらは，オルタナティブなフードシステムにおける最も有望な側面の一つは「社会的つながりの高まり」であるのに，「スーパーマーケット有機」には「フードシステムの社会的つながりを培う力」や「市民参加の空間を創出」する力が限られており，「工業的フードシステムの欠陥に挑戦する力」を見失っていると批判する。そして農業の工業化に対するオルタナティブとなる可能性をもつのは，機械装備や資本主義的経営としては低水準である小規模農場が，有機農業に取り組み，消費者への直接販売を志向することであると述べている[15]。

　農業の工業化に対するオルタナティブとなり得る取組は，有機農業を基礎として小規模家族農場と消費者や農村と都市の新たなパートナーシップの構築をめざしたCSA（地域が支える農業）やファーマーズ・マーケットなどである[16]。

　農場の規模はさておき，2015年にアメリカで消費者への直接販売を行った農場数は11万4,801農場で，消費者への直接販売額は30億2,700万ドルである

---

(15)前掲注（3）2～83ページ。

(16)松原豊彦・磯田宏「本書の課題，分析視角と構成」松原豊彦・磯田宏・佐藤加寿子著『新大陸型資本主義国の共生農業システム　アメリカとカナダ』（農林統計協会，2011年）1～10ページ。

34

表1-4　消費者への直接販売の形態と農場数，販売額（2015年）

	農場数	割合 (%)	販売額 （千万ドル）	割合 (%)
農場内店舗（On-farm store）	51,422	44.8	132.2	43.7
ファーマーズ・マーケット	41,156	35.8	71.1	23.5
農場から離れた路肩販売	14,959	13.0	23.6	7.8
CSA	7,398	6.4	22.6	7.5
オンライン販売	9,460	8.2	17.2	5.7
その他（移動販売，セルフ収穫）	39,765	34.6	36.0	11.9
合計	114,801	100.0	302.7	100.0

資料：USDA NASS, 2015 Local Food Marketing Practices Survey.

（表1-4）。消費者への直接販売の形態で多いのは農場内店舗での販売で，次に多いのがファーマーズ・マーケットである。CSAに取り組む農場も全米で7,398あって，CSA販売額は2億2,600万ドルと，消費者向け直接販売総額の7.5％を占めている。

　このように食料生産者と消費者との距離を縮めることは，「ローカルフード・システム」とよばれている[17]。

　アメリカにおけるローカルフード・システムの取組にはファーマーズ・マーケットやCSAなど消費者への直接販売だけにとどまらず，地元の農産物を学校給食に供給するFTS（Farm to School）や市民農園，学校農園などさまざまなものがある。ただローカルの範囲に正式な定義はなく，2008年農業法では農産物の生産場所から400マイル（640km）以内，あるいはそれが生産された州内での供給とされている一方で，2012年アメリカ農業センサスでは有機農場の項目にLocally（within 100miles）との表記もある[18]。また，自分が住んでいる半径100マイル（160km）以内で生産された食料品を食べる人をロカヴォア（Locavore）と呼ぶなど，ローカルという言葉は使用される場面によってまちまちである。

---

(17) Cassidy R Hayes and Elena T Carbone, "Food Justice: What is it? Where has it been? Where is it going?," *Nutritional Disorders & Therapy Volume 5 Issue 4*, 2015, pp.1-5.

(18) 三石誠司・鷹取泰子解題／翻訳「ローカル・フードシステム」『のびゆく農業 ―世界の農政―（1029-1031）』（農政調査委員会，2016年）10〜11ページ。

第Ⅰ部　アメリカ北東部ニューイングランドにみるオルタナティブ

　食料が工業化されたシステムで生産され，グローバルなサプライチェーンを通じて分配されると，食料生産，加工，輸送への投入が環境負荷を生みだすだけでなく，農業労働者にも健康上の負担をかけることになること，さらにこうした資本主義的フードシステムは，環境コストと人的コストを完全に無視しているため，持続不可能だとして，持続可能なフードシステムを確立するにはよりローカライズされたフードシステムをつくる必要があるとの指摘がある[19]。ローカルフード・システムは地理的近接度に多様性を含みつつも，生産された食料品が，短いサプライチェーンで消費者に届くことと位置づけられる。農務省のレポート "The Role of Local Food Systems in U.S. Farm Policy" によれば，2008年にはローカルフードの販売額が48億ドルとなり，アメリカ内農産物市場の1.6％で，全米の農場の約5％（10万7,000農場）がローカルフード・システムに関わっている。

　このように，アメリカでは多国籍アグリビジネスによる農業の包摂や農業・食料市場支配がもたらす制約や矛盾を克服するためのオルタナティブとして，ローカルフード・システムの構築がめざされている。しかし，単なるローカルフード・システムでは，経済的格差が原因で，新鮮で栄養価の高い食料（有機野菜など）を買えるのは富裕層から一般的な消費者までであって，貧困層は質の高い健康的なローカルフードにアクセスできないとの指摘がある[20]。

4．貧困層の拡大と食料確保の問題

　1965年以降，アメリカの貧困率は10～15％の間で推移している。アメリカ国勢調査局（U.S. Census Bureau）の2017年度における貧困の基準は，年間

---

(19) Patrizia Longo, "Food justice and sustainability: a new revolution," *Agriculture and Agricultural Science Procedia Volume 8*, 2016, pp.31-36.
(20) 西山未真「アメリカの食育と生産者・消費者連携」（『農業および園芸』82巻1号，2007年）102～108ページ。

の世帯収入が単身世帯で1万2,500ドル（1ドル110円で137.5万円），4人家族で2万5,000ドル（同275万円）以下である。同局が発表したデータによれば2017年度にアメリカ国内で貧困ライン以下の生活をしている国民は3,970万人にのぼり，貧困率は12.3％である。18歳以下の貧困児童の割合はそれよりも高い17.5％となっている。レーガン政権（1981～89年）以降，市場原理主義の名のもとで所得格差が拡大するとともに，低所得世帯への支援をはじめ数々の社会保障政策を縮小させたことが貧困児童の増加と子供たちの健康悪化を招いている[21]。すなわち，「家が貧しいと，毎日の食事が安くて調理の簡単なジャンクフードやファーストフード，揚げもの中心になる」など，少ない予算でカロリーが高く，お腹いっぱいになるものを選択せざるを得ないこと，さらに学校給食への政府援助予算削減で学校給食にもファーストフードチェーンが進出していることから，貧困地域を中心に過度に栄養が不足した肥満児や肥満成人が増えているのである。

　健康悪化は児童だけに限ったことではない。スーパーストアの郊外進出が顕在化した欧米では，1970～90年代半ばに，都市中心部に立地する中小食料品店やショッピングセンターの倒産が相次いだ結果，郊外のスーパーストアに通えないダウンタウンの貧困層は，都心に残存する，値段が高く，かつ野菜やフルーツなどの生鮮品の品揃えが極端に悪い雑貨店での買い物を強いられるようになった[22]。地域に生鮮食料品を売っている小売店すらないところもあるという。このように自家用車や公共交通機関を利用できない低所得者層のコミュニティにおいて，生鮮食料品をはじめ栄養価のある食料を入手することが困難な地域は「フードデザート」と呼ばれ社会問題となっている[23]。フードデザート問題は「社会的弱者世帯の健康悪化問題」であり，社会・経済環境の変化から生じた「生鮮食料品供給体制の崩壊」と「社会的

---

(21)堤未果『ルポ貧困大国アメリカ』（岩波新書，2008年）12～31ページ。
(22)岩間信之「フードデザートエリアにおける高齢者世帯の『食』と健康問題」（『2010年度日本地理学会発表要旨集』日本地理学会，2010年）73ページ。
(23)矢作弘「インナーシティの『食料砂漠』とコミュニティ組織の連携」（『季刊経済研究』Vol.32 No.1・2，2009年）41ページ。

第Ⅰ部　アメリカ北東部ニューイングランドにみるオルタナティブ

弱者の集住」という二つの要素が重なったときに発生する[24]。2012年に発表された農務省の調査報告では，アメリカの人口の9.7％，2,970万人がスーパーマーケットから1マイル以上離れた低所得地域に住んでいる。アメリカではフードデザート地域へのファーストフード店の進出が数多くみられる。多くの場合，こうした地域ではファーストフードが新鮮な食べ物よりも一般的であって，健康で持続可能な食料へのアクセスが体系的に奪われている。それによってアフリカ系黒人層やシングルマザー世帯，児童を中心に肥満が蔓延し，それに付随する成人病も深刻化している[25]。

　アメリカ農務省は「食料不安」（Food Insecurity）を，元気で健康的な生活を送るために必要な十分な食料に一貫したアクセスができないことと定義しており，世帯レベルで食料のために利用可能な財源の不足を指す。"USDA Economic Research Service" の2017年の食料保障に関する年次報告書によると，全米の世帯数の11.8％（約1,500万世帯）が食料不安であり，健康的な生活を送るうえで十分な食料を利用することができなかったと指摘する。

　環境問題や農村コミュニティの崩壊だけにとどまらず，アメリカにおける貧困問題や低所得者層の健康悪化問題の解決についてもローカルフード・システムの中にどのように位置づけていくのかが問われている。ローカルフード・システムは，基本的に有機農業を基礎とした環境保全的農業によって生産された食料が消費者に直接行き渡ることである。

　ここでは，ローカルフード・システムのうちCSAやファーマーズ・マーケット等を通じて消費者に直接販売している農場の実態をみることで，ローカルフード・システムの構築の課題を明らかにしていく。

　その際に以下の3つの視点から接近したい。

　第一に貧困や低所得者層の健康悪化の問題を解決していく視点である。

---

(24)岩間信之編著『フードデザート問題　無縁社会が生む食の砂漠』（農林統計協会，2013年）1ページ。

(25)Linda F Alwitt and Thomas D Donley, "Retail stores in poor urban neighborhoods," *The journal of consumer affairs Vol.31 No.1*, 1997, pp.139-164

第1章　マサチューセッツ州の「ローカルフード」運動

ローカライズされたフードシステムに社会的公正を組み込むことで，食料を購入する経済的能力を発展させ，適切で栄養価の高い食料へのアクセスを高めることができるとし，社会的公正に基づいてローカルフード・システムを構築しようとする試みは「フードジャスティス」（「食の正義」運動）と呼ばれている[26]。フードジャスティスの取組は，誰もが新鮮で栄養価が高く健康によい食料を手頃な価格で手に入れられるようになることをめざす運動で，北米の非営利団体であった「コミュニティ食料保障連合」（Community Food Security Coalition，1994年に組織され2012年に解散）から発展し，格差の拡大などを背景にアメリカなどで広がっている。誰もが新鮮で栄養価が高く健康によい食料を手頃な価格で手に入れられるようになるローカルフード・システムの構築が求められている。

第二に，ローカルフード・システムを担う主体についてである。アメリカにおけるローカルフード・システムに関するこれまでの研究は，ローカルフード・システムを担う主体として，家族農場や農協など，主として私経済的活動をおこなうものを主たる対象として分析してきた。しかしながら，ローカルフード・システム構築の模索は，非営利組織も含めてより多様な主体によって，より多様に取り組まれている[27]。とりわけ近年では2015年のミラノ万博における「都市食料政策ミラノ協定」など，フードシステムを公共性の観点から見る動きもみられる[28]。ローカルフード・システムの構築においては非営利組織の役割も見過ごすわけにはいかない。

第三に，ローカルフード・システムを担う農場が教育の場となることである。環境に配慮した農業は質の高い食料を生産するのみならず，人々を教育

---

(26) Michael W Hamm and Monique Baron, "Developing an Integrated, Sustainable Urban Food System: The Case of New Jersey, United States," For Hunger Proof Cities Sustainable Urban Food Systems, International Development Research Center, 1999, pp.54-59..

(27) 齊藤真生子「米国における都市農業の動向（現地調査報告）」『レファレンス803』（国立国会図書館，2017年）105～106ページ。

(28) 立川雅司「解題」『のびゆく農業―世界の農政―1036-1037　都市食料政策ミラノ協定―世界諸都市からの実践報告』（農政調査委員会，2017年）2～6ページ。

39

第Ⅰ部　アメリカ北東部ニューイングランドにみるオルタナティブ

することの重要性も指摘されている[29]。現在の教育は知的能力に重点を置きすぎであり，若い人々が道徳心を育てる手助けも，しっかりした個性から創造的に意志の力を導くこともできないというのである。若い人に農場経験が生み出す恩恵，すなわち自然とともに働くという教育的経験を与え，労働と奉仕の尊さを学ぶ教育的施設として農場を位置づける必要があるとしている。ローカルフード・システムの構築にあたっては青少年の農業教育という視点からも接近する必要がある。それと同時に農業にとっての青少年の農業教育の位置づけからも接近する。

　以下では，マサチューセッツ州におけるローカルフード・システム実践の事例として，有機農業に取り組み，消費者への直接販売を行っている二つの農場および一つの非営利組織の取組をみる。各事例（農場）の位置は図1-2のとおりである。まず，カーライルのJD農場（2018年6月調査）の取組をみる。この農場は表1-3の農場類型では中規模家族農場の収入規模に相当す

図1-2　調査農場の位置

出所：フリーデータの地図を加工
（https://www.abysse.co.jp/america-map/state/Massachusetts05.html）

(29)前掲注（9）148～153ページ。

るが，農場は雇われマネジャーによって管理されている。よって，農場類型では非家族農場に分類される[30]。次にドレーカットのTM農場（2018年11月調査）をみる。この農場は農場類型では大規模家族農場に分類される。最後にボストン市内とその近郊5か所（リンカーンやリンなど）で非営利組織が農場を運営する「ザ・フード・プロジェクト」（2018年6月調査）の取組をみる。こちらはJD農場と同様に非家族農場に該当する。

　これら事例を取り上げるのは，ローカルフード・システムが小規模家族農場だけにとどまらない多様な主体によって担われていることがその背景にあるからである。主体の多様性とその実際の経営を明らかにすることで，ローカルフード・システム構築にむけた課題を明らかにしたい。なお，JD農場とTM農場の事例で登場する人名はすべて仮名である。

5．JD農場

（1）非農家出身家族に経営を任せている農場

　JD農場はボストン中心部から北西に約30kmに位置するミドルセックス郡カーライル町にある。カーライルでは町内の土地の4分の1が保全地（Conservation Land）に設定されている（保全地については第3章参照）。JD農場があるカーライル町の農地は1700年代初めに開発されたとされるが，JD農場の創始者が1899年に農地を購入したところから農場の歴史が始まる。ダニエルは農場創始者の息子として1902年に生まれ，両親の農場を引き継ぐかたちで就農し，1985年まで夫婦で酪農を行っていた。ダニエルは2000年に98歳で他界するが，妻は農場をこれからも農場のまま残していくことを望み，2003年に農場の土地をカーライル土地保全財団（Carlisle Conservation Foundation）との間で保全地役権（保全地役権の詳細は第3章を参照）を設定し，土地開発を制限する契約を結んだ。その土地を2010年にノアとオリビ

---

(30)八木宏典・内山智裕「アメリカの家族農業経営」金沢夏樹編集代表『日本農業年報No.2　家族農業経営の底力』（農林統計協会，2003年）182ページ。

41

第Ⅰ部　アメリカ北東部ニューイングランドにみるオルタナティブ

アが購入した（いずれも年金を受給する年齢）。購入理由は，コミュニティ
の人たちが食と農へのつがなりをもてる場所となる農場をつくりたかったか
らだという。農場の名称をJD農場のままにしたのはダニエル夫妻に敬意を表
したものである。なお，農場の経営はルーカス一家に任せることとした。

　ルーカスはマサチューセッツ州ニュートンで育った。学生時代は環境問題
に強い興味を持っていたが，マサチューセッツ大学アマースト校では英語学
を専攻した。1996年に大学を卒業するとオレゴン州ポートランドで大手マー
ケットリサーチ会社に勤めたが，その時にCSAの取組と出会い，環境問題
への関心が再燃する。1999年，彼が26歳の時に農家になることを決意し，会
社を辞めて土壌学の修士号を取得するために再びマサチューセッツ大学の大
学院に進学した。大学院では持続可能な農業が環境にどれくらいプラスの影
響を与えるのかについて研究した。また，大学院で学ぶ傍ら時給7ドルで農
場で働き，トラクターの操作方法をはじめ実践的な農業技術を学んだという。
修士号を取得したあとは，ボストンの北郊エセックス郡ハミルトン町にある
BM農場（230エーカー＝92ha）でファームマネジャー（農場管理者）とし
て有機野菜と畜産の複合経営に取り組み，農作業と経営管理の経験を積んだ。
2012年には妻と2人の子どもといっしょにBM農場からJD農場に移り，
ファームマネジャーとして雇われることになった。ハミルトンの地価高騰で
固定資産税の支払いに窮しての移動であった。JD農場では農場所有者から
給料を受け取っており，農場の売上げに関わらず給料は一定だという。いず
れはオーナーから借地して農場主になる意向をもっている。

（2）認証有機農業を基礎とした直接販売

　農場の農地面積は10エーカー（4ha）で，7エーカーの畑で野菜やベリー
類，花卉を合わせて50種類以上栽培している。いずれも農務省有機認証を得
ている。さらに，3エーカーは家畜用農地であり，放牧養豚（肉豚肥育）30
頭，採卵鶏300羽（平飼い），ヤギ12頭（公園等の除草用）を飼育している。
　労働力はルーカスとその息子に加え，4名の雇用労働力（フルタイム）と

42

第1章 マサチューセッツ州の「ローカルフード」運動

高校生を中心とした夏期のアルバイト（時給11ドル）である。また，農場に住み込み，持続可能な農業技術やその実践について学ぶ国際的な農場インターンを毎年数人受け入れている。

農産物はすべて直接販売であり，CSAのほかにレストランへの直売やファームスタンドで販売している。

野菜畑が広がる

農場の売上げはCSAとレストランへの直売で35万ドルである（ファームスタンド分は聞き取りできず）。

農産物販売の中心はCSAで，会員数は300人に達している。CSAにはいくつかの種類があって，品目別ではシェアの中身が季節の野菜の場合，4種類がある（表1-5）。①「通年型」は6月初旬から11月末の感謝祭（第4木曜）までの24週間で，週1回，火曜日（15:00–19:00），木曜日（9:00–12:00），土曜日（9:00–12:00）のいずれかに季節の野菜の詰合せを受け取ることができる。消費者が出資する金額は年間650ドルである。この通年型を前期と後期に分割して参加することも可能となっている。6月から8月までが②「前

表1-5 JD農場のCSAの種類（2019年）

品目	CSAの種類	期間		価格（ドル）	内容
季節の野菜	①通年型	6月初旬〜11月末	24週	650	レタス，イチゴ，ブルーベリー，ニンジン，ビート，ほうれん草，ジャガイモ，カボチャ，きゅうり，ナス，ピーマン，ブロッコリー，キャベツ，トマトなど
	②前期型	6月初旬〜8月末	12週	350	
	③後期型	9月〜11月末	12週	350	
	④収穫体験型	6月〜8月	12週	350	
野菜以外の作物	⑤花卉型	7月中旬〜晩秋		130	ヒマワリ，百日草，キンギョソウなど
	⑥果樹型	8月初旬〜11月末	16週	160	提携している農場の果物を利用
	⑦キノコ型	N.A	12週	72	
畜産	⑧ヤギ肉型	通年	1回	250	15ポンドの冷凍肉
	⑨豚肉型	通年	1回	100	20ポンドの冷凍肉
	⑩鶏卵型	6月初旬〜11月末	24週	100	

資料：JD農場のウェブページ（https://www.clarkfarmcarlisle.com/）による。
注：NAはデータなし。

第Ⅰ部　アメリカ北東部ニューイングランドにみるオルタナティブ

期型」，9月から11月までが③「後期型」である。いずれも12週間で週1回の受け取りとなっており，出資金は350ドルである。また，週1回，農場に入って自分で野菜を収穫することができる④「収穫体験型」（pick your own）もあり，こちらは6月から8月までの12週間で，350ドルとなっている。

　野菜以外の作物では，⑤「花卉型」が7月中旬から晩秋までで，ひまわり，百日草，キンギョソウなど，さまざまな花を自分で摘むことができる（130ドル）。⑥「果樹型」は8月初旬からの16週間で160ドル，⑦「キノコ型」（72ドル）もある。

　最後にシェアの中身が畜産物の場合は3種類ある。⑧「ヤギ肉型」（250ドル）と⑨「豚肉型」（100ドル）は1回限りで，個別包装された冷凍肉を受け取る。⑩「鶏卵型」（100ドル）は6月から感謝祭までの24週間で，週1回の配布である。

（3）地域社会への貢献

　JD農場では貧困でCSAに出資できない家庭への野菜供給を行っている。そのために，消費者からの1口50ドル以上の支援出資（Sponsored Share）を募っており，カーライルの行政機関や公立学校からの支援もうけながら，貧困家庭に農場の野菜を提供している。さらに，取残し野菜は貧困支援を行っている団体に無償提供している。

　また，青少年に対する農業教育にも取り組んでいる。地元の幼稚園，小学校，中学校，カーライル公立学校の児童・生徒に対し，持続可能な農業に関する体験を通じた教育プログラムを提供している。次世代を担う子どもたちに食と農，環境保全への関心を養うための学習機会を提供するものである。

　さらに，マサチューセッツ州が実施する持続型農業学習や新規就農支援事業にも積極的に参加している。

6．雇用型法人経営—TM農場

（1）消費者への直接販売を中心とした有機農場

TM農場はボストン中心部から北西に53km離れたミドルセックス郡のドレーカット町にある雇用型法人経営で，リンゴや桃，ベリー類などのフルーツ，ナスやブロッコリー，トマトなど多種類の野菜，花壇用植物や野菜の苗木などを，露地やハウス12棟（一部加温）で栽培している。農場全体の面積は100エーカー（40ha）で，

加温ハウスで野菜を生産

30エーカーは森林や湿地となっている。農場は町内に5か所あって，所有している農場は1か所のみで残り4か所は借受けによるものである。町内の農場が高齢でリタイヤした後を引き受ける形で規模拡大を図ってきたという。借地面積は農場面積の6割を占める。農場の借受料（借地料）は不明だが，農場間で借地料水準に差はほとんどないという。3か所の農場には合計12棟の温室（合計20a弱）を持っている。経営主の結婚（2016年）を契機に農場を法人化（LLC）している。

労働力は家族労働力が経営主とその妻の2名で，雇用労働力はフルタイムが7名である。これにパートタイムを合わせると，ピーク時には雇用労働力が約50名にまでなる。2018年11月末には20名の雇用労働者がいたが，翌週からはフルタイムのメンバー7名にまで減らし，3月に入ると徐々に雇用を増やしていくという。パートタイム労働者の雇用期間は人によって異なっており，雇用期間が10か月ほどある者は，休職期間中は休暇を楽しんだり，身体を休める時間としている一方，雇用期間がそれより短い者はその間失業手当

第Ⅰ部　アメリカ北東部ニューイングランドにみるオルタナティブ

を受給するか，他の仕事に就いているという。季節によって雇用労働者数を調整する必要があるため，雇用の確保が容易ではないとのことである。また1年のうち3月から12月までの期間はブラジル，ジョージア，ウガンダといった海外からの農業インターンを受け入れており（2018年11月では7名），有機農業や総合的病害虫管理（IPM）などの実践を学ぶ機会を提供している。農業関係の学生が多いという。なお，父親が会計士をしており農場の会計業務を手伝っている。

　生産物は有機栽培であるが，農務省の有機認証は取得していない。有機認証を取得する予定は今のところないという。ただ，リンゴを除いたすべての作物で，有機認証で認められている肥料や農薬のみを使用している。リンゴについてはただ1点，有機認証されていない農薬で防除を行っており有機栽培とは呼べないという。また12頭の肉牛を飼養しており，野菜クズや出荷できない野菜は牛のエサにしている。

　TM農場では加工にも取り組んでおり，生産物に付加価値を付けるべく，2年前に調理場を設置し，パンや焼き菓子の加工をはじめた。パンは1回に200個製造し，冷凍庫で保存している（1日10個前後の販売）。さらに，2016年からは農場で採れたものを加工業者に委託しジャムやピクルス，ソース類の瓶詰をつくっており，それらをファームスタンド等で販売している。

　販売額は農場開始当初こそ10万ドルであったが，2012年には150万ドルに達している。2018年現在，農産物や加工品の販売方法は6か所のファーマーズ・マーケット（1か所は後述する「ザ・フード・プロジェクト」が主宰するリン市のマーケット），4か所のファームスタンド，リンゴやブルーベリーの収穫体験（you pick），卸売（スーパーへの出荷），CSAである。

　CSAは2007年から取り組んでおり，最初は62名の会員数からスタートしたが，現在では1,200名にまで拡大している。CSAの受取り場所は全部で17か所におよんでおり，TM農場があるドレーカット町に1か所，ボストン市内に2か所およびその周辺都市に14か所ある。それぞれの場所で毎週1回受取日が設定されており，場所ごとに受取りができる曜日，時間帯が異なって

第 1 章　マサチューセッツ州の「ローカルフード」運動

表 1-6　TM 農場の CSA の種類（2019 年）

CSA の種類	期間		価格（ドル）	サイズ	内容	宅配オプション（ドル）
①春季型	3 月上旬～6 月中旬	14 週	480	－	ベビーリーフ, ニンジン, ビート, リンゴ, セロリなど貯蔵野菜, 温室野菜	140
②野菜型	6 月中旬～10 月下旬	20 週	695	R	レタス, ほうれん草, ビート, ピーマン, スイートコーン, ナス, 大根, ズッキーニ, キュウリ, トマト, バジル, ニンジン	200
			525	S		
③果物型	6 月中旬～10 月下旬	20 週	450	－	リンゴ, ベリー類, モモ, メロンなど	200
④晩秋型	10 月下旬～12 月上旬	7 週	340	R	キャベツ, ジャガイモ, ニンジン, ビート, タマネギ, セロリ, リンゴ, レタス	70
			250	S		
⑤冬季型	1 月上旬～2 月中旬	4 回（隔週）	200	－	根菜類, 温室野菜, リンゴ	－
⑥加工型	3 月上旬～5 月下旬	7 回（隔週）	210	－	農場で加工した焼き菓子・パン	70
	6 月中旬～10 月中旬	10 回（隔週）	295			100
	10 月下旬～12 月上旬	4 回（隔週）	150			40

資料：TM 農場のウェブページ（https://www.farmerdaves.net/）による。
注：1）サイズは R がレギュラーサイズで 2 ～ 4 人分, S はスモールサイズで 1 ～ 2 人分である。
　　2）宅配オプションは, CSA の品物をオフィスや自宅まで宅配してくれるサービスで, 冬季型を除くいずれのシェアも 1 週（1 回）当たり 10 ドルの追加支払いとなっている。

いる。TM農場では月曜から金曜まで毎日 2 ～ 5 か所に配送している。ドレーカット町のみ週 2 日, 火曜（15:00～19:00）と土曜（10:00～13:00）に受取日が設定されている。

　CSAは時期や内容に合わせて大きく 6 種類ある（**表1-6**）。①「春季型」は 3 月上旬から 6 月中旬までの14週で, 週に 1 回, 温室で栽培されたベビーリーフなどの葉物野菜や, リンゴやニンジンなどの貯蔵野菜の詰合せを受け取ることができる。消費者が出資する金額は年間480ドルである。②「野菜型」は 6 月中旬から10月下旬までの20週で, 季節の野菜の詰合せである。内容量がレギュラーサイズ（2 ～ 4 人用）のものは695ドル, スモールサイズ（1 ～ 2 人用）は525ドルとなっている。③「果物型」（450ドル）は 6 月中旬から10月下旬までの20週で, ベリー類やメロン, リンゴなどのフルーツの詰合せである。④「晩秋型」は10月下旬から12月上旬までの 7 週で, 重量野菜

第Ⅰ部　アメリカ北東部ニューイングランドにみるオルタナティブ

や根菜類を中心としたものである。レギュラーは340ドル，スモールは250ドルである。⑤「冬季型」（200ドル）は1月上旬から2月中旬までの隔週に計4回，根菜類や温室野菜を受け取る。⑥「加工型」は農場で加工した焼き菓子やパンなどを受け取るものであるが，時期により3つに分かれている。3月上旬から5月下旬まで隔週に7回受け取るタイプは210ドル，6月中旬から10月中旬まで10回（隔週）受け取るタイプは295ドル，10月下旬から12月上旬まで4回（隔週）受け取るタイプは150ドルである。なお，⑤の冬季型を除き，追加支払いをすれば，CSAの品物をオフィスや自宅まで宅配してくれるサービスを行っている（宅配オプション）。追加の支払いは1週（1回）当たりでみると10ドルになる。

　販売方法の中でもっとも販売額が大きいのはCSAで40～50％を占めている。次いでファーマーズ・マーケットが25％，ファームスタンドが20％，卸売は5％とのことであった。9割以上が消費者への直接販売によるものである。

　それとは別に，農産物の一部は，15年以上にわたって地元にある複数のフードバンクに合計450tを超える食料の寄付をおこなっている。

（2）非農家出身者による農場経営

　経営主のマシューはドレーカット町出身で，父親が会計士，母親は学校教師の家に生まれた。現在45歳で妻と3人の子供（3歳未満）を持つ。マシューの兄が若い頃に町内にあるCL農場（1902年設立，40エーカー）で収穫作業のアルバイトをしていたことから，マシューも11歳からこの農場でアルバイトを始めた。農場のアルバイトは大学生まで続き，その過程で農場主のライアンから農業のイロハを学んだという。ただ，高校を卒業した当時は農業に未来があるとは考えていなかったので，ニューハンプシャー州のセントアンセルム大学に進学して哲学を専攻することを決めた。1994年に大学を卒業してからは，平和部隊（青年海外協力隊のアメリカ版）に参加し，95年からの2年間，エクアドルの高山地帯でフィールドティーチャー（指導員）

48

第1章　マサチューセッツ州の「ローカルフード」運動

として小規模農家に対して有機農業の指導や土壌改善，灌漑の導入などにかかわった。1997年にエクアドルから帰国した後に，CL農場のライアンが亡くなり，マシューに農場を買わないかと話を持ちかけられた。農場を始めることに迷いもあったというがチャレンジすることを決めたという。ただ，農場の価格が200万ドルを超える高額であったため購入することはあきらめ，農場を借りることで1997年から農業経営をはじめた。農場名もCL農場として引き継いだ。

（3）農場の経営規模拡大にともない販売額も増加

　1997年に農場を開始した当初は40エーカー（16ha）の面積に経営主と雇用労働力6名から始まった（**表1-7**）。販売額は10万ドルであり，このうちの50％が卸売への販売であった。1999年からは野菜の収穫時期を伸ばすためにハウス3棟による温室栽培を開始した。この間，雇用労働力も10人に増やし，卸売への販売割合も引き下げていったことで，販売額は1999年に20万ドルになった。2001年には雇用が15名に増え，販売額も32.5万ドルになった。2003年には新たに農場を借地して農場面積も48エーカーとなり，雇用労働力20名，ハウスも5棟に増やしたことで販売額も45万ドルになった。2005年には農業以外の利用が制限される保全地30エーカーを40万ドルで購入し，晴れて農場所有者となった。この時から農場名をTM農場とした。販売額も55万ドルとなった。2007年からはCSAの取組を開始し，2009年と2011年にも農

表1-7　TM農場の経営展開

	農場数	農場面積 (ha)	ハウス (棟)	総販売額 (万ドル)	消費者直販 (%)	卸売 (%)	雇用 (人)
1997年	1	16	0	10	50	50	6
1999年	1	16	3	20	65	35	10
2001年	1	16	3	32.5	70	30	15
2003年	2	19	5	45	75	25	20
2005年	3	26	6	55	85	15	25
2007年	3	26	7	65	95	5	30
2009年	4	34	7	100	97	3	35
2011年	5	40	7	130	99	1	45
2012年	5	40	12	150	95	5	48

資料：聞取り調査による。

49

第Ⅰ部　アメリカ北東部ニューイングランドにみるオルタナティブ

場を借地することで規模を拡大しており，100エーカーにまで到達したことで，2011年の販売額は130万ドルとなった。2012年で農場面積100エーカー，ハウス12棟，雇用48名で，販売額は150万ドルに達している。

　1997年に経営を開始して以降，消費者直接販売を伸ばす一方で，2003年からは農場面積も増やしてきたことで総販売額を拡大させてきた。そうした中で，2012年では消費者直接販売の割合が前年よりも4ポイント低下し，その分だけ卸売の割合が増えている。

（4）積極的な設備投資

　大型保冷施設を導入し，収穫物の長期保存を可能にするとともに，品目の異なる収穫物を同じ保冷施設内で一体的な保存を可能とする専用のプラスチック・コンテナを大量に導入している（1個当たり600ドルだが大量購入で3割安く入手）。この保冷施設とコンテナの組み合わせにより，(ア)本来は品目ごとに保存方法が異なる野菜や果実を一体的に保存でき，(イ)長期保存も可能となった。例えば，(ア)については，リンゴからはエチレンが発生するため人参と同じ場所で保存することができなかったが，このシステムでは同じ冷蔵庫で保存することが可能となる。また，(イ)については，この設備を導入する前までは人参は冬の間，土に埋めて保存し4月に掘り出していたが，この施設ができたことで，6月まで保存期間を延ばすことができ，供給期間を延長できるようになった。もちろん埋設，掘り起こしの労働も削減することができた。この保冷施設の電力を供給するのが農場施設の屋根に設置された100枚を超える太陽光発電パネルであり，毎年約3万kWh（日本の約7世帯が年間に使用する電力量に相当）の電力を生産している。

　また，作業環境の改善に関する投資もおこなっている。収穫した野菜の洗浄や出荷・調整のための作業施設には地中熱を利用した冷暖房システムを導入し施設内の温度調節をおこなっている。地球環境に優しく光熱費の節約につながることはもちろんのこと，労働者にとって快適な作業環境を提供することに重きがおかれている。ドレーカット町では冬期の最低気温がマイナス

10℃に達する日も多く，このシステムを導入する前は出荷・調整作業するスペースが外気温とほぼ同じ温度下であり，作業環境としては厳しいものであったという。

さらに，運搬用トレーラーが6台で，このうち冷蔵機能付きトレーラーは2台である。今後3年以内にすべてのトレーラーを冷蔵機能付に切り替えていく方針である。

（5）ローカルフード・システムへの取組の苦労

農場経営についての課題は二つあるという。一つは加工部門の展開についてである。マシューいわく「アメリカでは食品は安価であることが基本であり，高い商品は売れない」，「価格が高くても購入する消費者は10％程度であり，多くの消費者は安いものしか買わない」，「アメリカ人は収入の10％しか食品にお金を使っていない」とのことで，「消費者は安い食品を求めているので販売価格を上げるのは難しい」と考えている。さらに，「家庭で調理する生鮮野菜等のマーケットは縮小傾向になる」とみており，今後は商品に付加価値をつけて販売することが重要な方向性であると考えている。そうした意味で，加工品の取組を増やしたいと考えているが，現在製造している加工品の販売が順調だとはいえず，そのマーケットをどう広げていくかが課題だという。

もう一つは，労働費のコストアップをどう抑えていくかである。農場開始以来，卸売への販売割合を引き下げ，消費者への直接販売の割合を高めることで収益を上げてきたが，労働コストがあがっており，収益確保が難しくなっているという。ここ3年ほどで労働費が上がったといい，労賃の確保・支払いに苦労しているとのことであった。この数年間は労働者の数を減らすことでしのいできたといい，2年前まではピーク時には75人の雇用があったが，現在はピーク時でも50人程度にまで減らしている。

マシューはアメリカ農業の将来を考える上で，自らがそうだったように，若いうちから農業にふれることが大事だと考えている。「農場数が減少して

第Ⅰ部　アメリカ北東部ニューイングランドにみるオルタナティブ

いく中で，若い人に農業への理解を深めてもらうことこそが新たな就農者を
つくる第一歩」だとの認識をもっている。しかし，近年では未成年者を農場
で雇用する際の規制が厳しくなってきている。具体的には，連邦児童労働法
は最低労働年齢を16歳と定めているが，農場で働く場合はこの規程が除外さ
れており16歳未満も就労は可能である。ただし，農場で働く16歳未満の労働
者については，次の作業は危険とされ，特別なトレーニングを受講し許可証
をもつ場合を除き，作業に関わることを法律で禁じている。主なものをあげ
れば，20馬力以上のトラクターや穀物の収穫作業等で使用される動力駆動機
械・装置への接触，ノコギリやチェーンソーの使用，農薬の取扱い，貯蔵施
設（サイロ）内や家畜飼育場内での作業などである。こうした規制があるた
め，TM農場では若年層の雇用は行っていない。

　そうした中で，マシューは次にみる非営利組織「ザ・フード・プロジェク
ト」が青少年を雇用し，農作業を体験させていることは非常に意味があるも
のと高く評価している。これまで農場側が担っていた若年層の雇用による農
業体験と農業への理解といった「新たな就農者育成機能」をフード・プロ
ジェクトが代替していると考えているのである。

7．農場を運営する非営利組織―ザ・フード・プロジェクト

（1）活動の目的

　「ザ・フード・プロジェクト」（The Food Project）はマサチューセッツ州
東部の北岸地域とボストンで合計5か所に農場をもち，合計70エーカー
（28ha）の農地で，多種類の野菜，ハーブ類，花卉，果実を栽培している非
営利組織である。「ザ・フード・プロジェクト」（以下ではFPと表記）を意
訳すれば「食料教育計画」であろう。このFPは，1991年に環境保護団体で
あるマサチューセッツ州オーデュボン協会（Massachusetts Audubon
Society）の一つのプロジェクト（事業計画）として企画されたことから始
まった。

52

第1章　マサチューセッツ州の「ローカルフード」運動

　同協会は自然保護に取り組む非営利組織で会員数は12万人を超える，ニューイングランド地方で最大の環境保護団体である。1896年に女性の装飾用帽子のために鳥類が大量に捕獲されるのを阻止するために組織されたもので，翌年にマサチューセッツ州で成立した野鳥や羽毛の取引を禁止した州法に大きく影響した。組織名の由来はアメリカの鳥類学者で鳥類画家でもあったジョン・ジェイムズ・オーデュボン（John James Audubon）の功績を称えて命名されたものである。1922年にはシャロン町で最初の土地（43エーカー）を8,000ドルで購入し，土地保全と野生生物の保護活動に取り組んだ。それ以来現在までマサチューセッツ州全体で3万7,000エーカーの土地を保全管理し，鳥類をはじめ野生生物を保護している。この土地保全活動は在来生物の生息地を保護するだけにとどまらず，清潔な飲料水や地場産の食料，自然を学ぶ場所の確保という目的も含まれている。

　FPはこの取組の一貫であり，プロジェクトが企画された翌年には農場経営を開始している。設立時のスローガンは，「土地，人々，そしてコミュニティの価値を愛するために」であった。それ以来，この非営利組織の名称として組織名らしくないが，「プロジェクト」を使っているという。

　FPの活動目的は，①持続可能な農業を通じて「個人的，社会的変化の創出」をめざし，②手頃な価格で地元の農産物を手にすることができる地産地消のフードシステムを構築し，低所得者が健康的な生鮮食品を購入できる機会を拡大すること，③次世代の若い指導者を育成することである。

　主な活動内容は，5か所の農場で有機栽培による多種類の野菜等を生産し，生産物の4割は貧困救済団体に寄付する一方で，6割は低所得者向けに価格を抑えて販売している。また生産には農業教育として高校生を関わらせ，フードシステムに変革をもたらす次世代のリーダー育成に取り組んでいる[31]。

---

(31)「ザ・フード・プロジェクト」のめざす運動に触発されて同様の運動を展開する非営利組織については，「ザ・フード・プロジェクト」の営農・教育担当マネジャーのシンディ・ダベンポート女史によれば，すでにシアトル，ニューオリンズ，インディアナポリス，オースチンなど全米に8団体が存在するとのことである。

53

第Ⅰ部　アメリカ北東部ニューイングランドにみるオルタナティブ

（2）ザ・フード・プロジェクトの農場

　1992年にボストンの北西25km郊外のリンカーン町（Lincoln）で2.5エーカーのドラムリン農場（Drumlin Farm）から経営が始まる（後にベイカーブリッジ農場に名称を変更）。現在，FPの農場面積は合計70エーカーにまで拡大し，「郊外農場」としてリンカーンに31エーカー，北岸地域ビバリー町（Beverly）に2エーカー，同じく北岸地域ウェナム町（Wenham）に34エーカー，「都市農場」としてボストンに2.2エーカー，ボストンの北隣のリン市（Lynn）に1.3エーカーがある（**表1-8**）。経営は農場ごとの独立採算ではない。FPの農場の農地や温室は，すべて自治体やランドトラスト（土地信託団体）からの借地である。

　合計70エーカー（28ha）の農地で，多種類の野菜，ハーブ類，花卉，果実を栽培し，25万ポンド（113.5t）超を生産している。全農場で化学肥料や農薬を使用しておらず，持続可能で有機的な栽培方法を実践しているが，有機認証にはコストがかかるため農務省の有機認証は受けていない。

表1-8　「ザ・フード・プロジェクト」の農場の概要

農場の立地		農場名	農場面積（エーカー）	農地の状態	地代（ドル/年）	販売先	売上（ドル/年）
都市農場	ボストン	ウェストコテージ農場	2	畑	0	F・M，レストラン，無償提供	7万5,000〜10万（F・Mが1万5,000）
		ラングドンストリート農場	0.23	温室	500		
	リン	インガルス学校農場	1.25	畑	N.A	F・M，移動販売，無償提供	24万（F・Mのみ）（移動販売とCSAは不明）
		モンローストリート農場		畑	N.A		
郊外農場	リンカーン	ベイカーブリッジ農場	31	畑	0	F・M，CSA，無償提供	N.A
	ビバリー	ロングハレル農場	2			F・M，CSA，無償提供	
	ウェナム	レイノルズ農場	34			F・M，それ以外は不明	

資料：聞取り調査（2018年6月）およびザ・フード・プロジェクトのウェブサイト（http://thefoodproject.org/）により作成。
注：1）F・Mはファーマーズ・マーケットの略。
　　2）リンカーンの農場の生産物の一部はボストンのファーマーズ・マーケットで販売される一方，ビバリー農場の生産物の一部はリンでのCSAやファーマーズ・マーケットで販売されている。
　　3）網掛けは2018年6月に調査できなかった農場。

第1章　マサチューセッツ州の「ローカルフード」運動

　FPには30名の常勤職員がおり，各農場に常勤の農場管理者（マネジャー）
とスタッフを配置している。また，夏季（5月下旬から9月上旬の4か月
間）には農場での作業や生産物の配達にかかわる非常勤職員を30名雇用して
いる。これ以外にも青少年農業教育として農場全体で毎年120名を超える若
者（高校生）を雇用している。さらに約2,500名のボランティアも関わって
いる。

1）ボストンのウェストコテージ農場とラングドンストリート農場

　ボストンの農場はダドリー地区にある。ダドリー地区（人口2万4,000人）
は，歴史的にはボストンの黒人居住地域の中心で，現在でもアフリカ系，ラ
テン系，カーボヴェルデ系[32]住民など多様な有色人種からなるコミュニ
ティを形成している。ダドリー地区はかつて放火や殺人などが多く，行政が
インフラ整備に手を抜き，銀行は意図的に投資抑制を行うなど差別的扱いを
受けた地区であり，1980年代はじめには地区の3分の1が空き地で，日常的
にゴミの不法投棄も行われていた[33]。これに対してダドリー地区の住民が
まとまって，地区再建の権利を主張し，自ら「ダドリー・ストリート・ネイ
バーフッド・イニシアチブ」[34]を組織し，新しい都市づくりの構想をまと
めた。それはコミュニティのなかに農場を構想するものであった。そして
FPがそれを具体化するために招かれたのである。

---

[32] 西アフリカのセネガル共和国の沖合のベルデ岬諸島で現在はカーボヴェルデ
　　共和国を構成する。
[33] 渡辺靖『アメリカン・コミュニティ―国家と個人が交差する場所』（新潮社，
　　2013年）51〜72ページ。
[34] ダドリー・ストリート・ネイバーフッド・イニシアチブ（The Dudley Street
　　Neighborhood Initiatives）は，マサチューセッツ州ロックスベリーに拠点を
　　置く非営利組織で，コミュニティ運営の組織である。ダドリー・スクエア周
　　辺の貧困に苦しむコミュニティの再建を目的に，ダドリー・ストリートの住
　　民によって1984年に設立された。公共の目的のために所有者の同意がなくて
　　も補償だけで土地を買い上げることができる権利である「土地収用権」が非
　　営利組織に対して認められた全米初の試みである。

55

第Ⅰ部　アメリカ北東部ニューイングランドにみるオルタナティブ

　現在，FPは，以前空き地だったウェストコテージ・ストリートとラングドン・ストリートに2エーカーの農場と0.23エーカー（930m²）の温室で多品種の野菜を栽培している。2エーカーの農地はランドトラストからの無償貸与であるが，温室は年間500ドルの地代を支払っている。収穫物は貧困救済団体への支援のほか，ファーマーズ・マーケットや近隣のレストランに直接販売している。ファーマーズ・マーケットでは一般的な無農薬野菜の卸価格帯で安く販売し，レストランには無農薬野菜の小売価格帯で販売している[35]。この地区の農場の売上げは年間7万5,000～10万ドルである。このうちファーマーズ・マーケットが1万5,000ドルで，この3分の2はSNAP[36]やHIP（Healthy Incentives Program）[37]によるものである。

　また1998年からはFPはダドリー地区でガーデニングの普及活動と栽培指導・教育を開始している。ダドリー地区は食生活の乱れに起因した肥満や糖尿病，心臓病がボストン平均よりも高く，健康上の問題が深刻だからである。ガーデニングを普及させていくなかで，2000年に宅地周辺の土壌が，かつて廃棄物の違法投棄が行われた地域であったことによる鉛汚染が深刻なことがわかり，宅地でガーデニングを行うには「高設ベッド」（Raised-Bed）が最適だとして，都市部で自分の食料を生産したい家族や団体に対してボストンで1,000を超え

---

(35)一般的にアメリカにおけるファーマーズ・マーケットの販売価格は，日本と異なりスーパーマーケットよりも高い場合が多い。そうした中で，FPはファーマーズ・マーケットでスーパーなどの販売価格よりも安く販売している。

(36)SNAP（Supplemental Nutrition Assistance Program）は「補助的栄養支援プログラム」と訳され，アメリカ合衆国で低所得者向けに行われている公的扶助の一つである食料費補助対策である。このプログラムは低所得者がカードを使って食料品店で買い物できるほかATMからの補助金の引き出しも可能になっている。

(37)HIP（Healthy Incentives Program）は2017年4月に施行されたもので，SNAP受給者に毎月新鮮な野菜や果実を購入できるよう追加の支援を行うもので，SNAP受給者がファーマーズ・マーケットやファームスタンド，移動販売，CSAなどで新鮮な地場産農産物を購入する際に，SNAP受給額を上限に助成される措置である。低所得者の栄養不足に加え，地元の農家の所得も支援している。

る高設ベッド（1.2m×2.5m）の木枠をFPの負担で無償設置している。一方で園芸用土壌や種苗は有償提供しており，栽培指導も行っている。

2）リンのインガルス学校農場とモンローストリート農場

この農場はボストンの中心街から20km北東に位置するエセックス郡リン市にある。リンの住民の3分の2はSNAPに登録されており，9万1,000人いる住民の20％（州平均の2倍）が貧困レベル以下の生活水準である。これが地域の食に関する不安定と慢性疾患の原因となっており，児童生徒の肥満割合も4割に達し，州内でも肥満が多い地域の一つである。

高設ベッド

FPのリンの農場は1.25エーカーで，2005年からリン教育委員会とコミュニティ開発・住宅局と連携し，そこから農地を借地している。地代はリン市に納めているが非常に安いという。リンの農場の目標は低所得者が購入可能な生鮮食品売場を拡大し，ローカルで健全な食料システムを構築することである。リンの農場の生産物は貧困救済団体に無償で配られるほか，リン市内の中心部に開設される「中央広場ファーマーズ・マーケット」（1エーカー弱の用地はリン市の提供）での販売や，中心部のファーマーズ・マーケットには来ることのできない住民の買い物難民対策として移動販売を行っている。移動販売は市内10か所で行っている。

FPはリンの中央広場ファーマーズ・マーケットを管理・運営するとともに，自ら生産した農産物も販売している。このファーマーズ・マーケットにはFP以外の生産者も参加しており，農家4戸（うち1戸が前出のTM農場），魚販売1業者，ベーカリー1店の6事業者が参加している。収入の低い生産

第Ⅰ部　アメリカ北東部ニューイングランドにみるオルタナティブ

者でも参加できるようにファーマーズ・マーケットでは手数料をとっていない。ファーマーズ・マーケット（10:00～15:00）は7月～10月までは週1回（木曜日），11月～6月までは毎月1回開催される。

　ファーマーズ・マーケットの売上げはFPだけで1日1万ドルであり，その半分以上がHIPによるものである。HIPが導入される前と比べて売上げが6倍に増えたという。現在，全州でもっともHIPが利用されているファーマーズ・マーケットとなっている。

3）リンカーンのベイカーブリッジ農場

　ベイカーブリッジ農場はミドルセックス郡リンカーン町にある。ボストン中心部からは北西に25kmの位置にある。1992年にドラムリン農場として事業を開始し，ベイカーブリッジ農場という名称にかわったのは1998年である。31エーカーの保全農地のうち，27エーカーが野菜畑，残り4エーカーは堆肥製造エリア，温室，農業機械置き場，CSAの野菜分配場に使われている。農地は町が農地保全地域に指定している土地で，自治体リンカーンの所有であり，リンカーン保全委員会（Town of Lincoln's Conservation Commission）から無償で借りている。この農場の農産物は貧困救済団体への寄付のほか，ボストンのダドリー地区でのファーマーズ・マーケットやリンカーン周辺住民へのCSA販売である。

　このように，FPの農場をみると，その目的の第一が，市民とくに貧困世帯の健康な農産物の入手機会を改善することにあることがわかる。食をめぐる格差に立ち向かい，食の公平さを求めて活動することである。収穫物のうち約40％は35の貧困救済団体に寄付されている。60％は低所得者層の住む地域におけるファーマーズ・マーケット（5か所）での販売や，CSAによる販売，レストランへの直接販売である。CSAでは低所得者向けにシェア価格を抑えた販売を185世帯に対しておこなっている一方，フルプライスシェアは543世帯におこなっている。CSAのシェアプログラムはいずれも20週間である。

（3）青少年農業教育

FPの取組の重要な部分の一つが青少年教育であり，農場全体で毎年120名を超える若者が働いている。FPの活動に参加する若者は，FPへの参加経験との関わりでシードクルー（Seed Crew，「種子段階のチーム」という意味），ダートクルー（Dirt Crew，「種を育てる土壌チーム」という意味），ルートクルー（Root Crew，「作物を支える根チーム」の意味）の3つのカテゴリーにわかれている。

農作業の現場

シードクルーは14歳〜17歳の高校生に7月〜8月中旬にかけて6.5週間の労働機会を提供するものである。ボストンやリン周辺の都市部から，さまざまな人種（6割が有色人種）や階層からなる高校生を募集し，毎年72名（男女比は半々）を各農場で雇用している。週5日，1日8時間労働で，週給275ドルが支払われる。1日を通して農作業を行うのではなく，午前中は農作業を行うが，午後は持続型農業や食料へのアクセスについて，さらに社会的公正とは何かといった問題をワークショップで学ぶ時間となっている。それが終わればその日の午後最後の2時間はまた農作業を行う。農場での労働時間の3割はワークショップなどの学びの時間となっている。また，週のうち1日は地元の貧困救済団体に自分たちが育てた作物を届け，その団体が行っている生活困窮者への食料提供を手伝うことになっている。これにより，自分達が生産した農産物がどのように消費者に届いているか，農産物の流通システムを理解する。

ダートクルーはシードクルーを経験した者だけがなることができる。ダートクルーは年間を通して，放課後と毎週土曜日に低所得地域の住民のために高設ベッドの設置作業を行う。また，ボランティアのリーダー役を担い，翌

第Ⅰ部　アメリカ北東部ニューイングランドにみるオルタナティブ

年のシードクルーの募集を手伝う。持続型農業やローカルフード・システム，正当な労務管理，市民としてのたしなみなどのしっかりしたリーダーになれるような教育コースという位置づけである。

　ダートクルーを経験した後はルートクルーとなり，農場やファーマーズ・マーケットでのさらなる責任を担うことになる。農場での作業はルートクルー2名をリーダーに，12名のシードクルーが一つのチームとして働く。

　FPでは青少年の農場やコミュニティにおける労働と，社会的公正やフードジャスティス，事業経営のやり方などの学習の両面から，フードシステムに変革をもたらすような次世代のリーダーを育成することがめざされている。

（4）ザ・フード・プロジェクトの経営収支

　2016年度の収入は324万3,000ドルで，内訳は寄付金が84.7％，農産物販売が10.3％，投資・出資が2.5％，各種プログラム等2.0％，慈善くじ0.5％である（**表1-9**）。表出はしていないが，寄付は個人が34.1％，個人財団・企業財団39.1％，ファミリー財団7.3％，イベント8.4％，その他団体からの寄付4.9％，企業5.0％，政府1.9％となっている。

　一方，2016年度の支出は227万5,000ドルで，その内訳は青少年発達プログラム（給料）40.4％，郊外農場の運営費25.1％，都市農場の運営費7.8％，ボ

表1-9　ザ・フード・プロジェクトの2016年の収支

		ドル	％
収入	寄付	2,746,191	84.7
	農産物販売	333,733	10.3
	投資・出資	82,251	2.5
	各種プログラム	66,343	2.0
	慈善くじ販売	14,786	0.5
	合計	3,243,304	100.0
支出	青少年発達プログラム（参加者への給与）	918,514	40.4
	郊外農場の運営費	571,945	25.1
	都市農場の運営費	177,420	7.8
	ボランティア・普及プログラム	498,378	21.9
	低所得者への食料提供	108,840	4.8
	合計	2,275,097	100.0

資料：The Food Project Annual Report 2016により作成。

60

ランティア・普及プログラム21.9％，低所得者への食料提供4.8％である。

　寄付額は2014年212万ドル，2015年241万ドル，2016年275万ドルと順調に伸び，収支は，2014年は24万ドルの赤字，2015年は５万ドルの赤字だったものが2016年は97万ドルの黒字となっており，寄付が収支に大きく影響している。

　青少年農業教育と都市貧困地域のコミュニティ再生をめざす非営利組織の運営は，自治体の土地提供と寄付金によって成り立っている。

　こうしたなかで，今後は貧困救済団体への食料寄付や低所得者向けCSAの取扱いを増やしていきたいと考えている。しかし，そうなると現在行っているCSAのフルプライスシェアを減らしたり，高級レストランに直接販売している温室トマトを減らすことになる。ところが，フルプライスCSAやレストランへの直接販売はFPの貴重な収入源であり，簡単に減らすことはできない。安定して寄付を得ることが容易ではないからである。

　したがって，当面は寄付金を増やしていくためにFPの活動をアピールしていくこと，そして家庭菜園など野菜を自給する世帯を増やしていくことが目標となっている。

8．ローカルフード・システムの構築に向けた今後の課題

　ここでは多国籍アグリビジネス支配に対するオルタナティブの一つとしてのローカルフード・システムの構築をめざす運動の担い手が多様であることをマサチューセッツ州でみた。

　第一に，消費者との結びつきが経営展開にとって不可欠な農場であっても，必ずしもそれが小規模農場とは限らないということである。JD農場は農務省の農業センサスの農場類型では非家族農場で，農場収入の水準は中規模家族農場に匹敵するものであったし，TM農場にあっては大規模家族農場に位置づけられるものであった。どちらも農場が都市近郊に立地しているという条件をいかして，有機農業をベースとした消費者への直接販売を中心におこ

第Ⅰ部　アメリカ北東部ニューイングランドにみるオルタナティブ

なっていた。とりわけCSAが販売方法として重要な位置を占めており，規模の大きな農場にとっても消費者との結びつきは経営展開にとって不可欠なものとなっていた。さらに，どちらの農場も私経済的活動をおこなっているわけだが，貧困支援団体等への食料寄付を行うなど，低所得者層もローカルフードにアクセスできるようにする社会運動とも結びつきながら，地域社会や消費者との関係のなかで経営展開を図っていた。ローカルフード・システムを担う主体は小規模家族農場に限ったものではなく，規模の大きい農場のなかにもローカルフードを重視しているものがあることにも目をむけるべきであろう。

　第二に，ローカルフードを担う農場にとって農家子弟や血縁家族ではない者への経営継承の位置づけが小さくないということである。上の二つの農場は，血縁家族や農家出身ではない者への経営継承によって農場が維持されている。すなわち，JD農場はコミュニティの人たちが食と農へのつながりをもてる場所づくりをめざして血縁家族以外の者が農場を購入し，さらに別の非農家出身者に経営を任せていた。TM農場も元の農場所有者に経営継承を請われる形で非農家出身者に引き継がれた農場であったし，近隣の後継者不在でリタイヤした農場を借地や購入という形で規模拡大を図っていた。

　アメリカにおける農場の継承や農業参入についてのいわゆる「アグリカルチュラル・ラダー（農業の階梯）」論[38]との関わりでは，農業経験があることが若者の農業参入にとって大きな意味をもつことが示唆される。とりわけTM農場のマシューのように若い時の農作業経験の意味は小さくなかろう。しかるに，現在では法的規制もあって，（私経済活動をおこなう）農場が若年層の雇用をおこない，農業の経験を積ませる機能を農場側が発揮することが困難になりつつあった。そうした中で，ザ・フード・プロジェクトが行っている青少年農業教育のもつ意味は大きい。青少年への農業教育や農場での作業経験が「農業の階梯」の初期段階の農業経験を補い，農家子弟ではない者も含めて次世代の農業経営者を育成する役割を担う可能性があるからである。

62

第1章　マサチューセッツ州の「ローカルフード」運動

　なお，都市近郊地域に位置する農場の展開にとって，都市化の圧力のもと
でも農地価格を高騰させず，農地として保全していく保全地益権のような制
度的仕組みが整っていることも若い世代の農業参入を促進していると考えら
れる。保全地役権については第3章に譲る。

　第三に，ローカルフード・システム運動にとっての非営利組織の存在であ

---

(38)アメリカにおける農場の継承や農業参入については，「アグリカルチュラル・
　ラダー」（農業の階梯）論がある。金沢（金沢夏樹『現代の農業経営』東京大
　学出版会，1975年，244ページ）の整理に依拠して，柳村は農業の階梯を次の
　ようにまとめている（柳村俊介「ゆらぐ一世代農場の伝統と世代継承に向け
　た模索―アメリカ」酒井惇一・柳村俊介・伊藤房雄・斎藤和佐著『農業の継
　承と参入　日本と欧米の経験から』農文協，1998年，162〜163ページ）。①両
　親の農場で主要な最初の経験をつみ，②近所の農家で雇用労働者として，さ
　らに農業の経験をつんだあと，③数年間農場を借りて自分で経験し，④抵当
　に入っている農場を買う。⑤そして，負債のないような農場にまで育てて本
　当の農業経営者になる。⑥齢を重ねていけば，農地の貸付や売却によって農
　場を縮小し，引退するというサイクルである。このように農業の階梯は，農
　業を志す若者が農業労働者からスタートし，小作農，自小作農を経て最後に
　は自作農へと上向展開していくこと指す（長憲次『現代アメリカ家族農業経
　営論』九州大学出版会，1997年，98ページ）。だが，①から考えるに，ここで
　想定されているのは多くの場合農家子弟による農業参入であろう。この「農
　業の階梯」による上向展開について，柳村は困難性が増しているとしつつも，
　依然として存在していると指摘する。とはいえ，「小作農が梯子を上がる速さ
　が緩慢」になるとともに，「自作農への上向を断念して離農する小作農の増加」
　もみられ，自作農にいたる梯子を「独力で這い上がるダイナミズム」が失わ
　れているという。長はこの理由を次の3つに整理している。第一は経済的要
　因であって，経営規模と機械の巨大化，地価の上昇，農業資本額の増大によ
　り資本調達と蓄積が困難になったことである。第二に家族関係と家族の行動
　原理の変化によるもので，近代化された核家族制が家族関係の基調をなす中で，
　夫婦を単位にした一世代農業という性格がいっそう濃厚となっていったこと，
　および農業の経済的困難性が増大する中で，リタイヤする年齢が高まり，老
　後の生活を考えると贈与によって次世代に早期に支援していく余裕も乏しく
　なったことである。第三に少子化の傾向が進行し，農場育ちの若者自体が農
　場数の減少ともあいまって著しく少なくなってきたことである。しかしそれ
　でも，アメリカにおける農場の継承または農業への新規参入者の大多数は現
　在でも農民子弟で占められており，とりわけ中西部では専業農場の新規農業
　就業者の90％が農場出身者の男子子弟で占められていると指摘している。

63

第Ⅰ部　アメリカ北東部ニューイングランドにみるオルタナティブ

る。[39]ここでみた非営利組織「ザ・フード・プロジェクト」は，農場を運営していることに加え，貧困層への農産物の寄付や低所得者向けに価格を抑えたCSAやファーマーズ・マーケット，移動販売など，低所得者が健康的な生鮮食品を購入できる機会を改善・拡大する取組に重きをおいていた。さらに青少年農業教育は単なる農作業体験ではなく，1日8時間，約7週間にわたる農作業従事と持続型農業に関する学びの時間によって，次世代の食料・農業システムの担い手を育成するプログラムとなっており，フード・プロジェクトの年間支出の40％を割いていた。こうした取組がフード・プロジェクトの年間収入の8割以上を占める寄付金によって成り立っていることも見過ごすことができない。寄付がなければ，農場の運営費すらまかなうことができないからである。とはいえ，これだけ多額の寄付があつまるということは，フード・プロジェクトの活動が市民や消費者に支持されていることの現れでもある。フード・プロジェクトは都市貧困層の大量の存在がアメリカ社会における中心的問題の一つであることに正面から向き合い，貧困者向

(39)佐藤はワシントン州において，運営主体の異なる複数のCSAの取組を分析し，その一つにNPOが運営するCSAがあった（佐藤加寿子「アメリカにおける地域が支える農業（CSA）の展開とその背景―シアトル近郊に見る運営主体の特徴―」『農業・農協問題研究』第31号，農業・農協問題研究所，2004年，69～83ページ）。また，磯田らもウィスコンシン州でNPO法人が農場を運営しCSAに取り組む事例を分析している（磯田宏・佐藤加寿子「消費者・市民と農業者の提携による新たな農業・食料関係の構築―ウィスコンシン州・イリノイ州におけるCSAの事例」松原豊彦・磯田宏・佐藤加寿子著『新大陸型資本主義国の共生農業システム　アメリカとカナダ』農林統計協会，2011年，197～219ページ）。しかし，前者の非営利組織は農場経営を行っておらず，ファーマーズ・マーケットを運営するとともに，地域の農場から農産物を集荷し，分荷・荷造りして消費者に配達を行うというCSAの形態であった。このCSAではアメリカ農務省の栄養援助事業の助成を受けて，低所得の高齢者への宅配サービスを行なっていたが，それはCSAの一部にとどまるものであった。非営利組織が農場を経営していた後者は「教育・福祉とCSAが一つになった農場経営」ではあったが，「精神障害者に住居を提供」し，農業栽培技術教育を行うことが活動の中心であった。教育的娯楽として夏に数日，小学生のサマーキャンプの受け入れもおこなっていたが，オルタナティブ・フードシステムの担い手を育成するような農業教育と呼べるものではなかった。

けの事業に取り組むとともに，高校生への農業教育によって次世代のフード
システムの担い手を育てている。こうした活動が公共の利益につながるもの
と広く社会に評価されているからこそ寄付があつまるのであろう。もちろん
アメリカにおける税制のあり方も関係がないわけではない。アメリカでは寄
付者への課税所得控除が，企業の場合は課税所得の10％，個人は50％を上限
として税金が控除されるため，寄付が盛んに行われているからである。非営
利組織という形態をとっていることで寄付が受けやすくなるのである。

　ザ・フード・プロジェクトの事例からいえるのは，社会的公正を基礎とし
たローカルフード・システムがいかに消費者や市民から支持されているかで
ある。日本においてもこのような観点での取組が進展することが求められよ
う。ただし，日本の場合は宗教（キリスト教の寄付精神）や税制（寄付金控
除枠）の違いによりアメリカほど寄付文化が根づいていない。であれば，公
的支援によってローカルフード・システムの構築を支えていくことも必要だ
と考えられる。

　付記
　本研究の調査はJSPS科研費15K07632，JSPS科研費16K07905，JSPS科研
費17H03878，および（株）愛媛地域総合研究所からの助成をうけて実施した。

第2章

ニューイングランドの酪農協同組合と小規模酪農

佐藤 加寿子

1. アメリカ酪農における産地移動と経営規模拡大

　アメリカ合衆国北東部は米国の酪農政策において特別な位置にある地域である。1996年農業法で認められた「北東部諸州酪農協定」である。アメリカはWTO農業協定発効に合わせた農政改革を1996年農業法でおこなったが，酪農政策では加工原料乳価格支持制度の段階的廃止と「連邦ミルク・マーケティング・オーダー」の改革が決定された。この農政改革は当時「市場指向型農業に向かって大きく踏み出した」[1]と受け止められていた。連邦ミルク・マーケティング・オーダーとは地域別に最低乳価を設定する制度で，小規模な農場が多く，従来の連邦ミルク・マーケティング・オーダー制度下で比較的高水準の乳価が設定されていたニューイングランドの諸州では乳価の下落による酪農経営の危機が心配された。そこでコネティカット州，メーン州，マサチューセッツ州，ニューハンプシャー州，ロードアイランド州，ヴァーモント州の6州において，地域酪農協定である「北東部諸州酪農協定」を創設することが1996年農業法で認められた。これは連邦ミルク・マーケティング・オーダーで設定される飲用乳の最低価格とは別に，16.94ドル/100ポンド（1ポンド＝454g，したがって37.3セント/kg）の最低乳価を設

（1）渡辺雄一郎・樋口英俊「海外駐在員レポート96年農業法以降の米国酪農政策の動きについて」農畜産業振興事業団http://lin.alic.go.jp/alic/month/fore/2002/apr/rep-us.htm

67

第Ⅰ部　アメリカ北東部ニューイングランドにみるオルタナティブ

定するものであった。その後，この協定を全国化した「全国酪農市場損失支払」（National Dairy Market Loss Payments: DMLPまたはMilk Income Loss Contract: MILC）が2002年農業法で導入され，2014年農業法で「酪農マージン保護計画」が新設されるまでその枠組みは続いたのである。

生乳生産量の伸び

　アメリカ合衆国の生乳生産量は，1993年の7,096万tから1998年7,144万t，2003年の7,736万t，2008年8,625万t，2013年9,136万t，2018年で9,878万tに伸びている。伸び率を見ると1993年から2003年までが13.1％，2003年から2013年までは18.1％，2013年から2018年までの５年間で8.1％に達する。

　背景にあるのは酪農経営の大規模化である。農場の平均飼養頭数は1992年に61頭だったものが2012年では144頭に拡大しており，中央値では同期間で101頭から900頭へと急拡大しており，この間の規模拡大の急速さがわかる。2017年センサスでは乳牛5,000頭以上を飼養する農場の生乳販売額シェアは16.8％，1,000頭以上農場のシェアでは56.4％になる。ちなみに農場数シェアでは，1,000頭以上層は0.2％にすぎない。しかし同時に全体の酪農経営数は急激に減少しており，1993年には15万9,450経営であったものが，2003年９万1,990経営，2012年５万8,000経営となっている。2017年センサスでは乳牛の飼養がある農場数で５万4,599農場である。

　酪農経営の規模拡大は1980年代以降，伝統的産地から新興産地への産地移動として把握されてきたが[2]，近年では伝統的産地州でも大規模化が進んでいる。

　アメリカ合衆国北東部（ペンシルヴェニア州，デラウェア州，メリーランド州，ニュージャージー州，ニューヨーク州）は，同国における伝統的な酪農産地のひとつであるが，1980年代以降の産地移動をともなった酪農経営規

（2）佐藤加寿子「アメリカ酪農の構造変動と家族経営」村田武編『21世紀の農業・農村第２巻再編下の家族農業経営と農協—先進輸出国とアジア—』筑波書房，2004年。

模の拡大のもとで，生産シェアが低下しつつある地域である。北東部は早く
から人口密度が高かったため，飲用乳仕向け割合が高く，また酪農協同組合
の活動としては，乳業メーカーとの価格交渉のみをおこなうものが多い地域
とされてきた。

　北東部11州のうち，メーン州，ヴァーモント州，ニューハンプシャー州，
ロードアイランド州，マサチューセッツ州，コネティカット州の6州は
ニューイングランドと呼ばれるが，その中心都市ボストンを州都とするマサ
チューセッツ州において，中規模酪農協同組合とその組合員農家に関する現
地調査を2018年11月に行った。

　そこで見られたのは，酪農協の合併，乳業メーカーからの加工工場の買収
による乳製品加工事業の拡大と収益性を高める取組であった。また，低乳価
が継続する下で，酪農協組合員農場では，都市部近郊という立地を活かした
多様な販売ルートの開発など収入源の模索を見ることができた。

2．加工事業型酪農協として展開するアグリマーク

（1）組合員875・集乳量147万tの中規模酪農協同組合

　アグリマーク（Agri-Mark）はニューイングランドとニューヨーク州を集
乳域とする酪農協同組合で，2018年の組合員数は875，2017年の集乳量は147
万tである。

　組合の使命は，①組合員の生産した生乳をすべて販売すること，②組合員
にサービスを提供すること（生乳検査をはじめ，組合員が求めるサービスに
応えること），③組合員の要求を立法府に対して代弁すること，そして最も
重要なこととして，④利潤を生みそれを組合員に還元すること，としている。

　乳製品加工のために4工場があり，集乳した生乳の7割を自ら加工してい
る。キャボット（Cabot）とマッカダム（McCadams）というふたつの自社
ブランドで，チーズやバターなど個人消費者向けの乳製品を製造販売するほ
か，アグリマークブランドでホエイ製品を販売している。アメリカ最大手乳

69

第Ⅰ部　アメリカ北東部ニューイングランドにみるオルタナティブ

図2-1　アグリマークの集乳範囲と加工工業の位置

出所：フリーデータの地図を加工（https://www.kisspng.com/png-new-england-blank-map-region-2612749/preview.html）。

業のクラフト社などへのチーズの卸売販売や，ヨーグルトメーカー大手のチョバニ社（Chobani）や飲用乳ボトリングメーカー大手のHP Hoodなどへ加工原料として生乳を供給している。組合では農場から集乳した生乳の自社工場および供給契約を結んでいる他社工場への輸送のために，一日に延べ150台分の集乳トラック輸送を統括している。

　乳価低迷のもとでも乳製品加工によって利潤を確保し，組合員への配当や集乳補助金の支給をおこなっており，協同組合として自らを意識的に位置づけている。また，Bコーポレーション認証（後述）を取得し，自らの社会的意義を確認・発信している。

70

（2）その沿革と集乳量の増加

　アグリマークの前身である最初の農協が設立されたのは，1913年のニューハンプシャー州で小規模なものであった。その後1972年までに11農協の合併，そして1972年の３農協の大規模な合併によって，現在のアグリマークの基礎が作られた。1980年には農協名が現在の「アグリマーク」となり，1992年にキャボット農家協同組合乳業（Cabot Farmers' Cooperative Creamery），2003年にシャトーゲイ協同組合販売協会（Chateaugay Cooperative Marketing Association），2006年に連盟協同組合連合会（Allied Federated Cooperatives）を合併して現在に至っている。1992年と2003年の合併で乳製品加工工場を手に入れた。また1994年にはクラフト社からヴァーモント州ミドルベリーのチーズ工場を買収している。

　1983年に約4,000農場を数えた組合員は，2019年には875農場にまで減少した。集乳域は14区域に区分されており，理事会メンバーが各地域１名，合計14名が組合員の投票で選出されている。理事会以外のいくつかの専門委員会には組合員でないメンバーが加わっているが，理事14名はすべて組合員酪農家だけで構成されている。組合の最高決定機関である総代会は300名の総代で構成され，毎年４月に開催される。

　2017年の組合員１戸当たりの年間平均生乳生産量は1,350tで，搾乳牛１頭当たりの年間乳量を7,700kgとすると，１農場あたりの平均搾乳頭数は175頭になる。最も小規模な組合員農場はアーミッシュ農場[3]で搾乳頭数８～９

（3）日本大百科全書（ニッポニカ）によるとアーミッシュは次のように説明されている。「16世紀のオランダ，スイスのアナバプティスト（再洗礼派）の流れをくむプロテスタントの一派から，1839年に分裂した一派。ヤコブ・アマンを指導者として始まったためアーミッシュとよばれる。イエスやアマンの時代の生活を実践しようとする復古主義を特徴とする。（中略）映画『刑事ジョン・ブック―目撃者』（1985）で広く知られるようになった。現代文明を拒否して電気や自動車を使わず，馬車を用いて，おもに農業を営む。（後略）」信仰にもとづく共同生活をおくっており，アメリカ合衆国には各地にアーミッシュのコミュニティがある。

第Ⅰ部　アメリカ北東部ニューイングランドにみるオルタナティブ

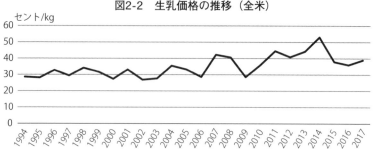

図2-2　生乳価格の推移（全米）

資料：アメリカ農務省Agricultural Statistics 2002, 2010, 2018

頭で，最も大規模な農場はニューヨーク州の農場で2,500頭を飼養している。この最大規模農場は父親と子3名の家族労働力に加えて，20名ほどを雇用する企業型経営である。しかし，大半の組合員は家族農場であるという。

　2019年に875農場にまで組合員は減少しているが，2017年には1,070農場であった。この2年間に195農場，すなわち18％も減少したのであって，ここ数年，4年続く低水準乳価のために，酪農経営の減少ペースが早まっている。統計が接続していないので図2-2では示せていないが，1984年から1993年までの生乳価格は100ポンド当たり12.26ドル（27.0セント/kg）から13.74ドル（30.3セント/kg）で推移していたが，WTO以降，価格の変動が大きくなり，とくに近年では変動幅が増している。2014年に100ポンド当たり24.07ドル（53.0セント/kg）まで上昇していた乳価は，翌2015年には17.21ドル（37.9セント/kg）に落ち込み，その後も低迷している。組合を去る農家は，酪農をやめるだけではなく離農するケースが多いとのことである。

　しかし，組合員の急激な減少にもかかわらず，アグリマークでは3年前から新規の組合加入を停止している。組合員農場からの集乳量が増加しているからである。3年前には組合に出荷される生乳が前年比で15％も増えた。現在，増加ペースは落ち着いているものの，集乳量は2016年に145万tであったものが，2017年は147万tに増加し，2018年も前年比で2％ほどの増加になる見通しである。組合員は基本的に生産する生乳の全量を組合に出荷しており，低乳価のもとで，農家はキャッシュフローを滞らせないためにできるだけ生

72

産量を増やそうとしている。通常なら搾乳を終えて肉牛として出荷する牛を継続搾乳したり，牛舎の収容能力を超えて搾乳頭数を増やしている。たとえば100頭収容できる牛舎があったとして，それ以外に簡易畜舎に20頭程度を飼って搾乳するような状況である。個々の農場レベルでのこのような対応が業界全体としてはさらに乳価を低下させることになっているのであるが，アグリマークでは組合員農家に対して，若い世代を農場に呼び込むことを主目的に，組合員農場が増産することを制限していない。組合員の平均生乳生産量は2013年には900t程度だったものが，2017年では1,300t台にまでになっている。組合員から引き受ける生乳を全量処理するためには，組合としては新規加入を停止せざるをえなかった。

　アグリマークへの新規加入希望は増え続けているという。アグリマークの集乳域には，他に3酪農協があるが，アグリマーク以外は加工施設を持っておらず，取引先乳業メーカーに生乳を供給する以外にない。このような取引では生乳が過剰になったとき，安価に売るしか方法はない。つまり損失が出る価格で生乳を売り，その分は生産者への賦課金で補填されることになる。

（3）乳製品加工工場の整備

　アグリマークは加工工場への投資に力を入れてきた。より多くの生乳を引き受けることができるとの考えからである。

　現在，乳製品加工工場は4工場が稼働している（**表2-1**）。主としてチーズ加工をおこなう3工場と，バター・粉乳製造をおこなう1工場である。チーズ製造を主とする3工場は，いずれも他社の工場を買い取ったものである。

　ヴァーモント州キャボットの工場は小規模だが，キャボット農協を1992年に合併し，それ以降この工場に数百万ドルの投資をしてきた。この工場の主製品はサワークリームやヨーグルトなどである。チーズも製造されるが，その規模は小さい。同じ敷地内に包装施設があり，ミドルベリー工場とシャトーゲイ工場製のチーズもこのキャボット工場に運ばれ，最終製品である個

第Ⅰ部　アメリカ北東部ニューイングランドにみるオルタナティブ

表2-1　アグリマークの加工施設

工場名	立地州	取得年	製造品目・機能	取得元	加工生乳量 2017年（トン）
ウエストスプリング フィールド	マサチューセッ ツ州	1943	バター，粉乳	前身の農協に よる建設*	298,462
キャボット	ヴァーモント州	1992	チーズ，サワークリー ム，ヨーグルト個包装	農協合併	177,807
ミドルベリー	ヴァーモント州	1994	チーズ，ホエイ製品	クラフトから の買収	307,988
シャトーゲイ	ニューヨーク州	2003	チーズ	農協合併 （Valioからの 買収）	196,858

資料：2018年11月現地訪問調査および農協ホームページから作成。
注：＊1972年の合併でアグリマークの元となる農協になる。

人消費者の購入単位への切分けと包装がなされ，「キャボット・ブランド」
で出荷される。したがって工場は小さいものの，400人もの従業員を抱えて
いる。

　ヴァーモント州ミドルベリーの工場は，アグリマークが所有する工場とし
ては最も近代的な工場である。この工場は1994年にクラフト社から買収した
ものである。もともとは1970年代に建設され，地域の酪農協（のちに合併し
てアグリマークとなる）の集乳施設から生乳の供給を受けていたものである。
小規模な工場でスイスチーズ用の生産設備であったが，アグリマークが買収
後，チェダーチーズ用の工場に改修した。この工場では19kgブロックと
290kgブロックのチーズが生産されており，後者の一部はクラフト社へも供
給されている。ホエイ・プロテインや粉末ホエイ製造用の乾燥機も整備され
ており，他の3工場のホエイもすべてこの工場で処理されている。

　2003年に買収したニューヨーク州北端シャトーゲイの工場は，購入後2年
間で3,000万ドルを費やして改修した。工場周辺は住宅地で，乳業工場の立
地としては理想的ではないが，販売市場が近場にあり，それを評価しての買
収であった。

　マサチューセッツ州ウェストスプリングフィールドに立地するバター工場
では，2018年に2機の乾燥機が導入された。この改修には2,100万ドルを要

74

した。これによって粉乳加工がスピードアップし，工場の生乳処理能力は3割アップした。アグリマークの組合員向けのニューズレターでは，この改修によって組合員からより多くの生乳を引き受けられ，また「全国的な乳製品市場の変動に振りまわされないで，組合員の生乳を処理できる」[4]とされている。乾燥機の稼働によって余剰乳の発生を避け，新たな顧客を見つけることができる。乾燥機はバターパウダーおよび脱脂粉乳の加工に使われる。通常のバターも生産されており，このバターもキャボット・ブランドで販売される。

　自社加工しない残りの30%の生乳は，チョバニ社，HP Hoodに販売される。チョバニ社はアメリカのヨーグルト市場で2位（2016年）のヨーグルトメーカー，HP Hoodは第3位ないし第4位の乳業メーカーである。両社はニューヨーク州とマサチューセッツ州西部に工場があり，そこへの供給である。

（4）生乳と乳製品の販売

　アグリマークでは上記のような加工施設・設備の整備によって生乳の自社加工割合を7割まで高めている。すでにみたように，チーズはクラフト社などへの卸売もあるが，組合の独自ブランドであるキャボット，マッカダムでの販売もある。

　独自ブランドのチーズは，1994年にニューヨーク市で開催された「国際高級フードショー」のチーズ部門で最終選考に残り，翌1995年にアメリカチーズ協会でヴァーモント州の他の3社のチーズとともに最高賞を獲得した。1998年以降は毎年，さまざまな品評会で最高賞を含むトップクラスの評価を得続けている。独自ブランド乳製品への品質の高評価は，質の高い生乳と加工工程の自然熟成からくるものであるという。現在，安価なチーズの生産には短期間で熟成させるための酵素が添加されることが多いが，アグリマークの独自ブランドチーズでは発酵を促進するための酵素を添加せず，熟成室で

（4）"news for Agri-Mark's dairy farmer members Insight" Fall 2018.

第Ⅰ部　アメリカ北東部ニューイングランドにみるオルタナティブ

1年から5年（チーズの種類によって期間は異なる）寝かせて熟成させている。この自然熟成によって独自ブランドチーズを特徴づける独特の香り・味わいが生まれるとのことである。自然熟成のためにはコストがかかり，その分のプレミアム価格での販売がめざされている。それによって組合員に中西部よりも高い乳価を払い，工場の加工コストを回収しようとしている。現在も組合員には中西部より高い乳価を払えているものの，それは十分な水準とはいえないので，さらに高品質を維持し，品評会で高評価を得ることが重要と考えられている。

　独自ブランド製品はスーパーマーケットの乳製品売場で売られているが，製品によってはデリ・コーナー[5]で販売されている。乳製品売場ではクラフト社など大手メーカーの製品と並べて売られている。乳製品をスーパーの棚に置いてもらうにはそのスペースに対する高額の料金を支払わなければならない。多くの場合1区画から2区画を割り当てられているが，アグリマークチーズは15種類もあり，多くの店舗で置けるのは2～4種類に限られる。独自ブランドチーズは高価格であり，ターゲットとする消費者層は中高所得層である。消費者の多くが品質よりも，価格で選ぶ傾向の強いことが悩みである。

　独自ブランド製品の販売は，集乳域の北東部にとどまらず，アメリカ東海岸全域に及んでいる。とくにフロリダ州での販売が重視されている。温暖なフロリダ州にニューイングランドから多くの人が退職後などに移住しており，さらに冬期にニューイングランドから休暇にフロリダ州を訪れる人もいて，彼らはキャボット・ブランドになじみがあるからである。また現在は新たにカリフォルニア州での市場開拓に取り組みはじめている。ただし，主たる市場は北東部・東海岸であり，消費者に近いという立地を活かしたいと考えている。

（5）総菜を中心とするコーナーで，通常量り売りがおこなわれる。ここで販売されるチーズは乳製品売場で販売されるチーズよりも高級なものと位置づけられていることが多い。

第2章　ニューイングランドの酪農協同組合と小規模酪農

　チーズやバターとともに生産される脱脂粉乳や乾燥ホエイ類は海外への輸出もおこなわれている。脱脂粉乳の多くはメキシコ向け輸出である。

　アグリマークでは年間2万2,700tのホエイ製品を生産し、「Agri-Mark」ブランドで販売している。ホエイ類は2製品があり、ひとつは濃縮ホエイ・プロテインで、主に米国内向けである。もうひとつのホエイ・パーミエートと呼ばれるラクトースを中心とした製品は、主に中国に養豚用の飼料サプリメントとして販売されている。米国内向けのホエイ・プロテインは液状の製品もある。ホエイ製品についても高品質がセールスポイントとされている。その品質の高さは、アグリマークのチェダーチーズ生産の過程で産出されるホエイのみを原料としていることによるもので、市場では高品質なニッチ製品と位置づけられている[6]。顧客からは期待した機能がよく発揮されると評価されているとのことである。ホエイ類の輸出先は20か国以上にのぼり、カナダ、ブラジル、チリ、ペルー、オランダ、レバノン、エジプト、オーストラリア、日本、中国、インドネシア、コロンビアなどである。販売先国は年によって異なり、為替相場に影響されることが少なくない。

　ホエイ製品輸出におけるもっかの懸案事項は米中貿易摩擦である。アメリカがまず中国製品におよそ340億ドルの関税をかけ、中国は報復としてアメリカ製品におよそ34億ドルを課した。一律25％の関税が幅広い乳製品にかけられており、乾燥ホエイ・プロテインとホエイ・パーミエートも対象となっている。アグリマークのホエイ・パーミエートはラクトース成分が評価され、家畜飼料（主に養豚用）として中国へと輸出されている。調査時点（2018年11月）ではアグリマークと中国の関係業者とでこの関税を均等に負担することで合意し、アグリマークは中国の取引業者との関係を維持しようとしている。しかし、この関税が長期にわたるならば、新たな対策が必要になる可能性があるとのことである。アグリマークはこの貿易摩擦が早期に収拾することを望んでおり、事態が収拾されれば中国へのホエイ製品だけでなくチーズ

（6）"news for Agri-Mark's dairy farmer members Insight" Fall 2018、7ページ。

第Ⅰ部　アメリカ北東部ニューイングランドにみるオルタナティブ

輸出についてもビジネスチャンスだととらえている。

　このような加工事業・販売事業への取組の結果，得られた純利益は利用高配当として組合員に分配されている。生乳出荷量100ポンド（45.4kg）当たり30セント前後である。

（5）組合員に対するサービス

　アグリマークの組合員サービスは，まず基本的なこととして生乳検査の実施と各農場についての出荷・品質情報の提示である。集乳する際には農場毎の品質検査をおこない，品質に応じて乳代へ加算支払をおこなっている。組合員専用のウェブサイトには，組合員毎に乳代情報，生産情報，月別および日別生産量，タンパク質含有量，乳脂肪分などが表示されるようになっており，組合員は自身のデータをいつでも確認でき，グラフ化が可能である。

　また組合は現在，集乳運賃に対して補助金を出している。集乳運賃は組合員農場が負担することになっているが，燃料代の上昇にともなって運賃が高騰している。それに対してこの４年間乳価の低迷が続き，乳代は組合員にとって十分な水準にないため，毎年1,100万ドルを運賃補助として支出している。これは生乳100ポンド当たり34セントになる。

　さらに抗生物質等の混入ミスが発生した場合には，組合員農場の負担を軽減する措置が取られている。年１回までのミスならば，抗生物質混入による弁済を免除する措置である。アメリカでは，抗生物質等の投与後一定期間内に生産された生乳は出荷が法律によって禁止されている。抗生物質や他のどんな薬剤の場合でも牛に投与した後の14日間，または薬剤によっては18日間に搾乳した生乳は廃棄される。しかし農場が誤って，その期間内の生乳を出荷してしまうことが有りうるのである。

　実際の検査の手順は次のようなものである。集乳の際は農場毎に生乳のサンプルが庭先で回収されるが，集乳車が複数の農場をまわり加工場に搬入される際は積載毎に抗生物質の混入の有無を調べる検査が法律によって義務づけられている。ここで抗生物質の混入が見つかると，その積載分は工場搬入

78

第 2 章　ニューイングランドの酪農協同組合と小規模酪農

前に廃棄される。組合では農場毎に回収されたサンプルから混入元になった農場を特定し，通常ならば，その農場は自らの出荷した生乳だけではなく廃棄された生乳すべて，つまり自身の生乳が混載された集乳車 1 台分の生乳代金を弁済しなければならない。農場はこのような場合に備えて保険にも入っているとのことである。組合では組合員農場に対して，汚染乳の混入の可能性がある場合に，事前に組合に連絡すれば，年 1 回までは廃棄した生乳の乳代弁済を免除している。これによって，抗生物質等の混入を防ぎ，組合員農場の負担を軽減している。

　その他に，アーミッシュ農場向けの集乳所開設もおこなわれた。組合員にはおよそ150のアーミッシュ農場も含まれる。そこでは 1 農場当たり 8 頭ないし 9 頭が手搾りされている。アーミッシュの人々は電力を使わないために生乳を冷蔵できず，そのために販売先がなかった。そこで組合は 6 年前にアーミッシュ農場の集まる地区（アーミッシュでない一般の組合員もいる）にステンレス製の生乳タンク数基を備えた集乳所を建設した。組合の集乳所ができたことで，アーミッシュの人々は集乳所へ馬車で生乳を運び，組合が生乳を冷蔵し検査することで，よりよい価格での販売につながった。アーミッシュの人々はこの現金収入をたいへん喜んでいる。そのお金が地域に回るからである。組合の16名の営農指導員（field rep）のひとりが，この集乳所の建設に協力した。

（6）食品安全・環境問題への取組―消費者・社会の声に応えて―

　アグリマークでは，消費者からの問合せに回答する部署が設置され，3 名の担当者が配置されている。そこでは消費者からのすべての質問に答えることが職務とされている。電子メールであれ，電話であれ，消費者がとる連絡方法に応じて回答される。1 か月の電子メールでの問い合わせ件数はおよそ100件にも上るという。

　消費者からの問合せが最も多いのはrBST（牛成長ホルモン）に関することである。アグリマークでは現在，組合員農場にrBSTの使用を認めていな

図 2-3　キャボット・ブランドのチェダーチーズのパッケージ（上）と裏面表示（下）

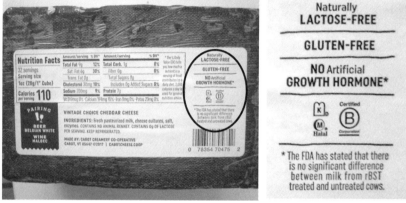

注：下右写真は，下左写真の○で囲った部分の拡大。「ラクトース不含有，グルテン不含有，人工成長ホルモン不使用*」とある。最下段の注書きは，「アメリカ食品医薬品局によれば，rBST投与牛の生乳と非投与牛の生乳に顕著な違いはない。」

い。1990年代の半ばにすでに，ニューヨーク州を除く集乳エリアでrBSTの使用を禁止した。ニューヨーク州では，生乳の供給先がrBSTの使用を問題にしていなかったので，組合でも2005年まで使用を認めていたが，それ以降はすべての組合員農場に使用を禁止している。消費者からの要望が大きかったからであるという。10年以上も前に使用を禁止したにもかかわらず，消費者から寄せられる問い合わせの最も多くが未だにrBSTの使用に関することである。したがって，製品にはrBST不使用の表示が欠かせない（図2-3参

第2章　ニューイングランドの酪農協同組合と小規模酪農

照）。

　消費者からの問い合わせが多い第二は，アニマルウェルフェア（動物福祉）についてのものである。最近では，たとえば母牛からの子牛の引離しを問題だとする意見が寄せられている。酪農では子牛が生まれると通常24時間から48時間は母牛といっしょにしているが，その後は別々に飼養することが一般的である。成牛に子牛が傷つけられるのを防ぐためである。しかし多くの動物保護団体はそれに反対で，子牛をより長い期間母牛と共に飼養すべきだというのである。組合ではまだこの意見をどのように判断すべきか検討中である。

　環境問題も多く問い合わせが寄せられる分野である。とくに水質汚染問題について消費者や地域住民の目が向けられている。ヴァーモント州ではここ４，５年のあいだに湖沼や河川で，とくに小さな湖沼や河川で富栄養化による藻類の異常発生が起こっている。富栄養化は農場からの養分流出がひとつの要因である。そこで湖沼や河川の近くに立地する農場では，環境規制に忠実に従い，その確認が求められる。農場には土壌栄養管理計画の策定と実施が政府によって義務づけられており，農場内の養分は管理されている。組合員農場では，土壌流亡を防ぐためのカバークロップ[7]の作付けがなされている。

　水質汚染については，組合の加工工場も消費者や地域住民から注目されている。とくにヴァーモント州の工場は州内で比較的従業員の多い規模の大きな事業所であるため，排水管理については常に説明が求められているとのことである。

　消費者や地域住民などからの直接の問い合わせの他にも，社会の酪農や畜産業界全体に対する要求は少なくない。たとえば抗生物質耐性菌の出現問題

（7）当地におけるカバークロップはライ麦である。トウモロコシを秋に飼料として刈り取ったあとにライ麦を撒き，冬のあいだ育てて，春の融雪時期にライ麦が圃場に生育している状態にしておく。そうすると融雪時の地表流の河川への流出が抑えられる。その後ライ麦をすき込むことで緑肥とする。

第Ⅰ部　アメリカ北東部ニューイングランドにみるオルタナティブ

から，全米で農業における抗生物質使用を削減する方向で取り組まれている。その一つが，牛の健康管理計画には獣医師の参加が義務づけられ，獣医師の管理下でなければ抗生物質の使用が難しくなるという。

　さらに近年では，農場における被雇用者の健康と安全が問題になっている。アメリカの大規模な農場ではメキシコ人やグアテマラ人を雇用しており，不法移民が少なくない。彼らを公正に取り扱っているかが問題とされている。現在，ニューヨーク州では，取引先からアグリマークは州内の組合員農場の被雇用者が公正に取り扱われているかを確認するプログラムを実施するよう求められている。しかし取引先が示してきたプログラムは大規模農場向けのもので，たとえば雇用管理を専門とする担当者の配置や，被雇用者に対する研修プログラムの策定・実施が求められており，家族労働力を中心に補助的に雇用労働力を利用するような多くの組合員農場に単純に適用できるようなものではなかった。そこでアグリマークでは，取引先に農場現地の視察を求め，被雇用者の健康と安全について組合員農場がどのように取り組んでいるかを理解してもらっている。取引先の要望で数年に一度のペースで実施される。アグリマークでは，これを取引先に生産現場の直面する問題や現状を理解してもらうための顧客教育機会だと位置づけている。

　また持続可能性については，理事会に委員会を設置し，担当責任者を配置している。この持続可能性委員会では，組合員農家の環境や持続可能性についての取組を可視化するバイタル・キャピタル・インデックス（Vital Capital Index）と名付けたプログラムを5年前に策定した。組合員農場は30の質問に回答することで，自身の農場における環境についての取組が，たとえばカーボン・フット・プリントや水質問題への貢献等といった指標で，数値化して示される。このプログラムの導入も取引先からの要望が大きく，消費者からの関心も高いと組合では受け止めている。

　しかしこのプログラムへの組合員農場の参加は今のところ任意である。4年続く乳価の低迷で，農場は経営を赤字にしないことに必死で，新たな取組に手を付けることができるような状況ではないためである。組合ではプログ

82

ラムに組合員が参加しやすいよう，項目を整理して質問数を減らす改訂を最近おこなったばかりである。

（7）協同組合間協同および地域への貢献，Bコーポレーション認証の取得

　アグリマークは組合員の利益を実現するだけではなく，協同組合として地域・社会に貢献することを重視している。

　社会貢献活動に積極的である。とくに組合員農家が居住する地域に対しては，学校や子供向けを主として，年間10万ドル分のチーズを寄付している。地域の警察署が募金のためのイベントをおこなう際には，チーズの詰合せを寄付する。キャボット工場では地域の小・中学校・高校が教育用のコンピュータを導入する費用として年に3万ドルを直接寄付した。

　また社会への貢献の姿勢を広く消費者に知ってもらおうとBコーポレーション（B Corporation）認証を取得した。Bコーポレーションとは，企業の「公益」への貢献に対する認証とされ[8]，企業の社会的・環境保全上の貢献総体に対する認証制度である。アメリカではペンシルバニア州に，またオランダのアムステルダムに事務所を置く非営利団体B Labによって運営されている。Bコーポレーション認証では，まずBIA（B影響評価：B Impact Assessment）という指標で，当該企業の運営や経営が従業員，地域社会，環境，顧客に与えている影響を評価する。評価の対象となるのは，サプライチェーンや使用する原材料から，寄付・基金への参加度，従業員が受ける利益まで多岐にわたる。この指標によって一定以上の評価が得られれば，次に利害関係者の意見をどのように事業に反映しているか等の透明性やアカウンタビリティについての審査がある。ここでは定款文書がBコーポレーション認証の理念に沿ったものであることが求められ，「定款文書の中にステークホルダーの利益を配慮すること，ステークホルダーを従業員，コミュニティ，

（8）The Asahi Shimbun GLOBE+ 2018年12月30日記事　https://globe.asahi.com/article/12035299（2019年6月5日閲覧）。

環境，サプライヤー，顧客，株主と定義すること，すべてのステークホルダーを等しく扱うこと，などを明記する必要」がある[9]。すでに64か国2,788企業が認定されている[10]。アグリマークは2012年に酪農協としてははじめてBコーポレーション認証を取得した（ただし認証企業名はCabot Creamery Co-operativeとなっている）。

さらに協同組合として協同組合間協同にも取り組んでいる。他の協同組合向けの割引価格制度を設けており，取引のある協同組合は，アグリマークの乳製品を割引価格で購入することができる。アグ

図2-4　Bコーポレーション認証マーク

出典：Cabot Creamery Cooperativeホームページ
https://www.cabotcheese.coop/b-corporation（2017年7月22日閲覧）より

リマークが業務に必要な物品を購入する場合は，地域のより小規模な協同組合を通じて調達する。組合で何かイベントをするときには地域の食品協同組合から材料を購入するようにしている。このような地域の協同組合からの調達はBコーポレーション認証においても必要な要素で，組合のBコーポレーション認証に関わる業務の担当職員が協同組合からの調達を担っている。組合員農場に対しても他の協同組合の利用を呼びかけている。ニューズレターには他の協同組合のリストや広告を掲載し，組合員へ意識的な協同組合の利用を促している。協同組合の協会に加入し，全国のさまざまな協同組合，たとえば電力協同組合やクレジット・ユニオン，ブルー・ダイアモンド・アー

---

(9) サステナビリティ・ESG投資ニュースサイト　Sustainable Japanのウェブサイトより。https://sustainablejapan.jp/2015/02/09/b-corporation/13882（2019年6月5日閲覧）。
(10) Certified B Corporationウェブサイトより。https://bcorporation.net/（2019年6月6日閲覧）。

モンド生産者協同組合（Blue Diamond Almond Growers）やフロリダ州の
オレンジ生産者組合であるサンキスト（Sunkist）など他の農業協同組合と
情報交換や議論をおこなっている。広報担当責任者は協同組合コミュニケー
ター協会（the Co-op Communicators Association）という組織に所属して
いる。

３．組合員農場

　乳価が低水準（調査時点2018年11月では100ポンド16ドル，35.2セント/
kg）のため，ほとんどの農場は別の収入源を持っているという。林業やメー
プルシロップ採取，牧草の栽培と販売，民宿などだが，これまで見られな
かった肉牛の肥育をおこなう農場も最近は現れたという。マサチューセッツ
州内の消費人口の多い地域における２農場を訪ねることができた。

（１）搾乳ロボットの導入で搾乳頭数を増やすA農場

　A農場は州立公園に隣接して立地している。1974年に別の家族によって当
農場がマサチューセッツ州に売却され，州立公園として利用されるように
なった。州立公園となった後も売却主によって３年ほどは酪農が続けられて
いたが，その後離農し，10年以上農場は使われない状態であった。1987年に
現在の経営主家族が借地によって当地へ酪農経営を移転し，現在に至ってい
る。経営主（60歳代なかば）は大学で農業経済学を専攻し，卒業後就農し，
現在はアグリマークの理事でもある。

　現在の搾乳頭数は108頭で，後継牛をすべて自家育成するため乳牛飼養頭
数は250頭，すべてホルスタイン種の農場である。経営主と雇用２名，経営
主の息子は農外の仕事が休みの日に農場を手伝っている。州政府からの援助
を得て，当該地域では先駆けて2011年に１機目の搾乳ロボットを導入した。
70頭を搾乳していたが，ロボットをもう１機導入して搾乳頭数を増やした。
２機目の搾乳ロボットは導入して１年にも満たない（調査時2018年11月）。

85

第Ⅰ部　アメリカ北東部ニューイングランドにみるオルタナティブ

スウェーデンのDeLaval社製で，新型モデルのためおよそ15万ドルであった。搾乳ロボットを導入する際には，本体だけでなく電子ゲートやコンピュータなど，ロボットと連動する施設の導入も必要になるため，1機目の導入時にはさらに費用がかかった。搾乳ロボットの導入理由は，雇用労働力の確保が難しかったからである。

搾乳ロボットは1機で65頭を24時間搾乳できる。1日3回搾乳が基本だが，牛によっては2回や4回の場合もある。搾乳は電子ゲートでコントロールされている。牛には電子IDタグと歩数計が付けられ，コンピュータで個体管理されている。搾乳牛はおよそ2時間に1回餌を食べに行くが，その時電子ゲートを通過する。電子ゲートで牛のIDタグを読み取り，その牛を搾乳すべきかどうかをコンピュータが判断し，搾乳する場合は搾乳ロボットにつながる通路に誘導され，そうでない場合は餌場に誘導される。搾乳の際には，個体毎の乳量が計測・記録されるだけでなく，1回の搾乳にかかった時間や生乳の色と伝導性が測定され，異常がないか確認される。どれぐらいの頻度で食餌したか，歩いた歩数も個体毎に記録されるので，個体毎に牛がどのような状態かを知ることができる。

餌寄せロボットも導入されている。

耕地・草地合わせて約300エーカー（120ha）すべてを借地している。サイレージ用の飼料は自給しているが，搾乳牛頭数を増やしていることもあり，また穀物価格も下がっているため，2018年は近隣の穀作農家からサイレージ用にデントコーンを300tほど購入した。大豆搾油滓やコーンエタノール滓も購入している。圃場は4つの町に分散しており，いくらかは自治体によって農業用地あるいは保全地 (11) として開発権が買いあげられている。しかし，A農場が借りていた20エーカー（8ha）ほどの土地が1,460万ドルで売りに出されており，同じ通りの別の農場が学校のグラウンド用に売却されるなど都市的利用への圧力は強い。飼料生産用・放牧用の土地の確保が課題だという。

───────────────

(11)保全地については第3章参照。

第2章　ニューイングランドの酪農協同組合と小規模酪農

獣医師，栄養士，土壌診断を外部に委託している。栄養士にA農場専用に作ってもらった配合に合わせてTMRを自家配合している。土壌診断では，収穫した作物のサンプルを分析してもらい，必要な肥料量を算出してもらっている。

冬期には除雪作業をおこない，クランベリー栽培や作業受託もおこなっている。以前は林業もしていた。また，州立公園に隣接している立地から，農場には年間10万人が訪れ，訪問者向けに農場内の販売所でアイスクリームが販売されている。

経営主は地域の酪農家の代表者的な存在で，酪農家の声を政策に反映するために尽力している。マサチューセッツ州では年間50回，つまりほぼ毎週，酪農家の会合があり，政策がどう動いており，どう対応すべきかを話し合っているという[12]。

A農場では，現在，酪農機材の販売代理店に勤務する息子が，農場を継ぎたいとの意向を示している。そのことが積極的な新技術の導入や搾乳頭数の拡大の要因の一つとなっているとみられる。

（2）牛乳の宅配や牛肉の個人販売に取り組み始めたB農場

B農場は1872年に先祖が当地に入植し，現在の経営主で5代目である。2年前に牛舎を新築し，バンカーサイロを用いているが，古いタイストール牛舎（つなぎ式牛舎）やコンクリート製のタワーサイロ（一部は改修して現在も使用している）は壊さず残し，古き良き農場の外観を保っている。妻が教師をしており，生徒たちを連れて農場見学に来ることもある。搾乳頭数130頭，総飼養頭数は270頭で，10数頭のアンガス（肉用種）を含む。乳用牛はホルスタイン種である。後継牛はすべて自家育成している。搾乳頭数は牛肉

---

(12)その成果のひとつと思われるのがマサチューセッツ州が，2008年に策定した「マサチューセッツ州酪農税控除プログラム（The MA Dairy Tax Credit Program）」である。乳価が経営コストを下回った際に酪農経営に対して発動される税控除制度である。同様の制度を他の州でも実施するようにアグリマークでは活動している。

87

第Ⅰ部　アメリカ北東部ニューイングランドにみるオルタナティブ

価格と穀物価格によって多少変動するという。1ヶ月前に隣人農家のタワーサイロが倒壊し，そのため隣人の乳牛を十数頭預かっているところである。

　経営主は50歳代。高校卒業のプレゼントとして祖父から農場所有権の一部を移譲され，短大を卒業後に就農した。その当時1988年は搾乳頭数は90頭あまりだったが，1999年に牛舎を建て数十頭を増頭し，現在の規模となった。父が75歳で亡くなったため，3年半前まで祖父と経営主の経営であった。祖父が亡くなったあと，1名をフルタイムで雇っている。現在は2名のフルタイム（経営主と被雇用者1名）と，多くのパートタイム（経営主のいとこ数名が週末に，叔母が週に数回，また経営主の大学生の息子と被雇用者の息子）で農場を運営している。

　8頭2列のヘリンボーン式ミルキングパーラーで，1日2回搾乳している。1回の搾乳に2時間を要する。乳量を極限まで最大化することはめざしておらず，1頭当たりの乳量が日量70ポンド（31.8kg）から75ポンド（34.1kg）になるよう飼養管理している。乳量目標をこの程度に設定することで，乳房炎発生率を減らし，生乳中の体細胞数も低くすることをめざしている。

　B農場ではカーフフィーダー（離乳前の子牛に自動でミルクを給餌する装置）を導入し，カーフハッチを使わず子牛を飼養している。給餌は5時間以上の間隔をおくよう設定されており，カーフフィーダーは子牛の耳のクリップセンサーを感知して，その子牛に給餌してよいタイミングかを判断し，給餌する。前の日に全く給餌されていない子牛がいる場合は赤い警告灯が点灯し，異常の発生を教えてくれる。どの子牛が給餌されていないかは，コンピュータに記録されており，すぐに確認できるようになっている。カーフハッチで子牛を飼養する場合と比較して，明らかに生育が早く，90日かかっていた離乳までの期間を63日に短縮できる。種付けも早くでき，1頭当たり3,000ポンド（1,362kg）ほど多く搾乳できるという。またこれは子牛の生理にも適った方法であり，カーフハッチの場合，給餌は通常1日2回となり，子牛に言わばイッキ食いをさせることになるが，カーフフィーダーではより自然に近い給餌の仕方となる。牛に無理強いしないことで，牛はより人間に

88

慣れるとのことである。カーフフィーダーの導入を進めたのは，亡くなった祖父で，そのメンテナンスは経営主の息子が担当している。

　飼料生産は300エーカー（120ha）で，160エーカー（64ha）がデントコーン，140エーカー（56ha）が牧草である。デントコーンの後作にはカバークロップとしてライ麦を蒔く。サイレージ用飼料はほぼ自給している。耕地の3分の1ほどは借地であり，農場から1マイル以内が多い。1950年代に廃業した農場を当時から借地するなど長期間の借地が多い。耕種農家との堆肥散布契約などはなく，土壌診断に基づいて飼料作圃場に散布している。また農場は林地の所有もある。

　購入する飼料はトウモロコシ，小麦，大麦などで供給タンパク質の21％になる。栄養士の作ってくれた配合にあわせて，TMRを自家配合している。

　1年半ほど前から個人向けの牛乳販売を始めた。農場から少し離れたところに小さな店舗を建て，150戸に宅配している。宅配の客は少しずつ増え続けている。友人の酪農家が4,000戸への宅配と店舗を建設し，B農場を誘ってくれたのが契機になった。B農場の生乳は全量がアグリマークに出荷されるが，それを買い戻し，設備を整えた友人の農場で殺菌・瓶詰めしてB農場に戻される。時期によっては生産した生乳の半分を買い戻しており，自らの個人販売では14％ほどを販売し，残りの36％は友人農場のブランドで販売されている。一部はアイスクリームへも加工される。店舗では0.5ガロン（2.2リットル）の全乳が3ドル（牛乳の比重を1.031とすると1ドル32.3セント/kgにもなる）で販売されており[13]，宅配・店舗の利益はアグリマークへの生乳出荷額に匹敵するという。

　その他にも息子が肉牛の繁殖・肥育を始め，年間出荷頭数は9頭ほどだが，これも店舗で販売している。収穫や牧草裁断などの作業受託，乾牧草の販売，冬期には薪の販売もおこなっているが，売り上げの9割は生乳・牛乳販売によるものである。

---

(13)B農場店舗ホームページより。2019年7月30日閲覧。

第Ⅰ部　アメリカ北東部ニューイングランドにみるオルタナティブ

　今後は搾乳頭数の規模は維持して，個人消費者向け販売に力を入れたいとのことである。

　以上，ニューイングランドにおける酪農協と消費地に近い組合員農場を見てきた。アグリマークは，1990年代に入ると農協合併を通じてチーズ生産，とくに高付加価値チーズの生産に力を入れ，自社加工の割合も高く，中西部の酪農協のものとされてきた特徴を加味してきた。その取組で組合員への配当を確保し，近年ではさらに粉乳製造施設に投資することで，引受け生乳量の増加に対応できる態勢がめざされている。消費地に近接した立地は販売上の有利さもあるが，同時に消費者や地域住民からの厳しい目も向けられており，食品安全や環境問題への対応も不可欠である。

　組合員農家では後継者の確保を前提に，搾乳ロボットの導入による増頭，カーフフィーダーなどの技術導入による労働力節減や飼養技術の向上とともに，大都市に近い立地を最大限に活かした飲用乳販売への参入など，小規模酪農経営の生残り戦略に新たな動きのあることに注目すべきであろう。

　［付記］本研究の調査はJSPS科研費15K07632，JSPS科研費17H03884からの助成をうけて実施した。

第3章

マサチューセッツ州の都市近郊農場と保全地役権

橋本 直史

1. 保全地役権による農地保全

(1) 保全地役権

本章では，マサチューセッツ州（以下ではMA州）における保全地役権による農地保全活動について検討する。都市の成長とそのスプロール的拡大は都市近郊の家族農場の経営基盤である農地の減少を壊滅的なレベルまで引きあげてきた。それは日本を含め多くの先進国の都市部でみられる。

アメリカでは1950年代から都市人口の集中と郊外へのスプロール化が進展し，家族経営農場と農地の減少が急激であった。このような傾向は今日も続いている一方，ニューイングランド地域を先進に，「保全地役権」による農地保全活動が1970年代より進められ，今日に至るまでローカルフードシステムの基礎ともいえる農地の維持が図られてきた。

保全地役権（Conservation Easement）は日本では馴染みのない概念である。保全地役権による農地・土地一般の保全なるものを容易には想像できず，加えてわが国では農地保全は法制度によって政府機関が規制するものという通念から，本書の重要なキーワードである「オルタナティブ」が農地保全の文脈で何を意味するのかが不明瞭に思われるかもしれない。そのこともあって，前置きとしてアメリカにおける保全地役権制度の概要および共同組織「ランドトラスト」（土地信託ランドトラスト）の土地保全活動を踏まえた上で，保全地役権による農地保全の展開過程を検討したい。1960年代以降の市

91

第Ⅰ部　アメリカ北東部ニューイングランドにみるオルタナティブ

民レベルの組織「ランドトラスト」による環境や景観の保全活動の拡大を背景に保全地役権が制度化され，そうした下で，「農地保全に特化した保全地役権制度」がMA州，ニューイングランド地域において1970年代中葉以降に策定され，農地保全に活用されていったからである。そして，保全地役権による農地保全を語る上で欠かせないのがランドトラストであり，農地保全はもとよりローカルフードシステムの構築に積極的に関わり，さらには全米レベルでネットワークを構築し，連邦政府の農地保全政策にも多大な影響を与えてきた。以上を踏まえた上で，MA州の農地に特化した保全地役権制度である農地の開発権購入制度（Agricultural Preservation Restriction, APR）の今日的な到達点を，諸資料とヒアリング調査を踏まえてみることにする。

　まず，アメリカにおける保全地役権（Conservation Easement）の概要をみる。保全地役権の基礎を成す地役権は２種類存在し，一般法（Common Law）で定められた付随地役権と対人地役権がある。遠藤（2010）によれば，前者の付随地役権は「他人の土地（＝承役地）を自分の土地（＝要役地）の便益のために利用する両者の土地所有者の間の契約により発生する権利」，後者の対人地役権は「土地の便益のためではなく，人の便益のために他人の土地を利用する権利」とされる[1]。そして，要役地が存在しない点，隣接の土地所有者でない人も保有が可能な点が対人地役権の特徴であり，保全地役権はこちらに属する[2]。また，地役権は「何らかの行為を保証する積極的なもの」（：通行権や漁業権等，affirmative easement）および「土地利用を規制する消極的なもの」（：景観や農地保全等，negative easement）の２

（1）遠藤新「米国における歴史保全地役権プログラムに関する研究」（『日本建築学会計画系論文集』第652号，2010年6月）1517 ～ 1524ページより引用。

（2）新澤秀則「保全地役権について」（神戸商科大学『研究年報』第32号，2002年）25 ～ 34ページ，および前掲注（1）遠藤（2010）を参照した。

（3）浅川昭一郎「文化としての農地保全―マサチューセッツ州における事例を中心として―」（現代ランドスケープ研究会編『ランドスケープの新しい波―明日の空間論を拓く―』1999年）158 ～ 170ページ，および前掲注（2）新澤（2002）を参照した。

92

つに区分される⁽³⁾。都市的開発を行う権利である開発権は地役権の一つであり，土地利用を規制する主体が取得した場合は転用・利用に規制がかかる。なお，対人地役権は日本では認められておらず，かつてはアメリカの一般法でも同様であった。

　保全地役権とは，「対象地の土地環境の保全目的に反する行為を一切禁止する権利」⁽⁴⁾，または「ある土地や建物等の保全を目的として当該不動産に設定する地役権」⁽⁵⁾とされる。つまり，自然環境と歴史的環境を対象とし，土地所有者が保持する土地改変を行う権利（＝開発権）をランドトラストや政府組織へ移転する土地所有者と組織間の契約であり，土地所有者側は開発権のみを寄付や売買の形で諸組織と取引する。地役権の保有者については法律で制限がかけられ，「不動産の権利の保有が可能な政府機関ならびに自然環境・歴史的環境の保全活動に取り組む慈善法人・慈善協会・慈善信託の組織」⁽⁶⁾に限られる。

　アメリカにおける保全地役権の制度化は，1969年にMA州とメーン州で保全地役権法が成立したことに始まる。その背景には，1950年代の都市部への人口集中とベビーブームを受けた都市郊外での宅地開発である「レヴィットタウン」⁽⁷⁾に象徴される規格化・画一化された工法による低価格の建売住宅の販売増加があった。加えて，1956年のアイゼンハワー政権による「連邦補助高速道路法」（Federal Aid Highway Act）制定を受けた高速道路網整備の本格化も見逃せない。このような郊外の開発の加速化にともなう自然環境破壊の進行や1960年代の環境保護運動の隆盛を背景に，従前には考えがおよばなかった土地・環境保全の必要性の認識が高まり，保全地役権の利用・

（4）井出慎司・大石知宏「米国土地トラスト団体による保全地役権の利用実態に
　　関する研究」（『環境システム論文集』vol.33, 2005年）503ページより引用。
（5）前掲注（1）遠藤（2010）1518ページより引用。
（6）前掲注（5）に同じ。
（7）Levittown—ニューヨーク州南東部ロングアイランドやペンシルヴェニア州
　　フィラデルフィア北東郊外の町で，どちらも都市計画家W・レヴィットが第
　　二次世界大戦後に企画した住宅都市。

93

第Ⅰ部　アメリカ北東部ニューイングランドにみるオルタナティブ

制度化が模索されたのである[8]。また，MA州は全米に先駆けて1957年に
保全委員会法（Conservation Commission Act）を制定し，町・自治体レベ
ルでの土地保全に関する意思決定を行う組織化を促している。

　各州における保全地役権制度の制定は，1981年の統一州法委員会全国会議
による統一保全地役権法（Uniform Conservation Easement Act）の制定以
降に加速した。同法は，従前には存在しなかった対人地役権の範疇である保
全地役権制度の制定に向けたモデル法ないし指針として掲げられ，州単位で
の保全地役権の制度化を後押ししたのである。以上の通り，保全地役権の制
度化は1970年前後より州レベルで進められたのであるが，あくまで環境保全
の保護が主たる目的であり，全米レベルで保全地役権による農地保全の取り
組みが進んだのは，1990年代中葉以降であった。

（2）保全地役権による保全拡大とランドトラスト

1）保全地役権の仕組み

　アメリカにおける農地や土地一般の主要な規制手法は，州毎の相違はある
ものの，浅川（1999）によれば①所有権の獲得，②特恵税制度，③ポリスパ
ワー（ほぼゾーニングに等しい），④地役権の獲得の4つとされる[9]。

　図3-1に保全地役権の取引の概要を示した。取引の流れは次の通りであ
る[10]。保護すべき土地を選定した後，ランドトラストが土地に関して生態
系等の環境や土地の利用実態に関する調査を実施し，保全地役権の価格を設
定する。そして，ランドトラストと土地所有者の間で契約内容の交渉が行わ

（8）ムスタファ・メキ著・斎藤哲志訳「環境地役権―アメリカ法における保全地
　　役権」（吉田克己＝マチルド・ブトネ編『環境と契約―日仏の視線の交錯（早
　　稲田大学比較法研究所叢書42）』成文堂，2014年11月）111 〜 146ページによ
　　れば，民間セクターを含めた保全地役権による保全の嚆矢は，1961年にカリ
　　フォルニア州において自然保護団体であるThe Nature Conservancyおよび自
　　然環境保全関連の規制庁であるThe Bureau of Land Management，森林所有
　　者の間で結ばれた協定（≒「保全地役権」の贈与）であり，同日にThe
　　Nature Conservancyはコネチカット州において「保全地役権」の贈与を受け
　　たことである。

第3章 マサチューセッツ州の都市近郊農場と保全地役権

図3-1 保全地役権制度の概要

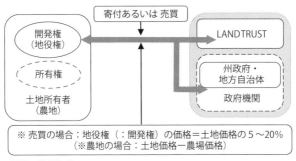

資料：筆者作成。
注：土地価格の5〜20％は，井出・大石（2005）を参照。

れた上で，保全地役権が取引される。土地所有者とランドトラストや政府機関の取引は，売買する場合と寄付の2パターンがあり，取引によって開発権のみが土地所有者からランドトラストあるいは政府機関へ移転する。土地所有者は，所有権を維持し続ける限り土地の改編行為は許されず，また，土地所有者が変わった際も，対象地には既に開発権が存在しないことから新規所有者は土地を改変することを禁じられ，永続的に対象地が保全され続けるのである。開発権の保有者は，対象地の保全状況を定期的にモニタリングする義務を課せられる。なお，開発権の価格設定は，対象地の土地価格の5〜20％とされる。農地の場合は，対象地の土地価格と農地としての評価額の差額が一般的と考えられる。

---

(9) 前掲注（3）浅川（1999）159〜161ページを参照した。なお，①から④の持つ問題点として，①所有権の取得では取得費用の高額さ，②特恵税制度では，通常は土地の市場価格ベースで課税されるところを農地等として評価する減税措置を採っても，開発需要が高まった際には農地価格自体の値上がりにともなって減税効果が減少し，効果の永続性に問題が出る点，③ゾーニングでは，敷地面積が相当広くないとスプロールを助長させる等，農地維持の効果が期待できない点，④地役権では，開発圧力の高い地域では費用が掛かりすぎる点が挙げられている。
(10) 本段落の記述は，前掲注（4）井出・大石（2005）504ページを参照した。

第Ⅰ部　アメリカ北東部ニューイングランドにみるオルタナティブ

２）保全地役権による保全面積の変遷

　保全地役権を用いた土地保全の先駆けは，1880年代後半のボストン市によ
る緑地公園の保全である。その後，1930年代の国立公園管理局（National
Park Service）による環境保全，1950年代のウィスコンシン州の河川流域の
環境保全の例があったものの，政府機関による保全であり，1960年代までは
保全地役権は例外的な位置づけであった[11]。

表 3-1　保全地役権の設定面積の推移（全米・MA 州・ニューイングランド 6 州計）

（単位：千 ha，%）

	1960	1970	1980	1990	2000	2010	2016	（増減）
全米	2	15	162	472	2,140	6,862	8,607	588.3
MA 州	(0.1)	0.2	2	15	29	71	84	558.1
NE 6 州計				56	156	1,004	(1,218)	(2,175.0)

資料：NECD の HP より作成（2019/6/21 アクセス）。
　　（https://www.conservationeasement.us/easementholder-profiles/）
注：1 ）増減は 1970 年を基準（＝100）。NE6 州のみ 1990 年基準。
　　2 ）1960 年の MA 州の値は不明であり，1961 年の値を使用。同様に，2016 年のロードアイラ
　　　　ンド州の値は不明な為，2015 年の値を使用。
　　3 ）設定年次が不明なものは含まれていない。

　保全地役権は，その制度化の進展に伴って土地保全の主要な手法となって
いった。表3-1によれば，全米における保全地役権による保全面積の推移は，
1970年の1.5万haから急増し，1980年16万ha，1990年47万haに至った。その
後も伸長の勢いは止まらず，2000年214万ha，2010年686万ha，2016年861万
haとなっている。そして保全地役権の目的別の設定面積は，全国保全地役
権データベース（NECD）によれば，環境保全が約43％とトップを占め，森
林保全約 8 ％，農地保全約 7 ％，牧草地保全約 5 ％と続いている。

３）ランドトラストと土地保全活動

　ランドトラストとは，土地保全に関する民間の慈善団体かつNPO組織で

---

(11)前掲注（ 1 ）遠藤（2010）1518ページおよび Zachary A. Bray, "Reconciling
　　Development and Natural Beauty: The Promise and Dilemma of
　　Conservation Easements", *Harvard Environmental Law Review* Vol.34,
　　2010, pp.120-174. を参照。

あり，活動範囲は自治体・州レベルから全米レベルまでさまざまな組織が存在する。また，そのネットワークが州内や全米レベルで縦横に形成されており，ランドトラスト連盟（Land Trust Alliance）や，自然保護を主目的とした自然管理委員会（The Nature Conservancy），農地保全に関する全国組織であるアメリカ農地トラスト（American Farmland Trust，AFT）が例として挙げられる。

アメリカにおけるランドトラストの活動は，19世紀末のMA州における環境保全活動がその始まりである。1891年にチャールズ・エリオットらが設立した公共保存地管理財団（The Trustees of Public Reservations，現在のThe Trustees of Reservations）の活動は，20世紀の都市計画に多大な影響を与えた[12]。ランドトラストの結成が本格的に進んだのは1960年代以降である。ランドトラスト連盟によれば，1950年の53組織から，1965年132，1975年308，1985年535，1994年1,095組織と右肩上がりに増加した[13]。そして2015年における活動中の組織数は計1,362に至り，そのうちニューイングランド6州は388組織：28％を占める[14]。ここで見落とせないのは，数多くのランドトラストは，地域住民が主体となって結成し活動してきたと思われる点である。

ランドトラストによる土地保全の手法を**表3-2**に示した。複数の保全手法のうち，保全地役権の伸長は目覚ましく，2015年時点において，保全地役権

---

(12) 石川幹子「ボストンにおける公園緑地系統の成立に関する研究」（『造園雑誌』54巻5号，1991年）84～89ページを参照した。また，小野佐和子「アメリカのオープンスペース計画におけるNPO（民間非営利組）の役割」（『造園雑誌』56巻5号，1993年）67～72ページや，The Trustees of Reservationの活動については，G. Abbott, Jr. SAVING SPECIAL PLACES A Centennial History of The Trustees of Reservations: Pioneer of the Land Trust Movement *THE IPSWISH PRESS*, 1993. に詳しい。

(13) 浅川昭一郎・愛甲哲也「米国におけるランド・トラストと農地保全」（『第9回環境情報科学論文集』1995年）127～132ページを参照。なお，数値はランドトラスト連盟への加入組織数を示す。

(14) Land Trust Alliance Census MAPより集計（URL: https://www.landtrustalliance.org/census-map/#）。

第Ⅰ部　アメリカ北東部ニューイングランドにみるオルタナティブ

表3-2　ランドトラストによる方法別の土地保全面積の推移（全米）

（単位：団体数，千 ha，%）

年度	団体数	保全面積 計		うち所有		うち保全地役権		うち取得・譲渡		不明・分類不能	
2005	1,663	14,593	(100.0)	653	(4.5)	2,445	(16.8)	714	(4.9)	10,780	(73.9)
2010	1,699	18,960	(100.0)	3,016	(15.9)	5,272	(27.8)	4,415	(23.3)	6,256	(33.0)
2015	1,362	22,574	(100.0)	3,242	(14.4)	6,714	(29.7)	5,046	(22.4)	7,573	(33.5)
増減	81.9	154.7		495.4		274.8		706.7		70.2	

資料：Land Trust Alliance Census 2015 PDF 等より作成。
（URL:http://www.landtrustalliance.org/about/national-land-trust-census）
注： 1 ）各年 12 月末時点の値。団体数は HP 掲載データ，面積は 2015 年センサスの値を使用。
　　 2 ）"取得・譲渡"は，LAND TRUST が保全に関わった面積および権利を譲渡中を意味する。
　　 3 ）全米レベルで活動する組織が保全面積の 6 割を占める。

が672万haとトップを占め，かつ2005年から400万haもの伸びをみせたのである。また，取得・譲渡には保全地役権の一時的な保有も多分に含まれており，土地所有者および州等の政府機関にランドトラストが介在することで保全地役権の取引を円滑化していることが想定される。すなわち保全地役権による土地保全の拡大過程には，ランドトラストの活動が大いに関わってきたのである。なお，域内の用地確保と住宅提供を主旨とするコミュニティ・ランドトラスト（CLT）もある。これは，本書第 1 章の注（34）のDSNIが該当する。

（3）農地保全を対象とした保全地役権の制度化とその進展

1 ）農地保全に関する諸種の規制策

　アメリカにおける農地保全の取組は，1926年のミシシッピ川の氾濫や1930年代のダスト・ボウル（砂嵐）の経験以来の比較的長い歴史を有する。農地転用規制に関する政策的手法は，①公的買い入れ，②規制，③インセンティブと，土地規制一般とさほど変わりはない[15]。これらにはさまざまな手法

---

(15)立川雅司「アメリカにおける農地転用規制政策の動向」（農林水産政策研究所
『先進諸国における地域経済統合の進展下での農業部門の縮小・再編に関する
比較研究』2007年 3 月） 3 ～27ページを参照した（URL:http://www.maff.
go.jp/primaff/kanko/project/attach/pdf/070320_19kaigai1_01.pdf）。

第3章　マサチューセッツ州の都市近郊農場と保全地役権

があり、②にはゾーニングや、カリフォルニア州ディヴィスが制定した農用
地保全の負担をディベロッパーに求める開発者負担保全方式（mitigation
ordinance）等の特殊な例もある。そして③には、保全地役権＝開発権の購
入（Purchase of Agricultural Conservetion Easement, PACE）が挙げられ、
また、営農権に関する法律（right-to-farm）、農用地区域（agricultural
district）、開発権の移転（transfer of development right, TDR）、利用価値
に基づく税評価（通常は市場価格に基づいた土地に対する課税を農地価格と
して評価する≒特恵税制）がある。以上に加え、②のゾーニングに関しては、
土地の一部を開発して他の重要な部分を保護する"限定的開発"（limited
development）やクラスター開発、計画的単位開発といった手法も存在する[16]。

　実際には、これらの手段が組み合わされて農地保全が実施される。1990年
代中葉における全米のランドトラストの農地保全の諸手段と効果を検討した
浅川・愛甲（1995）によれば、農地保全の手法としては、開発権の寄付が約
7割、土地の寄付が約5割、開発権の購入が4割超、市場価格での購入が4
割強の順で多く、また、最も効果のある農地保全の手法は、開発権の購入で
ある点が明らかにされている[17]。つまり、1990年代中葉において、諸種あ
る農地保全策の中で保全地役権の利用が大きな比重を占めていたのである。

2）保全地役権に基づく農地保全の制度化

　農地保全に特化した保全地役権の制度化の過程はどのようなものであった
か。上述の土地・環境保全に関する保全地役権の制度化を後追いするように、
農地を対象とした保全地役権の制度化は1970年代中葉よりニューイングラン

---

(16)前掲注（13）浅川・愛甲（1995）130～131ページを参照。限定的開発とは、
　　ランドトラストが入手した農地の一部を住宅地として売り、得た資金で重要
　　な他の農地を保護する手法であり、全米での先駆けは1965年にMA州のリン
　　カーンで行われた取り組みである。クラスター開発、計画的単位開発は共に
　　オープンスペースの確保を目的とし、住宅地の敷地を狭く設定したり、ゾー
　　ニング制を外して柔軟な計画を実行する手法である。
(17)前掲注（13）浅川・愛甲（1995）128～129ページを参照。

99

第Ⅰ部　アメリカ北東部ニューイングランドにみるオルタナティブ

ドを含む北東部地域において進められた。具体的には，1974年のニューヨーク州サフォーク郡における制度化を皮切りに，1977年にはメリーランド州とMA州が続き，MA州では，農地の開発権購入制度（Agricultural Preservation Restriction, APR）が制定された。

その後，全米レベルで広範に進展したのは1990年代中葉以降になるが，その間に次のような重要な動向があったことは見落とせない。その一つは，農地保全のみならず土地保全一般に該当するが，連邦政府が1976年と80年に内国歳入法（the Internal Revenue Code）を改正し，保全地役権を寄付する活動団体および土地所有者を税制上で優遇したことである。これによりランドトラストの設立と制度利用が促進されたと考えられる。二つは，1980年には優良な農地保全を目的としたランドトラストの協同組織であるアメリカ農場ランドトラスト（AFT）が設立され，以降，連邦政府の農業政策に対して，農地保全に関する働きかけが進められた。AFTは1981年農業法における農地保全政策法（Farmland Protection Policy Act, FPPA）の制定にも多大な影響を与えた[18]。同法は，連邦政府関連の施策による農地減少や州・地方政府の農地保全政策との整合性を担保することを目的としており，また，AFTが以降の連邦政府レベルの農地保全策を後押ししたと考えられる[19]。

州レベルでの制度化を劇的に加速させたのは，連邦レベルで各州の保全地役権に基づく農地保全制度への財政的支援が始められた1996年農業法である。同法において，PACEプログラム（Purchase of Agricultural Conservation Easement, PACE）に対する財政支援強化が図られ，現在まで継続的な支援が行われている[20]。具体的には，1996年農業法で農地保全プログラム（Farm Protection Program, FPP）の運用が開始され，その後の2002年農業法ではFPPが農地牧草地保全プログラム（Farm and Ranch Land

---

(18) American Farmland Trust（AFT）のHPを参照（URL:https://farmland.org/about/our-history/）。
(19) 前掲注（15）立川（2005）22〜23ページ。
(20) 前掲注（15）立川（2005）12〜20ページに詳しい。

100

第3章　マサチューセッツ州の都市近郊農場と保全地役権

Protection Program, FRPP）に変更され，NGOの参加・関与が認可された。2008年農業法ではFRPPの目的として，農地の農外転用規制・保全が前面に打ち出された。2014年農業法では既存のFRPPとGRP（草地保全），WRP（湿地保全）の３プログラムが農業保全地役権プログラム（Agricultural Conservation Easement Program, ACEP）として統合された。この間，開発権の寄付者に対する所得の減税や減税期間の延長といった優遇措置も講じられた。その結果，2018年には全米で計118万haの農地が保全され，州単位でPACEを運用している州は28州に達した。また同一州内で複数のプログラムを運用する州もある。開発権の買取り・保有のあり方は州毎に異なっており，MA州のように直接的に州政府が関与する場合や，郡と協力する場合，ランドトラストも関わる場合がある。

　他方，州レベルでのPACEがないのは，北西部のワシントン，オレゴン，アイダホ，ワイオミング，モンタナ，ネバダ，アラスカの７州や，中西部コーンベルト地帯のノースダコタ，サウスダコタ，ネブラスカ，カンザス，オクラホマ，ミネソタ，アイオワ，イリノイ，ミズーリ，アーカンソー，ミシシッピの11州である。これらは総じて農地転用や都市開発の圧力が比較的弱く，大規模農業が展開されている地域である。加えて，郡・自治体レベルで運用されるプログラムは全米で70以上あるとされ，また，大都市シアトルが所在するワシントン州では州の運営する「ワシントン州野生生物・レクリエーションプログラム」（Washington Wildlife and Recreation Program）の一部で農地保全が設定されている[21]。

　以上の通り，1980年代からランドトラスト組織による連邦政府への働きかけや，1996年の農業法を皮切りとした連邦レベルでの州政府等によるプログラムへの財政支援の充実を背景に，1990年代末〜2000年代初頭に州によるプログラム設置が加速化したのである。

---

(21) AFT資料 "Status of State PACE Programs 2018" およびAFTのHPを参照（URL:https://farmland.org/project/washington-state-policy/）。

101

第Ⅰ部　アメリカ北東部ニューイングランドにみるオルタナティブ

２．MA州における保全地役権制度による農地保全の展開

（１）保全地役権による土地保全状況

　MA州は214万haの面積を有する。都市化が顕著な州都ボストンの土地利用は，17世紀の英国人の入植以後，ほぼ100％であった森林の約80％が農地に変わり，19世紀には工業化の進展によりその農地が減少した。農業の中心地は州の中西部に移動した。その後，第２次世界大戦後は，都市圏での人口増加と郊外における住宅地のスプロール化が進んだ[22]。

　MA州における保全地役権の設定状況を**表3-3**に示した。保全面積の合計は11.4万haに達し，およそ州の面積の５％強を占める。保全地役権の設定対象は，環境保全が6.5万ha，56.8％と半数以上を超え，農地保全が2.9万ha，25.7％と続いている。そして，保全地役権の保有主体は州政府や市など地方政府の政府機関が計７割超を占める。なお，NGOであるランドトラストには，保全地管理財団（The Trustees of Reservations）の約8,000ha，バークシャ－自然資源協議会（Berkshire Natural Resources Council）の約4,400ha，フランクリン・ランドトラスト（Franklin Land Trust）の約2,800haと大面積を保有する団体も存在するが，40ha未満の組織が大半を占める[23]。

　農地保全面積の地域的別の内訳は，西部（Berkshire, Franklin, Hampshire, Hampden）が4.5万エーカー，62％を占め，次いで中央部（Worcester）が6,000ha，21％，東部（Essex, Middlesex, Suffolk, Norfolk, Bristol, Plymouth）が4,800ha，17％，島しょ部（Barnstable, Dukes, Nantucket）が307ha，１％となっており，西部地域と中央部で８割強を占める。

　ここで見落とせないのは，保全地役権による土地保全によって，**表3-3**の

---

(22)前掲注（３）浅川（1999）164～165ページを参照。

(23)National Conservation Easement Database（NECD）のHP（URL: https://www.conservationeasement.us/state-profiles/）。

102

第3章　マサチューセッツ州の都市近郊農場と保全地役権

表3-3　MA州における保全地役権面積の概要（目的別・保有主体別）

(単位：ha，%)

（目的）	（英語原文）	面積	割合	（保有主体）	面積	割合
環境保全	Environmental System	64,549	56.8	州政府	55,540	48.9
農地保全	Open Space - Farm	29,138	25.7	NGO	35,649	31.4
余暇・教育	Recreation or Education	12,372	10.9	地方政府	14,577	12.8
不明	Unknown	4,902	4.3	連邦政府	3,589	3.2
森林保全	Open Space - Forest	2,247	2.0	その他	4,239	3.7
その他	Other - Describe in Comments field	368	0.3	計	113,594	100.0
歴史保全	Historic Preservation	18	0.0			
	計	113,594	100.0			

資料：NECDのHPより作成（2018/10/28アクセス）。
（URL: https://www.conservationeasement.us/easementholder-profiles/）
注：保有主体の"その他"は，Joint，Regional Agency Special District，Privateの合計値。

農地の保全面積以上の効果を挙げていると想定されることである。その根拠
として，"Enviromental System"（環境保全システム）というカテゴリーに
は，農場名の保全地が多分に含まれていることが挙げられる[24]。つまり，
登録上では環境保全・森林保全の範疇に入るものの，実際には農地利用が行
われている場合や，農地の存続のために森林やその他の自然環境を保全する
対応が採られたケースである。さらには，ランドトラストの活動が保全面積
を押し上げてきたとも考えられる。すなわち，保全地役権の保有主体の大半
を政府機関が占めたものの，保全地役権の設定の過程で，土地所有者とのコ
ンタクトや政府機関との仲介役をランドトラストが数多く担ったと考えられ，
結果，ランドトラストの活動が保全地役権の面積を左右したといっても過言
ではないのである。しかし同時に，保全地役権の取引は相当額の費用が必要
であり，かつMA州の土地価格がとくに割高であることも相まって，ランド
トラスト自体では購入不可能なケースが発生したことや，州政府の保全地役
権制度のあり方が保有主体を規定してきたことが考えられる。

(24)前掲注（23）に同じ。

第Ⅰ部　アメリカ北東部ニューイングランドにみるオルタナティブ

（2）ランドトラストの活動と特徴

1）州内のランドトラストの動向

　MA州におけるランドトラストの活動は19世紀以来の長い歴史を有する。2018年時点で，州内のランドトラストの連合組織である「マサチューセッツ州ランドトラスト連合」（Massachusetts Land Trust Coalition, MASSLAND）には169の組織が加盟している。図3-2に示した諸組織の設立時期をみると，その多くが1960年代から90年代にかけてであり，比較的長期にわたり活動してきたことがうかがえる。これら組織の活動範囲は，ローカルな範囲から州内の複数の行政区域，複数の州レベル，全米レベルに渡る組織まで多様であり，また大半の行政区域において偏りなく点在している。地域住民が主体となったランドトラストが運営され，保全活動が取り組まれてきたと考えられる。なお，比較的多数のランドトラストが農地保全に携わっているが，農地保全を広く環境保全の一環として位置づけていると思われる点は見落とせない。

　MASSLANDの加盟組織にはMA州政府機関や，自然管理委員会MA州支部（The Nature Conservancy Mass Field Office），アメリカ農地トラスト・

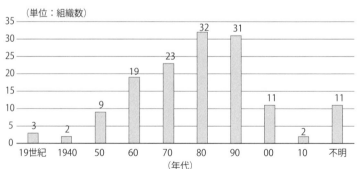

図3-2　ランドトラストの設立年次（MA州で活動する組織）

資料：各LAND TRUSTのHPを基に筆者作成。
注：Massachusetts Land Trust CoalitionのHP掲載の組織のみ（2018/10/24時点）
　　（URL:http://massland.org/）

104

第3章　マサチューセッツ州の都市近郊農場と保全地役権

ニューイングランド支部（American Farmland Trust NE Office）等の全米規模で活動するランドトラストの支部も所属しており，これら諸組織とランドトラスト間でネットワークが構成されている。そして，新規就農者への教育・支援等を実施しているニューイングランド小規模農業研究所（New England Small Farm Institute）や，新規就農者ネットワーク（The Beginning Farmer Network of Massachusetts），ボストン大学アマースト校エクステンションセンターも連携しており，地域住民・農家への土地および農地保全に関する情報提供・支援体制を整備している[25]。

　これらランドトラストの中には，土地・農地保全の範疇を超えた活動を実施している組織がある。例を挙げれば，保全地管理財団（The Trustees of Reservations）は，2015年にボストン市中心部で開設されたファーマーズ・マーケットであるボストン公共市場（Boston Public Market）への出資・運営に携わっており，さらには独自のCSAプログラムを運用するなど，ローカルフードシステムの構築に関わっている。また，ニューイングランド森林財団（New England Forestry Foundation）はボストン公共市場と教育に関するパートナーシップを締結しており，その他の多くのランドトラストが地域住民への環境保全に関する教育を重視している。

２）「ダーンステイブル農村ランドトラスト」の変遷

　具体的なランドトラストの活動の変遷を，ダーンステイブル農村ランドトラスト（Durnstable Rural Land Trust, DRLT）を事例にみよう[26]。DRLTは，ボストン市街より北に34マイル，ニューハンプシャー州との境界にあるミドルセックス郡ダーンステイブル地区で活動し，第２章でみたB農

---

(25)柳村俊介が大学のエクステンションセンター，ビギニング・ファーマー支援について農場継承の観点より分析している。酒井惇一・柳村俊介・伊藤房雄・斎藤和佐著『農業の継承と参入　日本と欧米の経験から』（農文協，1998年）189～198ページ参照。
(26)本項の記述は，当ランドトラストの40周年記念誌「The DUNSTABLE Rural Land Trust Forty Years of Preservation and Conservation」に基づく。

105

第Ⅰ部　アメリカ北東部ニューイングランドにみるオルタナティブ

場が所在する。町内の人口は1975年の1,534人から2014年には約3,000人規模に増加した。

　DRLTの前身は，1974年に結成された「ダーンステイブル自治会」（Durnstable Civic Associates（DCA））であり，州境にある68haの土地の保護をめざしていた。その対象地は元来ミンクの飼養地として利用され，後に主に町民向けのスキー場として使用された。1960年代に入ると，対象地を含め，町内全域に渡って土砂の搬出・開発が進められ，住民による反対運動が本格化した。反対運動の中心にいた5名が中心となって1974年にDCAを結成し，同年に12.6万ドルで対象地を購入した。しかし，負債返済の負担が多大なものであったことから，1977年に町の組織であるダーンステイブル保全委員会（Durnstable Conservation Commission）に20万ドル（町の資金6.6万ドル，州からの助成13.4万ドル）で売却を提案したが，住民投票で2度否決された。その後，負債解決に向け，メンバーによる近隣町村に所在する銀行への永続的な融資の確約や，皮肉にも保全地の土砂や木材を売ることで資金を調達した。DCAの主要メンバーは多大な負担・犠牲を払っていたことや，税制面での優遇措置もあり，1986年にDCAを母体にDRLTが設立されたのである。以降，保全地役権の利用を含めて保全活動を継続し，2014年前後における保全面積は34か所で計324haに達しており，ダーンステイブル域内のオープンスペース面積計1,122haのうちの3分の1以上がこの組織により保全されている。DRLTは域内の土地保全に多大な貢献をしてきたのである。なお，B農場は域内の大地主であり，かつ先代の農場主がDCAの創設メンバーであった。それ故，現農場主もDRLTの活動の中心におり，保全地役権の重要性を認識していた。以上は1事例に過ぎないが，少なからぬランドトラストが幾多の困難を乗り越え，土地保全活動を進めてきたことが想定される。

（3）MA州における土地利用および農家戸数・農地面積・農地価格の変遷

　MA州全体の土地利用は**図3-3**のような変遷を辿った。用途別の面積を見

第3章　マサチューセッツ州の都市近郊農場と保全地役権

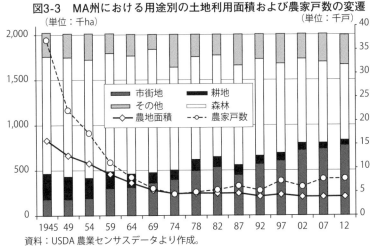

図3-3　MA州における用途別の土地利用面積および農家戸数の変遷

資料：USDA農業センサスデータより作成。
注：1）URL：https://www.ers.usda.gov/data-products/major-land-uses.aspx
　　2）農地面積：FarmlandはLand in Farmsの値。1997年は補正値を使用。

ると，市街地（人口密集度2,500人以上の地域）が2012年には80万ha程度まで継続的に増加した一方で，森林と耕地が減少し，農地面積は1945〜1974年の約30年に約60万haが消失した。しかし，1974年以降はほぼ20万haの水準で推移し，農地の減少傾向に歯止めがかかってきた。事実，1982年から2012年の30年間に，農外転用された面積3.7万haのうち，近年の減少面積分は1997〜2002年の5,200ha，2002〜07年の2,800ha，2007〜12年の1,200haと，転用面積は抑制傾向にある[27]。

　農家戸数の推移をみてみよう。同じく図3-3の通り，農地の減少と歩調を合わせるように，1945年の3.7万戸から54年1.7万戸，64年0.8万戸，74年0.4万戸へと急減した。しかし，以降は若干の増減をともないつつも，1997年7,307戸，2002年6,075戸，07年7,691戸，12年7,755戸と，農家戸数は維持されてきた。これを裏付けるように，新規就農者数は2002年の1,633名から，07年2,017名，12年1,954名を数え，また，34歳以下の基幹従事者数も2002年210名，07

---

(27) Farmland Information CenterのHPを参照（URL:https://www.farmlandinfo.org/statistics/Massachusetts）。

107

第Ⅰ部　アメリカ北東部ニューイングランドにみるオルタナティブ

表3-4　MA州の農地価格の推移および主要指標との比較

(単位：ドル/ha，%)

年度	1945	1954	1964	1974	1982	1992	2002	2012
農地価格（実数）	375	553	935	1,285	4,685	10,850	20,250	26,000
農地価格（指数）	8.0	11.8	20.0	27.4	100.0	231.6	432.2	555.0
消費者物価指数	17.8	26.9	30.9	46.6	100.0	138.1	177.1	226.7
住宅価格指数						63.6	131.4	149.9

資料：USDA農業センサス，労働省統計局，US House Price Index (Case-Shiller)より作成。
注：1）原データは農地価格は建物を含むエーカー当たりの価格。（AG LAND, INCL BUILDINGS - ASSET VALUE, MEASURED IN $ / ACRE)
　　2）消費者物価指数は全米の値で，1982～84年の平均値を基準。毎年1月の値。
　　3）住宅価格指数はボストン市の値。US House Price Index (Case-Shiller) 2000/1/1基準。

年341名，12年419名を記録している[28]。なお，2012年の農家数7,755戸の農場規模は，4 ha未満が30%，4 ～20haが37.5%と20ha未満が67.5%を占めており，小規模家族経営農場が大半を占める。

　農地価格は戦後，一貫して上昇してきた（表3-4）。主要指標と比べても著しい上昇をみせて推移してきたのである。そして，人口増加・流入は近年も続いていることからも，宅地等への転用を目的とした農地需要・開発圧力は依然として強いことに疑いはない。そのため農家による農地購入の際に莫大な費用が求められる等，営農上で困難が生じているとみられる。

　以上のように，戦後から1970年代中葉に至るまでは，農地の激減，農家戸数の減少に歯止めが利かない状況にあった。しかし以降は，農地価格の上昇は天井知らずであったものの，農地面積および農家戸数の減少には歯止めがかかったといえる。この背景の一つには，MA州政府による施策の方針転換が関係している。すなわち，1973年の食料危機・食料価格高騰を受けて，MA州政府は農業の衰退を食い止めるためにオルタナティブなフードシステムを構築する方針に舵を切ったのである。1973年には「農地評価法」（Farmland Assessment Act, CHAPTER 61A）制定によって，従前の土地基準から農地基準での税評価・算定への変更による農家に対する財産税（Property Tax）の減税措置や，既に85%程度に達していたMA州外への食

(28)注（27）に同じ。

108

料依存状況の打破をめざした消費者向けの「バイ・マサチューセッツ」（Buy Massachusetts）キャンペーンが展開された[29]。1974年には行動指針である「食料政策の方向性」（In Search of a Food Policy）を打ち出し，農地保全が重視されたのである。その下で，農地に特化した開発権の取得による保全地役権制度が模索され，1977年に先駆的にAPRが打ち出されたのである[30]。そして現在に至るまで，MA州政府のローカルフードシステム構築の方針が揺らぐことはなく，1988年には「MA州の農と食指針」（The Massachusetts Farm-and-Food System），2013年には「MA州ローカルフード行動指針」（Massachusetts Local Food Action Plan）が打ち出されている。これらに加えて，景観保全の観点からも農地保全に重点が置かれたことも見落とせない。1988年に州政府はオープンスペース計画（For Our Common Good, Open Space and Recreation in Massachusetts）を打ち出し，農地をオープンスペースや景観資源として位置づけることで農地保全を重視した[31]。いずれにせよ，1970年代以降，MA州政府はローカルフードシステムの構築および農地保全に本腰を入れたのである。

3．農地保全制度（APR）による農地保全の取組の現段階

（1）APRと保全面積の変遷

1）APRの概要

　上述の通り，農地の開発権購入制度（APR）は1977年にMA州が制定した

---

(29) 1976年のMA州政府報告書 "A policy for food and agriculture in Massachusetts" を参照した。

(30) 1980年代初頭，The Trustees of Reservationと関わりが深いMassachusetts Conservation Lands Trustは，土地所有者から農地を購入し，APRを州政府と契約した後，APR設定農地を他の農家へ売却することで農地を保全する等，重要な役割を果たした。ランドトラストが政府機関よりも迅速に立ち回れた点が重要であったようである。前掲注（12）G. Abbott, Jr（1993）173〜178ページに詳しい。

(31) 前掲注（3）浅川（1999）を参照。

109

第Ⅰ部　アメリカ北東部ニューイングランドにみるオルタナティブ

表3-5　環境保全一般および農地を対象とした保全地役権制度の比較（MA州）

制度名（：略称）	Conservation Restriction（：CR）	Agricultural Preservation Restriction（：APR）
制定年	1969年	1977年
定義・目的	・土地を開発から禁止する法律。ただし営農や林業，レクリエーション等での土地利用，敷地内の建造物について土地所有者の希望が契約に反映できる。	・農地に特化した保全地役権制度。 ・農地の転用および開発の禁止による営農の継続。 ・自治体および州の農務省の大臣の認可が必要。
保全地の対象および条件	・保全に値する土地。 　（例：野生動物生息地や水源地，農村の景観）	・2ha以上で営農中の農地。 ・2年以上の営農の継続が必要。 ・農場の生産活動は年間500ドル以上が必要（2ha分）で，それ以上は12.5ドル/ha，森林・湿地は1.25ドル/haの売上げが必要。 ・農地の選定の際は，土壌の物理的特性や立地条件等が考慮される。
地役権（＝開発権）の価格決定	・開発された場合の土地の評価額と農地や林地としての評価額の差額（※鑑定人が評価） ・公共のアクセス（：立入の可否）も評価に反映	・公正な土地の市場価格と農場の価値の差額。（※鑑定人が評価）
主な開発権の保有主体	LANDTRUSTおよび政府機関	政府機関（州政府が基本）
契約の期間	永久的（契約次第）	永久的

資料：MA州政府のHP，Umass AmherstのHPおよびFranklin Land Trust資料等より作成。

農地に特化した保全地役権制度（MA州ではConservation EasementではなくConservation Restriction, CRといわれる）であり，端的に表せば「2ha以上の農地について土地の市場価格と農地としての利用価値の差額を州が補償し，永続的に都市的開発を禁止する制度」である[32]。以下では，表3-5より保全地役権制度と対比させ，APRの特徴を浮かび上がらせたい。まず，一足先に1969年より始まったCRでは農地が自然環境・景観の一部として位置づけられていた一方，APRでは農地保全が前面に打ち出されている。すなわちCRが自然環境・景観の保全のためにそれらの改変行為を厳しく制限することを重視するのに対し，APRは農地としての持続的な利用を重視し，農地の農外転用・開発を規制することに主眼を置いている。したがってCRとは異なり，APRの場合は開発権の出し手が農業者に限られており，また，

(32)前掲注（3）浅川（1999）165～167ページより引用。

110

第3章　マサチューセッツ州の都市近郊農場と保全地役権

取引相手は州政府が基本となっている。CRの場合は開発権の取引相手がランドトラストおよび郡・自治体などの地方政府も含めた幅広い選択が可能な一方，APRではランドトラストの役割は取引の仲介者・代理人および農地の監視に留まる。

　APRにおける農地の申請要件は，①2ha以上，②直近2年間は農業生産に充てられていること，③農場の生産活動は年間500ドル以上の売上げが必要（2ha分）で，それ以上の面積は1ha当たり12.5ドル，森林・湿地の場合は1.2ドルaの売上げが必要と，3つの条件を満たす必要がある。加えて，農地の生産性，土壌条件，立地といった農地の特性や，農地・営農の将来的な持続可能性も考慮される。

　開発権の価格設定は土地価格と農場の価値の差額として算定される[33]。ここで言う農場の価値（Fair Market Agricultural Value）は，農地の価値（Fair Market Agricultural Land Value），農業事業価値（Fair Market Agricultural Business Value）および農地居住地価値（Fair Market Agricultural Dwelling Value）の3要素を加味して算出される。これら諸要素は，立地・土質・気象条件や，建物や灌漑・排水施設の有無等も考慮され，変動的であるようである。鑑定人は州政府によるガイドライン（Guidelines for Agricultural Appraisals）に則して選定される。最終的には，対象農地へのAPR設定の適否について，州政府と農家で構成される農地保全委員会（Agricultural Lands Preservation Committee, ALPC）が審査する。

　APRの財源は，2018年時点で，起債，地方債，地方政府からの資金提供，民間からの資金提供，緩和料金，連邦政府によるACEP－ALE（農業保全地役権事業－農地地役権）および運輸関連財源より構成されている。

　農業者側のAPR設定にともなうメリットは次の諸点が挙げられる[34]。自

────────────────────

(33) MA州政府DARによる "AGRICULTURAL PRESERVATION RESTRICTION PROGRAM GUIDELINES Assingnment of Option to Purchase at Agricultural Value" 2016を参照した。

(34) MA州政府のHPを参照（URL:https://www.mass.gov/service-details/apr-program-objectives-benefits）。

111

第Ⅰ部　アメリカ北東部ニューイングランドにみるオルタナティブ

らの農地にAPRを設定する農業者の場合，①当該農地の開発権を手放すことにより永久に農地を保全し，営農を継続できる点，②開発権の売却によって得た資金は，負債の償還や農地への投資等の営農資金として利用できる点，③経営継承と関わって，農場の価値に基づく贈与税・相続税算出が可能であって，次世代への相続が容易になる点が挙げられる。次に，APR設定済みの農地が存在する場合，④農業者が手頃な価格で農地を購入する機会を得られる点である。つまり，若年農業者・新規農業者や農地拡大を指向する農業者の農地取得の金銭的ハードルを下げ，また，借地に依存する農業者の地代負担の軽減にもつながる。

２）APRによる保全面積の推移

　1977年のAPR制定以降，実際に農地保全が始まったのは1980年である。**図3-4**に示した通り，保全面積は1987年時点で累計約8,000haに達した。なお，同図には示されていないが，1980年代中葉以降には地価の高騰と州の財政難と，その下での応募者の多さによって面積の伸びが鈍化する傾向にあり，1992年時点で1.2万ha程であった[35]。しかしその後は再び増加に転じ，2003年には２万ha超になった。その背景には，1991年の州政府による農地保有・農地維持を推進する指令（EO193, State Executive Order 193）においてAPRが重視されたことや，APRのオプションとしてMA州政府が農地を農場価格で購入した後，営農を続ける他の農家・組織に農地を引き継げる条項の設定（1994年），そして1996年以後の連邦政府による財政支援強化が考えられる。また，2000年にMA州は「コミュニティ保全法」（Community Preservation Act）を制定し，CRつまり環境保全全般を含めた自治体レベルでの基金設立，財源強化を図っている。こうした結果，累計面積は2008年には725件，２万4,754ha，2015年には874件，２万8,443ha，2018年には908件，

---

(35) 前掲注（３）浅川（1999）167ページを参照。なお，MA州政府 "Massachusetts Agriculture 1981年" によれば，1981年の時点で既に予算不足に陥り，翌年の財源を前倒しした模様である。

112

第3章　マサチューセッツ州の都市近郊農場と保全地役権

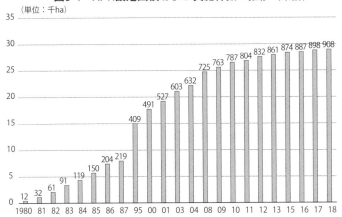

図3-4　APR設定面積および実施件数の推移（累計）

資料：MA州政府"Massachusetts Agriculture 1987""Massachusetts Department of Agricultural Resourses Annual Report各年次""プレスリリース文書"およびAmerican Farmland Trust資料，USDA資料，D.Hellerstein et al.(2005)，立川（2007）より作成。

注：1）棒グラフの上の値は実施件数を示す。
　　2）2001，03年の面積は，凡その値である。

2万8,978haと伸長し，州内の農地面積の7分の1程度を占めるまでになった。ただし，同時に近年はその伸びが鈍化傾向にあることも事実であり，背景には開発権価格の上昇と財源の問題があると想定される[36]。

　地域別にみたAPR設定農地の動向は，山岳・森林地帯であり州内の農地の6割以上を占める西部地域（Berkshire, Franklin, Hampshire, Hampden, Worcesterの5郡）の面積が多い傾向にある。2017年時点で，MA州政府が開発権を保有するAPR対象農地の合計約2.32万haのうち，西部地域が約1.12

---

(36) AFT資料によれば，制度開始から2018年1月の約40年間に費やされた金額は州政府の支出分が累計約2.3億ドル，連邦政府，自治体，ランドトラスト等の民間団体による追加資金が0.7億ドルに達する。そして，2005年1月～2018年1月に要した費用は，州政府分：8,692万ドル，追加資金：4,289万ドルであり，これらのうち2016年1月までの支出分が大半を占めていた（2005年1月～2016年1月：州政府分：7,602万ドル，追加資金：4,104万ドル）。

第Ⅰ部　アメリカ北東部ニューイングランドにみるオルタナティブ

万haを占める[37]。このことは西部地域が農業地帯であり農家戸数が多い点も理由であるが，土地価格の地域差も大きく影響していると考えられる。事実，APR制度開始後まもない1980～1987年の7年間に費やされた1ha当たりの保全費用（＝開発権の買取り価格）は，西部で3,085ドル，中央部で4,538ドル，東部で9,120ドル，島しょ部で1万5,430ドルと最大で5倍，州都ボストンが所在し，都市化・スプロール化地域が進んだ東部地域では3倍の開きがあったのである[38]。

　農地価格の上昇にともなって，1ha当たりの保全費用が高騰してきた点も見逃せない。MA州全体の1ha当たり費用は1980年～87年の5,380ドルから，1996年の6,795ドル，2003年の1万1,873ドル，04年の7,908ドル，05年の1万4,078ドル，06年の1万5,638ドル，07年の1万7,118ドルと極めて高い水準になった[39]。そして連邦政府の補助金が費用に占める割合は，2004年～08年で41％になった。このような農地価格の上昇と財源確保問題を背景に，州政府以外の財源に依存の度合いを強めてきたと考えられる。しかし2014年農業法では連邦政府によるPACEへの財政支援が削減され，財源問題がAPR制度の桎梏になったことが想定される。そのためにATFが連邦政府にPACEプログラムへの財政支援の増額を要求し，2018年農業法では年間2億ドルの予算増加に結実した。こうしたことはMA州に限らず，全米の各州で直面している問題と思われる。

（2）APR調査にみるAPR制度利用農家の意向

　農家段階におけるAPRの効果および課題はどのようなものか。以下ではMA州農務省が2017年に公開した「APR保有農業者に関する調査」（AGRICULTURAL PRESERVATION RESTRICTION（APR）OWNERS

---

(37) MA州政府資料 "Report on the Real Property Owned and Leased by the Commonwealth of Massachusetts" 2018年公表データを集計して算出。
(38) MA州政府 "Massachusetts Agriculture 1987年"
(39) AFT "Farms for the Future Massachusetts Investments in Farmland Conservation 2008" 11ページと，AFTおよびUSDA資料等を参照した。

第3章　マサチューセッツ州の都市近郊農場と保全地役権

表3-6　アンケート回答者が保有するAPR設定農地の設定・購入状況および時期

(単位：件，%)

設問 ①	設定	購入	両方	無回答
農地にAPRを設定したのか？　あるいはAPR設定済みの農地を購入したのか？　両方か？	123 (62%)	59 (30%)	5 (3%)	10 (5%)

設問 ②	1970's	1980's	1990's	2000's	不明
農地にAPRを設定，あるいはAPR設定済みの農地を購入した時期（※複数回答あり）	3 (2%)	45 (23%)	41 (21%)	102 (52%)	12 (6%)

設問 ③	有り	無し	その他
APRを設定する際の代理人の有無	130 (66%)	45 (23%)	22 (11%)

資料：MA州政府"AGRICULTURAL PRESERVATION RESTRICTION(APR) OWNERS SURVEY"2017年より引用・作成。

SURVEY）の結果をみてみよう。同調査はMA州農務省が把握しているAPRを設定した農家826戸を対象としたものである。回答者は197件と若干少なく，APRの制定から40年程経過しているため連絡がつかない農家や，営農は既に中止し，農地を貸し出している農家を除外したことが背景にある。回答者の所有するAPR設定農地面積はトータルで8,696ha，平均は45.2haであった。そして，**表3-6**に示した通り，回答者のうちAPRを"自らの農地に設定"が62%，APR設定農地を"購入"が30%，"両方"が3%であり（設問①），APRの農地の設定あるいは購入時期は，1970年代が3件，1980年代45件，1990年代41件，2000年代102件であった（設問②）。また，ランドトラストと思われる「代理人」の介する場合が66%と半数以上を占めている（設問③）。

　同調査から示唆されるのは，第1に，APR自体は良いが，理解・手続きや制度改善の要望が存在する点，第2に，APRによって農地維持・営農継続ができていると判断している点，第3に，APRの運用にはランドトラストのような仲介者が必要と考えられる点，の3点である。以下では第1および第2の点を中心にみていきたい。

　まず，第1の点に関した項目を**表3-7**に示した。APR設定にともなう開発権の価格設定（設問④），州政府の規制の適切さ（設問⑤），APR設定農地

第Ⅰ部　アメリカ北東部ニューイングランドにみるオルタナティブ

表3-7　APRの設定（開発権価格）およびMA州政府の対応への評価

(単位：件，%)

設問　④	満足	不満足	未回答
農地へのAPRの設定に伴う開発権の価格設定・水準には，納得しているか？	107（54%）	54（28%）	36（18%）

設問　⑤	はい	いいえ	その他
実際の州政府の規制は，APR設定時に結ばれた契約・条件よりも厳しいと感じるか？	60（31%）	125（63%）	12（6%）

設問　⑥	はい	いいえ	その他
APR設定農地で実施したい活動について，州政府から中止する勧告を受けたことがあるか？	48（24%）	144（73%）	5（3%）

設問　⑦	はい	いいえ	その他	無回答
APRを設定あるいは設定農地を購入して以降，あなたへの州政府の対応は公平と感じるか？	129（66%）	50（25%）	4（2%）	14（17%）

資料：表3-6に同じ。

の利用制限（設問⑥），州政府の対応への評価（設問⑦）のすべてにおいて，半数以上が肯定的に評価している。他方，否定的な回答の理由として同報告書が指摘しているのは，APRの契約時点とは異なる規制内容への変更（設問⑤）や，農地の維持・改良に対する制限（設問⑥），営農上で必要となりつつある直売施設やアグロツーリズムなどの禁止（設問⑤，⑥），州政府の担当機関（DAR）との接点の薄さ（設問⑦）である。なお，設問⑤では代理人の有無で回答が異なっており，代理人がいる場合（はい：28%，いいえ：68%），代理人不在の場合（はい：40%，いいえ：50%）を示しており，代理人の重要性が浮かび上がっている。

　第2の点と関わって，農地保全および営農活動に関する設問・回答を示したのが**表3-8**である。APRの効果として，「仮にAPRの設定がなければ農地は開発・転用されていた可能性」が「農地利用の継続を上回っている点」（設問⑧），他方，営農上の資金調達・収益の面でマイナスには作用していないと考えている点（設問⑨，⑩）を考慮すると，回答農家はAPRが農地を農地として維持する役割を果たしてきたことを評価していると考えられる。

116

第3章 マサチューセッツ州の都市近郊農場と保全地役権

表 3-8 APR 設定による農地保全および営農活動への効果

（単位：件，%）

設問 ⑧	開発	農地	分からない	無回答
APR の設定が無いと仮定した際，現在の対象農地の利用はどう想定するか？	76（39%）	59（30%）	53（27%）	9（4%）

設問 ⑨	はい	いいえ	その他	
APR の設定によって，営農資金の調達に制限・障害が出たか？	22（11%）	159（81%）	16（8%）	

設問 ⑩	より良い	より悪い	変わらず	その他
仮に，APR による農地規制が無かった際は，営農活動の収益はどのようになったと思うか？	53（27%）	19（10%）	112（57%）	13（6%）

設問 ⑪	回答項目	回答数（割合）
開発権売却によって得た資金の使用目的（※複数回答あり）	・負債の償還	37（19%）
	・農地への投資	48（24%）
	・経営移譲の為の家族間の約束	22（11%）
	・回答拒否・その他・無回答等	50（25%）

資料：表 3-6 に同じ。

そして，開発権の売却によって得た資金の利用方法は，農地への投資，負債の償還，経営移譲のための家族間の約束の順であり，営農継続に役立ったことがうかがえる（設問⑪）。

　以上の通り，おおむねAPRは農地維持・営農継続に寄与してきたと評価できる一方，制度の抱える課題がないわけではない。当調査結果において，制度が抱える課題として，制度の厳格化および制度の硬直性，すなわちAPR契約の際に求められる条項・条件の変更・厳格化や，建造物の建設・修繕や改築の制限に回答農家の不満が挙げられていた。すなわち，近年の契約が以前と比べて厳格化した点や，建物の修繕ができないことによる営農面への悪影響はもちろんのこと，事業拡大による収益アップを目指した加工・直売・農場体験等の事業いわゆる6次産業化的な取組を制限している点である。これらと関わって，MA州政府の担当部署であるDARの説明不足，意思疎通の希薄さ，事務作業の煩雑さも表明されている。こうした背景には，APR制度発足から40年以上経過していることや，営農環境の変化，連邦政府の補助金への依存による影響等があると考えられる。

117

第Ⅰ部　アメリカ北東部ニューイングランドにみるオルタナティブ

　このような状況下でMA州政府は，改善策を相次いで打ち出してきた。2009年にはAPR設定農場のみを対象とした施設・建物への投資への財政支援プログラム（APR Improvement Program, AIP），2014年にはAPR農地での営農と関連した諸活動を許可するガイドライン（APR Special Permit Policy），そして2018年末には再生可能エネルギー設備を許可する「APR再生エネルギー法」（APR Renewable Energy Policy）を示し，アンケートで挙げられた諸課題を解決すべく対応している。

（3）TM農場にみるAPR制度の意味

　APRが農家に及ぼした効果を具体的に検討する[40]。第1章でみたTM農場は1997年の就農以降，借地によって営農していた。就農時点において，隣人であるライアン家の農場主が既に亡くなり営農を止めていたために当該農地を売却するオファーがあった。当時は高額であることより農地購入を断念したが，10年後の2007年に農地12haを購入した。ライアン家は売却農地を農地として永続的に利用してもらいたい意向を有しており，2006年頃より対象農地にAPR設定を進め，2007年に農地をMA州に売却した。その後にマシュー氏はMA州より農地を購入するに至ったのである。

　取引時点の当該農地の土地価格（相場）は，2005年頃にホームディベロッパーが提示した120万ドル（Market Value）と同水準であったとのことである。しかし，APRが既に設定されていたために，市場価格の3分の1の40万ドルで購入できたのである。ただし，開発権すなわち市場価格と農地価格の差額は，既にライアン家の取引の際に支払われていた。また，交渉の際には近隣町村のランドトラストが介在した。マシュー氏は地元のランドトラストの役員を務めていることもあって，公平性を確保する必要があった。

　マシュー氏によれば，仮に農地を借地の形態で利用した場合，地代水準（借地料）は保全地役権の設定の有無に左右されないものの，APRが設定さ

---

(40) 第1章と同じく，2018年12月にヒアリング調査を実施した。

118

れていれば営農継続に対する安心感が高まるとのことであった。事実，同氏の借地のひとつは，農地のオーナーが高齢かつ保全地役権が設定されてないために将来的な農地利用が不確実である点を危惧していた。つまりAPR制度は農地の継承，農家の農地購入のハードルを引き下げ，営農継続に寄与していたのである。

　他方で，保全地役権制度にともなう農家の営農活動への制約も生じていた。その一つは，農家の農地拡大・利用への制約である。マシュー氏が営農する農地のひとつに2.8haの農地があり，隣接する土地26.4haのうち13.2ha分がCRで保全されている。したがって，メープルシロップの増産のために農地を拡大したい意向を有するものの，その実現は難しい点を認識していた。二つは，集出荷施設・温室ハウス等への投資に対する不安・心理的な制約である。まず，農地の定義が将来的に変更された際に温室ハウスが認められるのか，農場を売る際に従前の追加投資分が農地の価値として上乗せされるのかを危惧していた。加えてAPR制度の改善・要求として挙げられたのは，手続きに要する時間の短縮および農地の価値の算定基準の明確化の２点であった。

おわりに

　以上見てきたように，総体的にみればMA州における保全地役権による農地保全の取組は，域内の農地および家族経営農場の維持に寄与したと評価できる。最後に，本章のまとめにかえて，MA州の取組を成功に導くうえで不可欠であった諸点を列挙しておきたい。

　第一に，農地保全の活動主体であり，オルタナティブの主体であるランドトラストの存在である。ランドトラストは1960年代の環境・景観保全運動のもとで地域住民の活動組織として生成したこともあり，広く景観・環境保全のなかに農地保全を位置づけ，地域住民のコンセンサスを獲得してきたと考えられる。また，ランドトラスト間の縦横のネットワークや協同的な活動は，

第Ⅰ部　アメリカ北東部ニューイングランドにみるオルタナティブ

家族経営農場の営農の存続，ローカルフードシステムの形成に計り知れない
貢献をしてきたようだ。そして，保全地役権による農地保全の実施主体とし
て寄与してきたことのである。

　第二に，1970年代にローカルフードシステムの維持を掲げたMA州政府の
方針転換である。その結果，全米の先駆けとなってAPRを制定し，農地面
積の減少傾向に歯止めをかけたといえる。もちろんAPRが順風満帆に運用
されてきたわけではなく，農地価格の際限のない上昇と財源不足を受けた保
全面積の伸びの停滞や，加工や集出荷設備の建立やアグロツーリズム等の営
農上の取組を制約するなどの課題は多々ある。しかし，このようなAPR制
度の持つ課題は，家族農業を取り巻く経済的環境のいっそうの悪化が引き起
こしてきたものであり，制度の内実についてさらなる検証が求められるもの
の，制度自体が有する意義は今日も決して色あせていないと考えられる。

　第三に，農地保全に当たり，総合的なビジョンと継続性が不可欠であった。
すなわち，景観・環境保全活動の拡大および意識の高まりが存在したことが，
保全地役権による農地保全を可能としたと考えられるのである。そして，
MA州政府は景観の観点からも農地保全を強化・志向してきたことからも，
縦割り行政的な農地保全のみの近視眼的な施策ではなく，総合的な施策が功
を奏したと考えられる。それは，時間軸にも当てはまり，短期的・場当たり
的な施策ではなく，環境・景観保全で半世紀，農地保全で40年の取組を継続
してきたMA州政府の揺らぐことのない方針は見落とせない。

　アメリカは日本とは法体系・社会慣習での差異が大きいが，現在のわが国
の農地をめぐる状況を考えれば，マサチューセッツ州の示唆するものは決し
て小さくないのではないか。

120

第Ⅱ部
EU における農政と家族農業経営の現段階

第4章

EU共通農業政策（CAP）の新段階

平澤 明彦

はじめに

　EU加盟国が実施する農業政策の大枠を定めている共通農業政策（CAP）は，現行の2013年CAP改革（実施期間2014～2020年）によって新たな段階に入った。

　本章では，主要な施策である直接支払い制度を中心としてCAPの現段階と転換方向を整理するとともに，直接支払い制度などによる家族農業の支援，および生乳生産割当制度が廃止されて以降の酪農政策について論じたい。また，近年における新しい直接支払い制度の展開とその意義を検討するにはCAPの「第2の柱」である農村振興政策の大枠に関する理解が欠かせないため，必要に応じて言及する。

　新段階のCAPにおいて，直接支払い制度はこれまで以上に多面的機能の提供と，制度の公正さに力点が置かれるようになった。農業者の直面する各種リスクへの対応も進められており，酪農政策の展開もその文脈から把握できる。そして現在審議されている次期CAP改革（実施期間2021年以降）は，この新たな段階の第2期となる。そこでは多面的機能と公正の重視に加えて，各種施策の詳細規定について加盟国への分権化を大きく進める提案がなされている。

　家族農業はEU農政に関する議論で「家族農場」（family farm）として言及されることが多いため，以下本章ではおもにこの用語を用いる[1]。家族

123

第Ⅱ部　EUにおける農政と家族農業経営の現段階

農場はEUの農業において支配的であり，CAPの主な対象でもある。CAPにおいては「家族農場にもとづく農業モデル」が社会一般に好まれる望ましい農業の姿であるとされ，最近では次期CAP改革案においても，その支援の継続を標榜してきた。

　EUにおける家族農場の明確な定義はない。そのため，統計的な把握に際してはFAOの定義を参照しつつ便宜的に個人所有の農場や，家族労働力が過半を占める農場が家族農場とみなされている。

　個人所有の農場は，全農場数（1,046万）の96.3％に達する（2016年）[2]。これらの農場は家畜単位数[3]の圧倒的多数（96.8％）を有し，また標準産出額（68.8％）と利用農地面積（67.3％）についても3分の2強を占めている。なお，個人所有農場の割合がとくに低い（64.9％）国はフランスであり，EUの法人農場の4割近くがこの国に集中している。しかし，フランスの場合，法人の内訳は家族経営に準じた農業活動を目的とする有限責任農業経営（EARL）や，家族（特に親子）の共同経営が大きな割合を占める農業共同経営集団（GAEC）が多く，いずれも実質的に家族経営が中心と考えてよい[4]。一方，家族が労働力の過半を占める農場は96.2％であり，家族労働力だけを用いる農場に限っても93.7％に達する（2013年）[5]。家族労働力が

（1）2014年の国連国際家族農業年を受けて，欧州議会はEUの家族農業に関する報告書の作成を委嘱した。本節ではDavidova & Thomson（2014）およびTeqgasc（2014）の2つの報告書に基づいてEUの家族農場とCAPの関係について整理する。
（2）Eurostat "Farm indicators by agricultural area, type of farm, standard output, legal form and NUTS 2 regions" [ef_m_farmleg]（http://appsso. eurostat.ec.europa.eu/nui/show.do?dataset=ef_m_farmleg&lang=en 電子データベース，2019年5月14日アクセス）。ちなみに個人所有以外の農場は法人が2.8％，共同農場が0.8％，共有地が0.1％である。
（3）家畜単位数は全ての畜種を牛の頭数に換算したもの。
（4）須田（2015：114ページ）および前出Teagasc（2014：27ページ）を参照。
（5）Eurostat "Agriculture statistics - family farming in the EU - Statistics Explained"（https://ec.europa.eu/eurostat/statistics-explained/images/4/46/ Family_farming_in_the_EU_6_12_2016.xlsx　2019年5月5日アクセス）。

過半を占める農場は，家畜単位数（69.7％）と利用農地面積（66.3％）につ
いても3分の2程度を占めている。

　家族農場は多様であり，多くの零細農場を含む一方で，大規模経営も存在
している。小規模な経営では兼業が多くみられ，EU25か国で農業従事者の
8割近くが兼業に従事している。家族農場はしばしば大規模企業農場よりも
回復力に富むとされており，その要因として諸環境の変化に対する家族労働
の柔軟性，農業と土地への愛着，家族が経営収支の残余請求者であることに
より監視の必要性が低いこと，そして政府の支援策が挙げられている
（Davidova & Thomson 2014）。

　また，かつての農産物価格支持においても，また近年の直接支払いにおい
ても，受益額は生産規模に比例して大規模経営に集中しており，そのことが
問題視されている。一方での小規模家族農場の激しい離農と，他方では機械
化が可能にした大型農場の成立という農業構造の変化の下でそうした傾向は
顕著である。農業者が自ら申請して獲得する農村振興政策の助成（とくに投
資助成）についても，制度の複雑さや自己資金の必要性から小規模家族農場
に恩恵が及びにくいという指摘がある。

1．既往のCAP改革

（1）現行CAPの構成

　現行CAPの全体的な構成は，2つの柱（pillar）に分けられている。「第1
の柱」は市場施策と直接支払いからなり，「第2の柱」は農村振興政策であ
る。近年におけるCAP予算の構成は，第1の柱では直接支払いが中心で全
体の7割程度を占め，市場施策は数％にまで減少しており，第2の柱の農村
振興が4分の1程度である。

　CAPのもっとも古い政策分野である市場施策は，EU域内共通市場の運営
に関する政策であり，共通市場機構（CMO: Common Market
Organization）と呼ばれている。おもな施策は域内市場介入（介入買入れ，

第Ⅱ部　EUにおける農政と家族農業経営の現段階

図4-1　農村振興政策の施策（優先課題別）

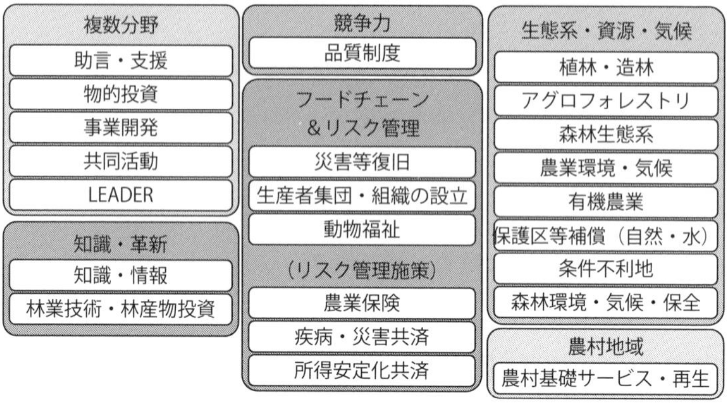

複数分野	競争力	生態系・資源・気候
助言・支援	品質制度	植林・造林
物的投資	フードチェーン ＆リスク管理	アグロフォレストリ
事業開発	災害等復旧	森林生態系
共同活動	生産者集団・組織の設立	農業環境・気候
LEADER	動物福祉	有機農業
知識・革新	（リスク管理施策）	保護区等補償（自然・水）
知識・情報	農業保険	条件不利地
林業技術・林産物投資	疾病・災害共済	森林環境・気候・保全
	所得安定化共済	農村地域
		農村基礎サービス・再生

出所：筆者作成。優先課題は農村振興規則（1305/2013）による。

民間貯蔵助成，生産制限，各種支援策），対外貿易（輸入関税，輸出補助金
など），共通市場の各種規制（基準，表示，生産者組織など）である。域内
市場介入は次第に縮小されており，最低限の安全網としての性格を強めている。

　直接支払いは1992年CAP改革で導入され，現在ではCAP予算の多くを占
める中核的な政策である。主な目的は農業者の所得支持であり，近年はEU
全体で農業所得（支払地代・利子を除く。以下同じ）の半分以上を賄っている。

　農村振興政策は，1999年CAP改革で導入された。第一の柱に含まれない
各種施策を束ねたものである（**図4-1**）。農業の競争力・環境・農村のほか，
森林施策も含まれている。

　2つの柱は単に政策分野が異なるだけではなく，制度や性格に相違がある
（**表4-1**）。第1の柱はEUで策定され，適用対象は全農業者あるいは当該品
目の全ての生産者など広範である。加盟国にもある程度の裁量は与えられて
いるものの，EUの共通政策としての性格が強いといえよう。財源は原則と
してEU財政により，施策は単年度で実施される。それに対して第2の柱は，
各加盟国が独自に施策を組み合わせて複数年度にわたる農村振興プログラム
を策定する点に特色がある。国や地域の事情に応じた利用が重視されており，
元来特定の加盟国が実施していた施策をCAPに導入したものも多いといっ

126

第4章　EU 共通農業政策（CAP）の新段階

表4-1　2つの柱の制度比較

	第1の柱 （市場＆直接支払い）	第2の柱 （農村振興政策）
策定	EU で規定	加盟国が計画（プログラム）を作成，EU の指針と施策メニューを提供
期間	単年度	複数年度プログラム
財政	EU	加盟国が一部負担（共同拠出）
対象者	広範（全農家，当該品目の全ての生産者など）	限定的（任意参加の施策が多い，特定の地域や属性の農業者全体の場合もある）

出所：筆者作成。

た事情がある。EUの共通政策としての枠組は，加盟国がEUの指針に従い，共通の施策を選択的に利用することや，プログラム策定および評価の制度などにより実現されている。財源はEU財政だけでなく，加盟国も負担する（共同拠出）。適用対象は一部の申請者に限られる施策が多い一方，特定地域の農業者全体を対象とするものもある[6]。

（2）CAP改革の経緯と直接支払い制度

　CAPは1957年のローマ条約（EEC設立条約）に基づいて設置された。その目的は農業生産性の向上と，農村の公正な生活水準確保，市場と供給の安定，妥当な価格の維持である（現行EU機能条約第39条）。1960年代に各種の品目別市場政策（共通市場機構）が段階的に整備され，順次実施された。その基本的な仕組みは，国境保護措置（可変輸入課徴金と輸出補助金）によって域内価格を国際価格よりも高く維持するとともに，域内市場においては値

（6）CAPの制度を定めるEU法は「規則」や「指令」と呼ばれる。法令案は行政府に相当する欧州委員会が提出し，（農相）理事会と欧州議会が審議・修正・決定する。理事会と欧州議会は共同決定権を共有しており，両機関に欧州委員会を加えた3機関の代表者による3機関協議で政治合意がなされる。理事会は政策分野に応じて全加盟国の閣僚によって構成され，農業政策は各国農相が担当する。欧州議会はEUに対する民主的牽制を担っており，議員は直接選挙により選出される。なお，EU財政に占めるCAP予算の割合は，EUの政策領域が拡大し，かつ農業の経済や労働力に占める割合が低下する中で長期的に低下傾向にある。かつて80年代前半は8割程度を占めていたものが現在はその半分程度に縮小している。

127

第Ⅱ部　EUにおける農政と家族農業経営の現段階

下がり時に介入買入れを行って価格の安定を図るものであった。

　当時のCAPは二つの世界大戦中における食料不足や戦後における外貨不足を背景として成立したためもあり，農業保護色の強いものであった。これに戦後の技術革新による収量の急速な増大が相まって主要食料品目の自給が達成され，さらに1970年代以降には生産過剰が問題となった。

　EUは農産物の輸入地域から輸出地域に転じ，生産過剰は補助金つき輸出を拡大させた。そのため農産物の主要輸出国であった米国との間で通商摩擦を生じ，多国間の貿易自由化交渉であるGATTウルグアイ・ラウンド（1986年～1994年）では農業分野におけるEUと米国の対立が焦点となった。

　こうした状況に対処するため1992年に最初のCAP改革が決定された。農産物の政策価格の引下げと，直接支払いによるその補填（**図4-2**）が眼目であった。米国は同様の政策を1970年代から不足払いという直接支払い制度で行っており，米国とEUは双方の直接支払いを，当面削減を求められない施策（青の政策）に分類することで合意した。農産物価格の引下げは国際競争力の強化と輸出補助金の削減，ひいてはウルグアイ・ラウンドの妥結を可能とした。

　1992年のCAP改革では生産過剰を抑え込むために一連の措置が導入された。すなわち，生産調整の実施を直接支払いの受給者に義務付けるとともに，直接支払いについては値下げの補填割合を2分の1程度（1999年改革以降）として農家の手取り水準を引き下げ，また受給額を過去の収量に基づく一定の水準にして（単収のデカップリング）増産意欲を削いだ。そして，穀物の場合は値下がりによる飼料向け需要の拡大が実現した。

　これ以降，現在まで5回にわたりCAP改革は切れ目なく継続されている。近年のCAP改革は主要施策を網羅しているので，各期間における中期農政プログラムと考えてよい。その間，2003年CAP改革では直接支払いがWTO農業交渉における国内農業支持の削減対象とならないようにするため，生産品目によらない単一支払い（および単一面積支払い）制度への移行を開始した。

　こうした改革の対象品目は順次拡大し，2008年のCAPヘルスチェック小

128

第4章　EU共通農業政策（CAP）の新段階

図4-2　小麦の政策価格と直接支払いの推移

出所：　欧州委員会のThe Agricultural Situation in the Community各年版等に掲載のデータにより算出，作成。
注：　1）介入価格は1992/93年まで普通小麦，1993/94年以降は穀物。
　　　2）各種減額は共同責任課徴金，スタビライザー，買入価格の抑制による。
　　　3）1978年以前はu.a.から，1984年から1995年はグリーンecuからecuに変換した。

改革でほぼ全品目に行き渡った。CAP財政は直接支払いの導入とともに拡大した後安定し，直接支払いはCAP支出予算の大部分を占めるようになった。農産物価格の下落と直接支払いによって農業所得は補助金への依存が進み，2000年代後半以降は5～6割を補助金が占めるようになった。

(3) 直接支払いの過去実績

　直接支払いは当初，政策価格引下げの補填として導入され，かつ過去の一定期間における収量と作付面積（や飼養頭数）の実績に応じて受給額が決まった。そのため農地1ha当たりの受給額は，土地生産性の品目及び地域による相違や，各品目の既往制度による保護の手厚さと政策価格引下げの程度，それに農業者間の生産品目の相違に応じて，地域毎・農業者毎に異なっていた。

　2003年CAP改革によって導入された単一支払い制度は，農業者の受給額をそれまでの品目別の直接支払いから引き継いだ（過去実績）ため，地域間・農業者間における1ha当たり受給額の格差もそのまま維持された。し

かし，単一支払いは生産から切り離されており（生産のデカップリング），何をどれだけ作るのかは農業者の任意である。その結果，例えば2つの農場が同じ品目を作って単収や販売価格が同じだとしても，単一支払いの1ha当たり受給額は過去の直接支払い受給額（ひいてはそれ以前の品目別生産実績）に基づいているため，大きく異なる可能性がある。こうした農業者間の格差は，その根拠となる過去の品目別生産実績から年数を経るにつれて正当化が難しくなった[7]。

　そのため，単一支払い制度の下で1ha当たり受給額の格差はある程度まで縮小が進められた。単一支払いは過去実績方式（historical model）を基本としていたが，2003年改革による導入当初から，加盟国は地域内の面積単価を一律とする地域方式（regional model），あるいは過去実績方式と地域方式を組み合わせた混合方式（hybrid model）を選択することも可能であった。その結果，多くの加盟国は何らかの形で面積単価の格差をある程度縮小した。また，新規加盟国の「単一面積支払い」は，過去実績によらない簡易な制度であり，面積単価は国ないし地域内で一律であった（ただしマルタとスロベニアは単一支払いを採用）。さらに，2008年のヘルスチェック小改革では加盟国の任意で単一支払いの国内格差を縮小するよう受給権の再配分が認められた[8]。ただし，これらの措置はいずれも加盟国の任意であったため，国によって取組にはかなりの差があった。

（4）農業の有する多面的機能への貢献

　この間，直接支払い制度に環境保全等の要件が導入された。1992年CAP

（7）2013年CAP改革の直接支払い規則（1307/2013）説明条項22は過去実績方式の原則廃止の理由として，各種部門を単一支払いに統合して相当な調整期間を経たため，過去実績による1ha当たり助成額の顕著な相違を正当化することは次第に難しくなったと述べている。

（8）拙稿「次期CAP改革の展望：2004年・2007年加盟国の最終的な統合へ向けた直接支払いの見直し」（『農林金融』62（10），2009年10月）18〜30ページを参照。

第4章　EU共通農業政策（CAP）の新段階

改革でも家畜の直接支払いに飼養密度の規制（加盟国の任意）が含まれていたものの，本格化したのはその次の1999年CAP改革からである。また，1999年CAP改革では直接支払いから農村振興政策への予算移転も導入され，農業の有する多面的機能へのより直接的な貢献となった。

　CAP改革の始まった時期には，EUの基本条約（当時はEC設立条約）が改正されて環境への配慮が求められるようになった。まず，1992年のEU条約（マーストリヒト条約）（G条B項2）は，環境に配慮した持続可能な（かつインフレ的でない）成長の促進を，EC（当時）の任務に加えた。それに続く1997年のアムステルダム条約（第2条第4項）はさらに踏み込み，ECの政策および活動の定義と実施には，環境保護の要請を（とりわけ持続可能な発展を促進する観点から）組み込まねばならないと定めた。この規定は現在もEU機能条約（第11条）に引き継がれている。

　これによってEUの政策であるCAPも環境保護の要請を組み込むことが義務付けられた。

　CAPにおいては生産性や農産物価格に加えて，環境，食品の質と安全性，景観，農村の維持が重視されるようになり（CEC 2017：24〜27ページ），1999年CAP改革では農業環境施策の拡充が行われた。その一環として，直接支払いの給付条件に，環境に関連する各種規定の順守（環境保護要件）を課すことが加盟国の任意でできるようになった（規則1259/1999第3条）。その目的は「共通市場機構に環境を組み込む」ことであった。他方で，農業の経済的地位が低下し，加盟国の財政制約が強まる中で農業予算の正当化が重要となり，直接支払いは社会的に受け入れられる性格を強める必要があった。今や制度の名称も1992年改革の「補償支払い」から「直接支払い」へと変更された。これらをあわせてみれば，EU社会の農業に対する要請の変化と，基本条約の定める環境への配慮，それに直接支払いの予算維持正当化が相まって，環境保護要件の導入につながったとみることができよう。しかしその実施は加盟国の任意であったため，実際に採用する国は少なかった。また環境保護要件の具体的内容も加盟国に委ねられていた。

131

第Ⅱ部　EUにおける農政と家族農業経営の現段階

　2003年CAP改革はこの環境保護要件を義務化して範囲を拡大し，内容も具体化した。この新制度「クロスコンプライアンス」は加盟国を問わず原則として直接支払いを受給する全ての農業者に課される。その構成は，衛生（公衆・動物・植物），環境保全，動物福祉の3分野における法定管理要件（各種EU法の順守）および良好な農業・環境条件（農地を良好な状態に保つこと）の二つからなり，いずれも今日まで続いている。

　クロスコンプライアンスによって直接支払いには多面的機能への貢献が課されたものの，その内容は法令順守と農地の維持管理でありいわば最低限の水準にとどまっていた。そもそも直接支払いの大部分を占める単一支払い（および単一面積支払い）は農業者の所得支持であり，多面的機能を目的としたものではなかった。

　他方，農業環境政策や条件不利地域助成など，多面的機能の維持強化を直接の目的とする施策は1999年CAP改革で設置された農村振興政策に取り込まれた。そして同じく1999年改革では，加盟国の任意で直接支払いから予算の一部を農村振興政策へ移転できる「モジュレーション」制度が導入された。直接支払い制度においては農場ごとに受給権価額が定まっている。モジュレーションはその本来の価額を維持しつつ一時的に予算を移転する体裁を取った。2003年CAP改革は全ての加盟国にモジュレーションの実施を義務付け，直接支払いの5％を農村振興に移すこととなった。

　モジュレーションは，直接支払い受給額5千ユーロ未満の農業者を実質的に対象外としていた（減額と返金の組合せによる）。さらに2008年CAP改革はモジュレーションの拡大（10％）と累進化（農業者の直接支払い受給額30万ユーロ超過分については14％を適用）を行った。このようにモジュレーションは小規模農場に有利となり，いくらか再分配的な性格を有するようになった。なお，そのほかに加盟国の任意で20％以内のモジュレーションを追加することが可能であった。

132

2．2013年CAP改革の新たな展開

（1）新たな情勢

　ところが，2000年代後半になると，生産過剰と通商交渉という当初からの
CAP改革の推進力は後退した。穀物等の国際価格は高騰して需給はひっ迫
傾向に転じ，またWTO農業交渉（ドーハラウンド）の停滞が明らかとなっ
たためである。通商交渉の重点はWTOから二国間交渉（FTA）へと移った
が，そこではWTOと異なり，直接支払い等の国内農業助成に規律や削減が
求められることは稀である。こうしてCAP改革への外圧が薄れた。

　CAP改革当初の眼目であった政策価格の引下げと直接支払いの導入が
2008年のヘルスチェックで完了し，かつ情勢が変化したことにより，この後
CAPは新しい方向へと向かうことになった。外圧を失ったCAP改革の議論
は必然的に内向きとなり，CAP予算削減の是非，農業の多面的機能，制度
の公平性，新規加盟国への対応といった論点が重要となる。

　財政面では，CAPの予算拡大は次第に困難となり，削減が論じられるよ
うになった。2007年のリーマンショックに端を発する経済・金融危機が世界
的に波及するなかで，EUにおいても深刻な財政金融危機が発生した。金融
機関の破たん・救済や，一部の加盟国の通貨不安と支援措置，景気の後退と
刺激策など，加盟各国およびEUの財政には大きな負荷がかかった。その一
方で，EUの経済的地位を保つための研究開発やイノベーション，環境問題，
エネルギーなどEUの政策を拡大すべき分野も多く，いきおいCAPをはじめ
とする既存の政策分野に予算削減圧力がかかるようになった。そうした文脈
の中でCAPは改めてその意義が問われたのである。CAPとりわけ直接支払
い制度はそれまで本格的な対応がなされていなかった多面的機能に正面から
取り組まざるを得なくなっていった。

　2000年代のEU拡大すなわち加盟国の増加も，新たな議論をもたらした。
新規加盟国と既往加盟国の国情の相異から利害の対立が生じ，また一律の政

第Ⅱ部　EUにおける農政と家族農業経営の現段階

図4-3　CAP改革の課題の変遷

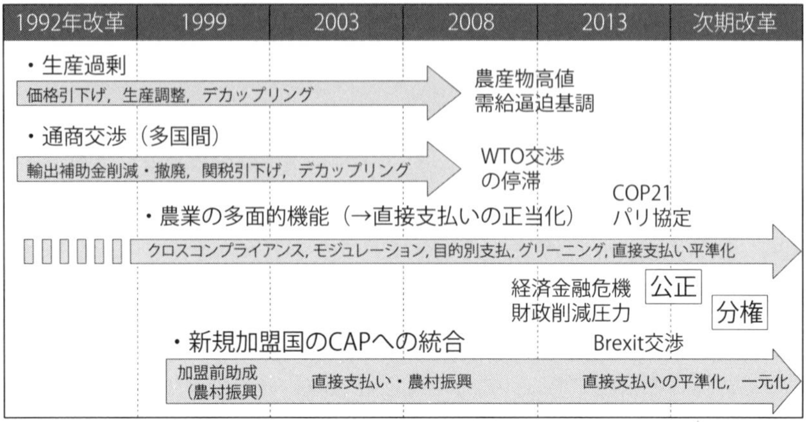

1992年改革	1999	2003	2008	2013	次期改革

・生産過剰

価格引下げ，生産調整，デカップリング　➡　農産物高値
需給逼迫基調

・通商交渉（多国間）

輸出補助金削減・撤廃，関税引下げ，デカップリング　➡　WTO交渉
の停滞

COP21
パリ協定

・農業の多面的機能（→直接支払いの正当化）

クロスコンプライアンス，モジュレーション，目的別支払，グリーニング，直接支払い平準化　➡

経済金融危機　公正
財政削減圧力
分権

・新規加盟国のCAPへの統合　　Brexit交渉

加盟前助成
（農村振興）　　直接支払い・農村振興　　直接支払いの平準化，一元化

出所：筆者作成。

策が適用しにくくなったのである。ここでいう新規加盟国とは，2004年と2007年（ブルガリア，ルーマニア），そして2013年（クロアチア）にEUに加盟した13か国を指す。具体的には中東欧の旧社会主義国11か国と地中海の島嶼国2つ（キプロスとマルタ）である。これらの旧社会主義国には，おびただしい数の小規模零細な農業経営と少数の大規模農業経営体が並存している。これらはそれぞれ社会主義時代における農場労働者の自留地と，国営農場・集団農場に由来する。それに加えてこれらの国の農業は，既往加盟国に比べて農場段階における生産品目の特化が進んでおらず，収量の水準が低く，農協等による組織率が低い，といった特徴がある。

　新規加盟国は段階的にCAPへの統合が進められている。市場施策については加盟と同時に欧州共通市場への参加と各種施策の適用がなされた。農村振興政策については加盟前から特別な支援措置（SAPARD）が適用され，加盟後はCAPの農村振興プログラムへと移行して予算が手厚く配分されている。直接支払いについては，簡素な単一面積支払いを新たに導入し，多くの国が採用した。それに対して既往加盟国等は単一支払いを採用していたため，二つの制度が並存することとなった。

134

第4章 EU共通農業政策（CAP）の新段階

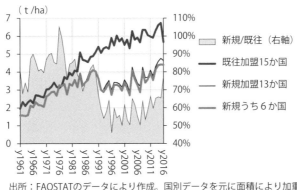

図4-4 新旧加盟国における小麦単収の推移（1961〜2016年）

出所：FAOSTATのデータにより作成。国別データを元に面積により加重平均した。

　新規加盟国への直接支払いの導入は段階的に行われ，加盟当初年の開始時は満額の25％でその後順次増額され，満額の支払いは10年目を待たねばならなかった。しかし，段階的導入の終了後も既往加盟国との間で1ha当たりの支払い額には大きな格差があり，その是正が課題となった。新規加盟国の直接支払いの水準は当初，各国のEU加盟条約によって定められた。その算出根拠は，社会経済体制の移行期に落ち込んだ単収（図4-4）に基づいていた。新規加盟国はEUへの加盟を果たすと格差の是正を要求するようになったが，2008年のヘルスチェックでは実現せず，2013年改革への積み残し課題として整理された（前出 拙稿 2009）。

　新旧加盟国間には，EU財政を巡って基本的な利害の対立がある。それは新規加盟国の所得水準が相対的に低いため，次に説明するとおり加盟国間の財政移転ないし再配分の効果が強まったためである。既往加盟国はこれを問題視してEU予算の抑制を望んでいるのに対して，新規加盟国は維持拡大を望んでいる。

　加盟国間の財政移転を生じる制度上の仕組みは以下のとおりである。EU財政の大部分は加盟各国がGNI（国内純所得）の一定割合（1％）を拠出して賄われている。それに対して，EUのCAP支出は加盟各国の農業生産活動

135

第Ⅱ部　EUにおける農政と家族農業経営の現段階

に応じて支払われる。また，農村振興政策は後進地域に手厚く配分されている。その結果，高所得で農業への依存度が低い既往加盟国は純拠出国となり，低所得で農業への依存度が相対的に高い新規加盟国は純受益国となる。かつては南欧やフランスがCAPからの受益を享受していたが，中東欧諸国の加盟によってそれらの国は純受益額が縮小し，あるいは純拠出国に転じた。

　また，CAPだけでなく，いま一つの主要な支出分野である結束政策（地域政策）もその内容は経済的後進地域への支援（インフラ整備等）であり，より明示的な財政移転効果を有している。

（2）2013年CAP改革の内容

　現行のCAPは2014～2020年を実施期間とする2013年CAP改革によって定められた。

　これによってCAP改革はそれまでの改革とは異なる新たな段階に入った。新たな段階への移行におけるCAP予算削減の議論については，すでに別稿で論じたので結論だけを述べると，直接支払い制度は農業の多面的機能への対応強化と公平性の確保を強調することにより予算削減と機能縮小を免れたのである[9]。

　ここでは，2013年改革の内容を直接支払い制度の変更と，農業者の直面する各種リスクへの対応の2つの側面から見よう。後者は生乳生産割当制度廃止後の酪農政策を含む。

1）直接支払いの抜本改正

　直接支払い制度はCAP改革開始以来の大改正となった。とくに大きな変化は，過去実績方式の原則廃止と1ha当たり支払い額の平準化，グリーニ

（9）拙稿「次期CAP（EU共通農業政策）改革とEUの財政・成長戦略―直接支払いの「緑化」，公共財供給の重視へ―」（『農林金融』65（1），2012年2月）46～62ページ。「次期CAP（EU共通農業政策）改革の規則案概要―直接支払い，単一CMO，農村振興―」（『農林金融』65（3），2012年3月）80～92ページ。

136

ング，そして各種目的別支払いの導入である。また，高額受給者の減額措置が強化され，財源の面では農村振興政策からの予算移転が可能となった。

① 過去実績の廃止

　既存の単一支払い制度における農業者の受給額は，それ以前の品目別直接支払いの受給額を引き継ぐものであった（過去実績方式）。その受給額は過去の一定期間における品目別の生産実績に基づいていた。そうした意味で，過去実績は1992年CAP改革以来続いてきた直接支払いの基本的な仕組みであった。しかし，生産（と品目）から切り離された単一支払い制度の下で，過去の品目別生産実績に由来する１ha当たり支払い額の格差は次第に正当化できなくなり，過去実績方式は廃止されたのである。

　とはいえ実際には過去実績から面積単価平準化への移行は既に2003年改革以来部分的になされてきた（**表4-2**）ことは，前節でも述べた。したがって，2013年改革における過去実績の原則廃止は，これまで段階的に進められてきた面積単価平準化を全面化するものとみることができる。しかも後述するとおり過去実績の一部は温存されたのであるから，原則が変更されて全ての加盟国に平準化が義務づけられた意義は大きいものの，現実の変化は漸進的なものである。

表 4-2　直接支払いの面積単価を算出する方式の推移

CAP 改革	直接支払い		面積単価（固定）		対象面積
1992	補償支払い	品目別	品目毎に地域内一律：［品目構成は農家により相違］		基準時点
1999	直接支払い		地域単収（86/87-90/91年実績）×重量単価（EU一律）		89-91年
2003	単一支払い	品目横断	過去実績方式：各農場の全品目支払い額（00-02年）	地域方式：地域内一律（新規加盟国の単一面積支払いも同様）	00-02年 → 一時点
2008					
2013	基礎支払い		一律化or部分的平準化		一時点
次期	基礎的所得支持		さらに平準化	地域内一律（制度一元化）	一時点

出所：筆者作成。

注：2003年の改革で地域方式の対象面積は時期指定なし，単一面積支払い（SAP）は2003年６月30日。網掛け部分は過去実績。

137

第Ⅱ部　EUにおける農政と家族農業経営の現段階

②　直接支払いの平準化

新たな「基礎支払い制度」では，農業者に対する１ha当たり支払い額は，原則として各国内（地域方式の場合は地域内）で一律となる。これは生産性の高い農地から低い農地へ，あるいは購入飼料と頭数支払いに依存していた農業者から広い農地を経営する農業者へと予算が移されることを意味する。これをそのまま適用すれば，受給額の大幅に減る農業者が出てくるためその経営に深刻な影響を与える懸念がある。

そこで，基礎支払いの面積単価一化を回避する方法が２つ提供されている。一つは地域方式の採用であり，面積単価の一律化は各地域内に適用される。地域の設定を細分化すればそれだけ地域間の格差は大きいまま維持され，各農業者の面積単価の変化は少なくなる[10]。いま一つは「部分的平準化」の採用であり，地域方式との併用も可能である。１ha当たりの受給額が国内（ないし地域）平均値を大きく下回る農業者はその乖離度に応じて増額を受ける仕組みである。平均値の90％を下回る農業者についてはその差額の３分の１を増額し，また平均値の60％を下回る農業者についてはその差額全体を増額する（**図4-5**）。財源は平均値を上回る農業者の減額により賄うが，加盟国の任意で個別農業者の減額幅を30％以内に抑えることもできる。これらの措置を採用すれば，各農業者の過去実績がある程度維持される。

加盟国の実施状況を確認しておくと，基礎支払いを採用した18か国のうち，11か国が部分的平準化を選択しており，また４か国が地域別の平準化（うち２か国は部分的平準化）を選択している（**表4-3**）。言い換えれば，１ha当たりの基礎支払いに何らかの格差（農業者間ないし地域間）が残る加盟国は13か国と多くを占め，国内一律単価が実現するのは５か国にとどまる。

---

(10)極端な例はスペインであり，面積単価の近い小地域同士が一つにまとまるよう地域区分を新たに構成した。その結果，各地域は飛び地を有し国内に分散している。スペインの地域や品目による農業の多様性は面積単価の一律化に馴染み難いとみなされている。三菱UFJリサーチ＆コンサルティング『平成29年度海外農業・貿易投資環境調査分析委託事業（EUの農業政策・制度の動向分析及び関連セミナー開催支援）報告書』，2018年を参照。

第4章 EU共通農業政策（CAP）の新段階

図4-5 基礎支払いの部分的平準化（国・地域内，1ha当たり）

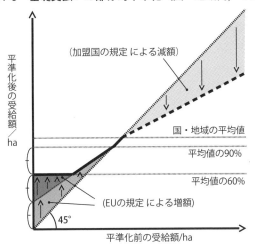

出所：拙稿「EU共通農業政策（CAP）の2013年改革—新制度の概要と成立過程—」『農林金融』67(9)，35-51ページ，2014年9月(b)。

表4-3 基礎支払い平準化の採用状況（2016年）

基礎支払い	18か国
一律単価	7か国[*1]，うち地域別2か国
部分的平準化	11か国[*2]，うち地域別2か国
単一面積支払い	10か国

出所：European Commission（2018b：p.9）の掲載データにより作成。
注：一律単価は2020年までに実施。[*1]はそれ以外にフランスの一部地域（コルシカ）を含む。[*2]はそれ以外に英国の一部（北アイルランド）を含む。

　また，加盟国間では基礎支払いに限らず直接支払い全体について1ha当たり金額の部分的な平準化が行われた。これは2008年CAPヘルスチェックからの積残し課題であり，CAPに対する最も厳しい批判に応えるものであった。方法は基礎支払いの部分的平準化とよく似ており，1ha当たりの直接支払いがEU平均値を大きく下回る加盟国はその乖離度に応じて増額を受ける仕組みである。平均値の90%を下回る加盟国についてはその差額の3分の1を増額し，また一定の最低限度水準を下回る加盟国（バルト3国）についてはその差額全体を増額する（**図4-6**）。財源は平均値を上回る加盟国が比

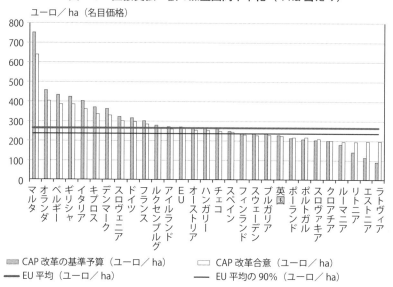

図4-6　直接支払い額の加盟国間平準化（1ha当たり）

出所：European Commission "Overview of CAP Reform 2014-2020," Agricultural Policy Perspectives Brief, No5, December 2013.

例的に負担する[11]。

　直接支払いの平準化をめぐって，一部の新規加盟国は1ha当たりの金額をEU全体で一律にすべきであると主張したが，加盟国間で賃金水準や投入費用の差があることから[12]受け入れられなかった。欧州委員会は客観的な根拠に基づいて直接支払いの適切な配分を計算しようと試みたが，成功しなかった。

③　直接支払いの多様化とグリーニング

　直接支払い制度の性格は単純な所得支持から変化した。各種の目的別支払

---

[11] ここで述べた平準化のルールは直接支払い規則1307/2013の説明条項22で言及されているが，条文では各国の予算枠が定められているのみである。加盟国への予算配分は多年度財政枠組みの交渉で決まったためである。
[12] 直接支払い規則1307/2013説明条項22を参照。

第 4 章　EU 共通農業政策（CAP）の新段階

表 4-4　各種の直接支払い制度（2016 年）

設置義務	種類	予算構成比	各国予算の制限	採用国数	概要
必須	基礎支払い	55.9%	70%未満		従来型の所得支持
	グリーニング支払い	29.9%	30%固定		気候・環境に便益のある農業活動に対する支払い
	青年農業者支払い	1.3%	2%以下		40 歳未満の新規就農者に対し基礎支払いに上乗せ
任意	任意カップル支払い	9.8%	8%以下	27	品目別支払い（旧来型）
	再分配支払い	3.0%	30%以下	9	中小農場の助成。各農場 30ha まで基礎支払いに上乗せ
	自然制約地域支払い	0.01%	5%以下	1	条件不利地域への助成
	合計	100.0%			
任意	うち小規模農業者制度	3.4%	10%以下	15	各種直接支払いの代わりに用いる簡易な制度

出所：規則 2016/699, Commission（2018b）等により筆者作成。
注：採用国数は一部の地域で採用した国を含む。各国構成比規定のうち任意カップル支払いは各種特例により引き上げ可能。

いに分化し，多様化したのである（**表4-4**）。これによって多面的機能の提供に応じて特別な直接支払いを提供したり，支援の必要度の高い農業者に対象を絞った直接支払いを行うことが可能となった。以下ではまずグリーニング支払いについてやや詳しく見たうえでそれ以外の直接支払いについて概観する[13]。なお，多様化した第 1 の柱の直接支払いと農村振興政策（第 2 の柱）の間には今や対象の重複が生じており，そうした分野では二重払いを避けるため，いずれかを選択したり重複部分の減額が必要となっている。

　グリーニング支払いの正式名称は「気候・環境に有益な農業活動に対する支払い」であり，2013年改革の最も重要な施策のひとつである。支出額は直接支払いの30％と定められており，面積単価は原則として各国内（または地域内）で一律である。基礎支払い（つまり直接支払い）の受給者は，気候・環境に有益な3種類の取組（以下，3要件と呼ぶ）が求められる。実施者に

(13)制度の詳細については拙稿「2013年のCAP改革における直接支払いとグリーニング」（『農林水産省　平成25年度海外農業・貿易事情調査分析事業（欧州）報告書』第I部「新しいCAPのグリーニング支払と農業環境・気候支払―制度の導入へ向けた動き―（英国・フランス・ドイツ）」2014年 3 月（a））1 〜24ページ，および平澤（2014）を参照。

141

第Ⅱ部　EUにおける農政と家族農業経営の現段階

はグリーニング支払いが支払われる一方，未達成者は最大でグリーニング支払いの125％まで直接支払いを減額される可能性がある。つまりグリーニングは単にグリーニング支払いを受け取るためだけでなく，直接支払い全体にかかる受給要件となっている。農村振興政策の農業環境・気候支払いと取組要件が重複する場合は，その分だけ農業環境・気候支払いが減額される。

　グリーニングの大きな意義は，追加的な環境保全策を目的として第1の柱の直接支払いを初めて配分したことである。既存制度のクロスコンプライアンスは最低限度の基準（EU法の順守と農地の維持管理）に過ぎず，また単一支払いの目的（所得支持）を変えるものでもなかった。グリーニングの3要件はそれよりも高度であり，対価を要するものと位置づけられている。農村振興政策の農業環境・気候支払いと比較すると，グリーニングの3要件はそれほど高度ではない一方，その対象とする面積はEUの農地の大部分に及び，ごく一部の参加者を対象とする農業環境・気候支払いとは広がりが全く異なる。いわば広く浅く網をかける農業環境施策といえよう。これによってとくに集約的な生産が行われる穀物単作地域などで環境保全的な効果が見込まれた。

　グリーニングの3要件は永年草地の維持，環境重点用地の設定，作物の多様化である。これらはいずれも農地の使い方を規制するものである（図4-7）。農地は永年草地（5年以上草地であるもの）と耕地に分かれる。そのうち永年草地を維持する一方で耕地には環境重点用地を設け，残りの耕地で作物を多様化する。

　3要件の内容をもう少し詳しく述べると，永年草地の維持は国ないし地域ごとに面積の減少を5％以内に抑えることと，保全のため指定された地域における転換・耕起の禁止を定めている。環境重点用地は生物多様性や景観維持に資するものであり，休耕，緩衝地片，短期輪作の雑木林などが含まれる。農場ごとに耕地面積の5％を充てねばならない。作物の多様化は，農場ごとに耕地の作付け品目を最低3作目，うち最大の作目の面積を75％以下，上位2作目を合わせた面積を95％以下（いずれも環境重点用地を除いて計算）と

第4章　EU共通農業政策（CAP）の新段階

図4-7　グリーニングの3要件

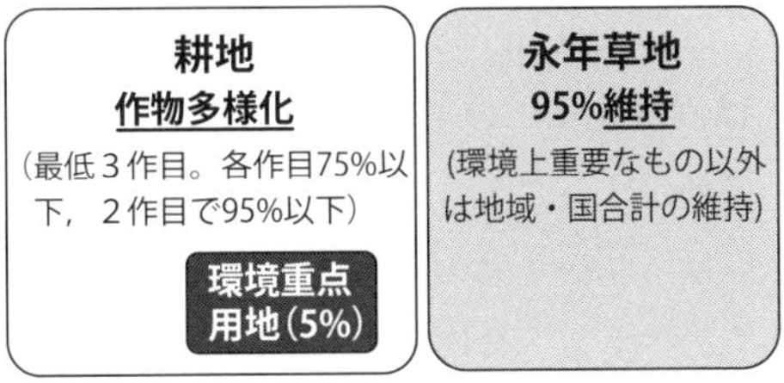

耕地
作物多様化
（最低3作目。各作目75%以
下，2作目で95%以下）

環境重点
用地（5%）

永年草地
95%維持
（環境上重要なもの以外
は地域・国合計の維持）

出所：筆者作成。

するものである。

　次にグリーニング支払い以外の直接支払いについてみる。

　基礎支払いは従来の単一支払い（または単一面積支払い）を引き継ぎ，一
般的な所得支持を担う。配分される予算は，直接支払い予算から他の各種直
接支払いを全て除いた残余である。EU全体でみれば実際の予算構成比は直
接支払いの半分強である。前項でみたとおり，1 ha当たり支払い額は国内
（または地域内）で平準化される。

　再分配支払いは中小農場に手厚く基礎支払いの上乗せを行う全く新しい制
度であり，名称のとおり再分配機能を持つ。一定面積（原則30ha）以下の
農場は全面積が対象となり，それを上回る農場はこの一定面積のみが対象と
なる。各国予算の上限は直接支払いの30％である。また，直接支払いの5％
以上を配分する国は，基礎支払いの高額受給者に対する減額措置（後述）を
導入しなくともよい。

　任意カップル支払いは，特定の品目に対する直接支払いである。既存の各
種制度を統合・拡充し，対象品目は大幅に増加した。これは，主要な直接支
払いが生産品目から切り離され（デカップリング），また生乳の生産調整
（生乳生産割当制度）が廃止されるなかで，生産の維持が困難な品目や地域
を支えるための制度である[14]。利用の多い部門は肉牛や酪農である。各国

──────────

(14)拙稿「CAPにおける価格支持制度及びカップル支払の変更点」（『農林水産省
　　平成23年度海外農業・貿易事情調査分析事業（欧州報告書）』第1部，2015
　　年3月）。

第Ⅱ部　EUにおける農政と家族農業経営の現段階

予算の上限は原則として直接支払いの8％であるが，既往の実績に応じて引上げが可能であり，さらに蛋白作物向けに2％の上乗せが認められている。あるいは，加盟国は直接支払いの予算規模に関わりなく，300万ユーロを任意カップル支払いに使用することも認められている（マルタが利用）。

　青年農業者支払いは，40歳未満の新規就農者に対して基礎支払いに最長5年間上乗せを行うものである。各国予算の上限は直接支払いの2％である。類似した施策として農村振興政策に就農助成制度がある。

　自然制約地域支払いは条件不利地域に対する助成であり，条件不利の程度に応じてその範囲内（追加的費用および逸失所得）で支払われる。本来は農村振興政策の施策であり，2013年改革により直接支払い制度の下でも支払えるようになった。とはいえ実際に利用している加盟国はデンマークのみである。自然制約地域は従来の条件不利地域を新たな基準で見直したものであり，その指定は農村振興政策による。各国予算の上限は直接支払いの5％である。

　小規模農業者制度は，以上の各種直接支払いに代わり一本化した支払いを行う簡易な制度である。小規模農業者は任意で利用でき，グリーニングの3要件は免除される。制度の導入目的は行政負荷の軽減であるが，利用者の事務負荷も軽減される。給付額は原則として国内一律であり，各国ごとに500ユーロ(15)から1,250ユーロの間で設定されるが，その国の1ha当たり直接支払い平均額に応じて制限がある。各国支出の上限は直接支払い予算の10％である。ただし，加盟国は給付額を通常の直接支払いと同じ方法で農業者ごとに算出することもでき，その場合は支出に前記の上限が課されない。

　上述のとおり直接支払い支出の種類別配分は加盟国にかなりの裁量がある。EU全体の種類別予算構成は各国の配分結果を集計することによって初めて得られる。2016年における現実の予算構成をみると，EU28か国合計で基礎支払い55.9％，グリーニング支払い29.9％，任意カップル支払い9.8％，再分配支払い3.0％，青年農業者支払い1.3％，自然制約地域支払い0.01％である。

(15)ただしキプロス，クロアチア，スロベニアでは200ユーロ以上，マルタでは50ユーロ以上。

第 4 章　EU 共通農業政策（CAP）の新段階

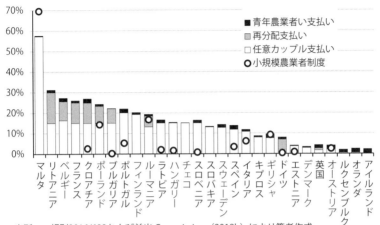

図4-8　加盟各国における直接支払い予算の配分（2016年）

出所：　規則2016/699および前出 Commission（2018b）により筆者作成。
注：グリーニング支払い（30％）と基礎支払い（および単一面積支払い）を除く。自然制約地域支払いは割合が小さいためグラフ上で識別できない。

また，これらを置き換える小規模農業者制度は直接支払い予算の3.4％である（前出**表4-4**）。

　各国の相違を確認するために国別の予算配分割合（2016年）を**図4-8**に示した。割合が30％で固定されているグリーニング支払いと，他の直接支払いの残余である基礎支払い（および単一面積支払い）は除いてある。任意カップル支払いと再分配支払い，小規模農業者制度についてはかなりの予算を割り当てている国がある。任意カップル支払いはドイツ以外のすべての国が利用しており，各種特例を利用して 8 ％を上回る国が18か国にのぼる。とりわけマルタは60％弱と突出しており，ポルトガルとフィンランドは20％前後に達している。再分配支払いも採用国に限ってみればわずかとはいえない規模の予算が割り当てられている。 5 ％以上の国が 8 か国（そのうち基礎支払いの高額受給者に対する減額を導入していない国は 5 か国と 1 地域），うち10％以上の国が 3 か国あり，最高はリトアニアの15％である。小規模農業者制度は採用国の間でばらつきがあり，マルタが70％で突出しているほか，ルーマニアとポーランドで15％前後，ギリシャで 9 ％となっている一方，

第Ⅱ部　EUにおける農政と家族農業経営の現段階

３％を下回る国も９か国ある。

④　予算と支払い制限

　直接支払いの予算については，新たに農村振興政策からの移転が可能となった。従来，直接支払いと農村振興の間の予算移転は，モジュレーションすなわち直接支払いから農村振興への一方的かつ義務的な移転（任意で拡大が可能）であったが，新制度では一部の新規加盟国による要望を反映して双方向化し，加盟国がいずれかの予算15％以内を他方に移転できるようになった。特例として１ha当たりの直接支払いがEU平均の90％を下回る国は，農村振興政策の予算を25％まで直接支払いに移転できる。農村振興から直接支払いへ予算を移転すれば，加盟国は直接支払いを充実するだけでなく，農村振興政策に課される共同拠出の負担や農業者の自己負担をその分減らすことができる。2016年に予算の移転を選択した加盟国は16か国ある。農村振興から直接支払いの移転を選択した５か国はいずれも新規加盟国であり，そのうち４か国は15％以上の移転を行った（図4-9）。なお，新規加盟国のうち５か国は逆に直接支払いから農村振興への移転を行っている。

　直接支払いには各種の支払い制限があり，小規模家族農場に関連のある規定も多い。ここでは営農実態のある農業者（active farmer），最低規模要件，高額受給の減額についてみる。

　営農実態のある農業者という概念は，農業にほとんどあるいはまったく従事していない企業や投資家による直接支払いの受給を防ぐものである。空港，鉄道，水道，不動産，常設の運動場・娯楽施設を営む者は，農業活動が有意であることを示さない限り直接支払いの対象から除外される。また加盟国は，経済活動のうち農業がわずかである者，あるいは農業を主な活動または目的としない者を直接支払いの対象から除外できる。ただしこれらの規定はある程度の規模を下回る農業者，すなわち直接支払いの受給額が国の定める一定水準（最大5,000ユーロ）以下の者には適用されない。これは小規模な兼業農業者が農村地域の活力に直接貢献しているためである（直接支払い規則

146

第4章　EU共通農業政策（CAP）の新段階

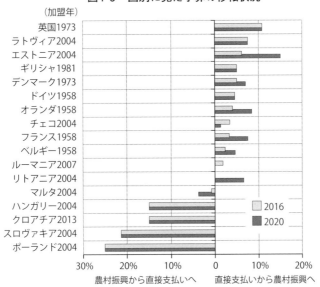

図4-9　国別に見た予算の移転状況

出所：European Commission "Direct payments 2015-2020 - Decisions taken by Member States: State of play as from December 2018", Information note, 2 May 2019. 掲載データにより筆者作成。

1307/2013説明条項10）。

　直接支払いの受給者には農場の最低規模要件が定められている。加盟国は原則として直接支払いの受給額100ユーロ以上，または直接支払いの対象面積1ha以上のいずれかの基準を定める。ただし各国は農業経済の構造に応じてこれらの基準を国別に定められた範囲内で変更できる。受給額の基準は最高の国で500ユーロまで引き上げ可能であり，対象面積の基準は国によって0.1haから5haまでの変更が可能である。実施状況をみると約半数の国が基準を変更している。19か国が下限面積を設定しており，そのうち4か国は下限面積が1haを下回り，3か国は上回る。それ以外の9か国では下限額を設定しており，そのうち7か国は下限額が100ユーロを上回る。

　各農業者が受給する基礎支払い（および単一面積支払い）のうち15万ユーロを超過する部分については5％以上の減額がなされ，削減分は当該国の農

147

村振興政策に用いられる。ただし，加盟国の任意で基礎支払い（および単一面積支払い）の受給額から雇用賃金を控除できる。新たな制度は従来のモジュレーションにおける累進部分（30万ユーロ超過部分の4％）を受け継いで強化するものといえよう。従来と大きく異なるのは，加盟国の任意で5％よりも大きな削減を課すことができる点である。これを最大限活用して，100％の減額つまり直接支払いの上限額（15万ユーロないし30万ユーロ）を定めた加盟国が10か国ある。

　ただし，制度上は従来に比べて踏み込んだ対応が目立つものの，実際の影響は少ない。減額を実施せず代わりに再分配支払い（前述のように直接支払いの5％以上）を導入した国が6つあることも影響しているかも知れない。2016年においてEUの直接支払い予算額に対する削減額の割合は0.36％にとどまっている。ハンガリーだけは5.5％と飛びぬけて多く，それに次いで4つの新規加盟国が1％前後となっている。

2）各種リスクの拡大と対策

　近年，CAP改革などによって拡大した各種リスクへの対応策と見なせる施策がさまざまな形で整備されている。以下ではそうした視点から一連の施策を位置付けるとともに，その少なからぬ部分が生産調整廃止後の酪農部門への対応から他の部門へと広がったことをみることにする。

①　リスクの背景と政策の対応方向

　EUでは農業者の直面する各種リスク（販路・価格・生産）が拡大しており，その対策を講じることが政策課題となっている。リスク拡大の主な要因としてはCAP改革による価格と生産の自由化，国際価格との連動，川下部門の寡占化，動物疾病・作物病害，気候変動が挙げられる。

　CAP改革は市場介入色の強い施策を段階的に縮小してきた。政策価格の引下げや介入買入れの縮小は価格の規制を弱め，生産調整の廃止や直接支払いのデカップリングによって生産が自由化された。2008年のCAPヘルス

第4章　EU共通農業政策（CAP）の新段階

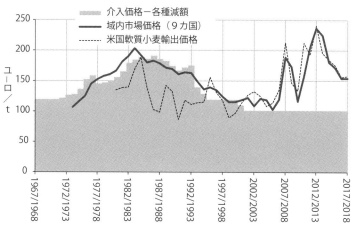

図4-10　小麦の市場価格と政策価格

出所：Eurostat, 欧州委員会文書（The Agrcultural Situation in Community 各年版），世界銀行等のデータに基づき作成

チェックと2013年CAP改革で各種生産調整の殆どが廃止された背景には，2000年代後半以降に農産物の国際価格が上昇し，それによってEUの国際価格競争力が増したことがある[16]。2013年CAP改革ではそれまで生産調整が残されていた3品目のうち，生乳と砂糖の制度が廃止され，ワイン用ブドウについては年1％以内の面積拡大が認められた。一連の措置により価格と生産の決定は市場に委ねられる面が拡大し，その結果農業者は販路と価格のリスクに晒されることになった。また，EU域内価格と国境保護措置の引下げは国際価格の上昇と相まって内外価格を連動させ，国際市場の大きな価格変動が域内市場にもたらされた（**図4-10**）。

一方，欧州共通市場においては国境なき競争の下で農業の川下部門である小売（スーパー）や加工（食品メーカー）の寡占化が進行しており，そうした巨大企業に対する農業部門の販売交渉力は不足している。たとえば農産物価格の大きな変動が生じた場合などは，川下部門への価格変動の波及（price

---

(16) 拙稿 平澤（2019）。

transmission）が不十分であると指摘されている[17]。また，買い手側の交渉上の優位を背景とする不公正な取引慣行も問題となっている。

　さらに，生産面のリスクも重要である。動物疾病・作物病害については大規模な疾病の発生や，世界的な疾病・病害の急速な広がり，消費者の信頼喪失など問題が複雑化しており，また気候変動によるとみられる気象災害が増加している。

　これらのリスクに対処するための主な施策は，緊急時の市場施策整備，リスク管理手段の提供，生産者の立場強化（生産者の組織化および不公正取引慣行の規制），市場の透明性確保である。その多くは市場施策（第1の柱）の範疇であるが，リスク管理手段だけは農村振興（第2の柱）に含まれている。こうした施策の整備は近年おもに生乳の生産調整（生乳生産割当制度）廃止後の酪農政策や2013年CAP改革，2017年のオムニバス規則，そして2019年の不公正取引慣行指令によって進められてきた。

　②　ミルクパッケージから2013年改革へ

　一連の動きを先導したのは生乳生産割当制度の廃止へ向けた酪農政策の展開であった。生乳生産割当制度は2015年3月末の廃止が単一CMO規則（1234/2007）で定められ，2008年のCAPヘルスチェックでも確認された（規則72/2009説明条項8）。これを受けて，早くも2010年には割当廃止後の酪農政策が「ミルクパッケージ」として提案された。生乳の出荷において売り手（生産者）の買い手（乳業メーカー等）に対する交渉力は不十分であり，割当廃止により生産量の制限が無くなればさらに弱まることが予想された。2008年から09年にかけて乳価が下落した際は小売価格の反応が鈍く，そうした見方が強まった（規則261/2012説明条項2）。また，農協の組織率が低い中東欧では生産者を守る仕組みが不足していた。成立した規則（261/2012）では，生乳の買付けについて加盟国は所定の項目を含む書面契約を義務づけ

---

(17) European Commission（2009）.

第4章 EU共通農業政策（CAP）の新段階

ることが可能になった。また，生乳の販売先に対する酪農家の立場を強化するために，認定を受けた生産者組織や垂直部門間組織（農業部門と川下部門の参加した組織）の規定が設けられ，生産者組織には価格交渉も認められた。生産者組織の仕組みと価格交渉権は従来野菜・果物等の部門で適用されていたものである。それに加えて市場の透明性を高めるため，欧州委員会は市況などの各種情報を提供する「生乳市場観測」（Milk Market Observatory）を開始し，Webサイトを設置した[18]。なお，リスクへの対処以外にも生乳割当廃止後にむけて酪農部門を支援するため，2008年ヘルスチェックの農村振興政策や，カップル直接支払いも活用された。

　その後，酪農向けに作られたこれらの施策は他の品目へと対象が拡大され，市場施策の重要な構成要素となっていった。たとえば市場観測はその後，2016年から17年にかけて食肉，砂糖，畑作物（穀物・油糧種子・蛋白作物）がそれぞれ追加された[19]。また，欧州食品価格監視ツール（European Food Prices Monitoring Tool）[20]はより広範な品目について，生産者価格だけでなく小売価格と輸入価格についても月次の指数をWebで提供している。

　2013年CAP改革では，CMOの市場施策にミルクパッケージの成果を取り込むとともに，生乳以外の品目へと対象が拡大された。認定生産者組織[21]の連合会および垂直部門間組織に対する認定と権限付与は全品目へと広がった（CMO規則1308/2013）。生産者組織は生産の計画と，需要に合わせた調整（品質，数量など），販売の集中などを行うことができる。また新たな権限として，政府の認可により当該組織のルールを地域全体に適用し，費用を徴収できるようになった。その後，2013年CAP改革の中間見直しに相当す

────────────

(18) https://ec.europa.eu/agriculture/market-observatory/　なお，亀岡（2015）
　　参照。
(19) 拙稿 平澤（2019）。
(20) http://appsso.eurostat.ec.europa.eu/nui/show.do?dataset=prc_fsc_idx
(21) 生産者組織の認定は既に規則72/2009によるCMO規則1234/2007の改正により
　　全品目に拡大されていた。

151

第Ⅱ部　EUにおける農政と家族農業経営の現段階

る2017年のオムニバス規則（2017/2393）[22]では，酪農以外の部門についても生産者組織の価格交渉権限を明記し，また書面契約の締結に関する規定を全部門に拡大し，かつ全ての加盟国の農業者が書面契約を要求できるようになった。なお，価格交渉などEU競争法の適用除外にかかる事項については，欧州委員会が慎重な立場であったのに対して欧州議会が積極的に働きかけて改正が実現した（Del Cont & Iannarelli 2018）。

③　緊急時施策とリスク管理施策

　2013年CAP改革では，緊急時施策の整備とリスク管理手段の拡充も実現した。緊急時施策は2014年以降の値下がり局面で活用され，その有効性と限界が明らかになっている。

　2013年改革の緊急時施策（CMO規則1308/2013第219条-第222条）は，従来の規定が原則論にとどまっていたのに対して，緊急時に迅速に対応できるよう具体的な施策や財源，簡易な決定手順を整備した点に特色がある[23]。市場のかく乱に対する特別介入措置では，対象品目の限定がほぼなくなり，既存の各種施策についてその範囲や継続期間などを拡張・変更し，輸出補助金や輸入課徴金を適用できることが定められた。また，市場が深刻な不均衡にあるときは認定生産者組織を競争法（カルテル禁止など）の適用から除外できるようになった。必要に応じて速やかに使用できる財源として緊急時対応準備金が設置されたが，実際には使用されなかった。準備金は直接支払いの予算を削減して積み立てられ，未使用分は農業者に返還されるので（農相）理事会はこれを使わせず他の財源を求めた。

　リスク管理施策は，収量や価格の変動による農業者の収入減少を補填する。従来は保険と共済（mutual fund）の2種類であったが，2013年改革で所得安定化共済が追加された。また，このときCAP内での管轄が第一の柱（市

──────────

(22)本来はMFFの中間見直しであったが，他部門の交渉難航から農業部分のみ単独の規則として成立した。

(23)前出拙稿（2014b）参照。

152

第4章　EU共通農業政策（CAP）の新段階

場施策）から第二の柱へと移された。保険と共済は気象災害や病虫害に対応する。それに対して，所得安定化共済は農業者の所得を補償する。年間所得が直前数年間の水準（3年間平均あるいは5中3平均）を30％以上下回った場合に共済金が給付され，補償は所得減少額の7割未満である。日本や米国の収入保険とは異なり，収入から生産費用を差引いた所得を対象としている点が大きな特長である。さらに，2017年のオムニバス規則では品目別の所得安定化共済（20％以上の所得下落で給付）が導入された。保険の場合は保険料に対して，共済と所得安定化共済の場合は農業者への補償を行う当該組織に対してEU財政による助成がなされる。

　これまでのところ加盟国によるリスク管理施策の利用は低調である。元々EUでは日本や米国と異なり，農業保険はあまり発達していない。EUにおいてリスク管理施策の普及が進まない背景としては，かつてCAPの下では販路と価格が安定しており，その後は金額固定の直接支払いによる所得の安定化が収入の変動に対するバッファーとして機能していることや，また大規模な気象災害等の際には救済措置が講じられることが挙げられよう。

　やや前後するが，2013年CAP改革による生乳割当の廃止と緊急時施策は翌2014年以降，乳製品の国際価格下落とロシアの農産物輸入禁止措置によってその有効性が試されることとなった。2013年末にCAP改革で生乳割当の廃止が決定された前後から，乳製品の国際価格は2015年にかけて大きく下落した。EUでは生乳割当廃止前から増産が進んだ一方，中国の輸入が鈍化したためである。そこへさらに追い打ちをかけたのがロシアの輸入禁止措置であり，これによって危機は酪農部門にとどまらず野菜・果実や畜産部門へと広がった（平澤 2015, 2019）。

　ロシアの輸入禁止はウクライナ問題をめぐる国際対立に由来する。西側諸国がロシアに経済制裁を課したのに対抗して，ロシアは2014年8月7日以降それらの国からの各種農産物輸入を禁止したのである。この禁輸措置は延長を繰り返して2019年現在も続いており，最近では2019年6月24日に2020年末まで延長された。ロシアはそれまでEUにとって果実・野菜・食肉・乳製品

153

の最大の輸出先であったため，この禁輸措置によってEU域内では当該品目の過剰が生じ，価格は下落した。

欧州委員会はロシアが禁輸を開始した4日後から順次緊急時施策を発動し，2015年からは包括的な対策を提出した。野菜・果実部門については認定生産者組織以外の農業者にも参加を認めたうえで過剰対策を実施し，乳製品については介入買入と民間貯蔵助成の期間や範囲を拡大・延長した（平澤2015）[24]。2013年CAP改革で導入された施策が奏功したといえる。しかし，こうした既存の施策による弾力的対応だけでは市場の不均衡は解消しなかった。生乳割当を2015年に廃止したばかりの酪農部門で，臨時の生産調整（2016年10月から2017年3月まで）が行われたのである。参加は任意，実施主体は生産者組織であり，一時的な生乳の減産に対して補償（助成）が支払われた。組織的な生産調整の必要性が改めて確認されたといえる。

さらに，これらの需給調整だけでは農業者を十分に支えることができず，早い段階から直接的に農業者への助成が必要となった。2014年にはロシアへの輸出依存度が高かったバルト3国とフィンランドの生乳生産者に対する臨時特別助成が決定され，当該各国は独自予算による追加の支援も認められた。2015年以降は全加盟国を対象とし，各種畜産を加えた措置が導入された。

このように2013年CAP改革で準備された緊急時施策は生乳割当の廃止とロシア禁輸による市場の混乱に対処する上で大きな役割を果たしたが，追加的な施策として一時的な生乳生産調整と農業者の収入補填が必要であった。輸出市場や国際価格の不安定性への対処は今後とも重要な課題になり得る。

④　不公正取引慣行の禁止

不公正取引慣行については，欧州議会が主導してCAP改革とは別の形でEUの規制が導入された。

農産物の買い手が交渉上の優位を背景として行う不公正取引慣行（UTPs:

---

(24)拙稿「ロシア禁輸等によるEU農産物市況の低迷と対策—酪農・青果・豚肉」（『農中総研　調査と情報』(64)，2016年7月）2～3ページも参照。

Unfair Trade Practices）については2000年代からEUで検討されてきた。その内容は，売り手である農業者およびその組織に対する契約・取引の恣意的な運用や，費用・リスクの負担要求，秘密情報の使用などである。欧州委員会は業界間の自主的な取組み（サプライチェーン・イニシアチブ）と，多くの加盟国における規制の実現を評価し，EUレベルでの規制は必要ないとの立場であった。当該イニシアチブは農業部門と川下部門（食品加工・小売など）の参加を目指して開始された。しかし，川下部門の各種業界団体が参加したのに対して，農業団体（COPA/COGECA）は自主的な取組みでは効果がないとして参加を拒否し，EUの規制を要望していた。EUの規制導入を後押ししたのは欧州議会であった。欧州議会は農業者のフードチェーンにおける地位向上に注力しており，2016年6月に採択した決議で，欧州委員会に法制化の提案を求めた。これをきっかけにして法制化が進められ，最終的には2019年4月に不公正取引慣行指令（2019/633）が成立した。欧州議会は指令案の審議過程でも，禁止される不公正取引慣行の種類を2倍近くに増やす（8種類から15種類へ）など積極的に関与した。なお，当指令はEU全体の最低基準を示すものであり，指令を上回る規制を行っている加盟国も多くある。

3．分権の強化をめざす次期CAP改革案

　現在，2020年までで終了する2013年CAP改革の後を受けて次期CAP改革（実施時期2021～27年）の内容が検討されている。

　この間の情勢変化としては，EUでは難民や安全保障などの重要課題が浮上しており，環境・気候対応および持続可能性の分野では対外約束（COP21で採択されたパリ協定や，国連の持続可能開発目標（SDGs））への対応が求められる。また財政面では英国のEU脱退で予想される財源不足が次期EU中期予算の策定において最大の焦点となっている。こうした中でCAP予算を最大限維持するには，次期CAP改革は2013年改革の路線を踏襲して，環境・気候対応など農業の多面的機能の重点化と助成の公平化をさらに進めざるを

第Ⅱ部　EUにおける農政と家族農業経営の現段階

得ない。

　もう一つの重要な動きは，英国に限らず加盟各国で欧州統合に反対する極右勢力が台頭していることである。EUは求心力を維持しながら各国の立場にも配慮せねばならず，またEU市民に支持を働きかける傾向も強めている。

　一方，2013年CAP改革の施策についても実施を踏まえて見直しの議論が高まった。総じていえば直接支払い制度の全体は大きく変更せず，グリーニングについては環境面の有効性を高めるとともに制度を簡素化することが求められた。

　直接支払い制度は2013年改革で大きく改変され，加盟国はその実施に追われて「改革疲れ」が広がった。グリーニング，目的別支払い，平準化など制度の複雑化によって行政負荷と農業者の事務負荷が増大し，CAPの簡素化への要求と，とりわけグリーニングに対する批判が強まった。

　グリーニングはそもそもクロスコンプライアンスとの重複感が拭えないうえ，その有効性についても疑問があった。グリーニングの3要件には，加盟国の要求を受けて原案になかった要件の緩和や減免措置が多数加えられた。これは各国の実情に合わせて農業者の負担を抑えるためであったが，別の見方をすれば農業者が新たな取組をしなくても要件を満たせるよう配慮したともいえ，その分新たな環境上の便益は生じ難くなる。例を挙げれば概要提案にあった輪作は規則案の段階で作目の多様化へと緩和され，また環境重点用地には規則案の修正により大豆など窒素固定作物の作付が認められたうえ，規則にあった（耕地の）5％から7％への拡大は見送られた。こうした妥協を環境団体は（直接支払いを環境親和的に見せるための）「グリーンウォッシング」であると非難し，欧州会計検査院も生物多様性への貢献が乏しいと批判した。

（1）CAP中期予算の削減案

　EU財政に占めるCAPの割合は次期CAP改革でも縮小が続く見込みである。EUには中期予算（正式名称は多年度財政枠組，MFF：Multiannual

第4章　EU共通農業政策（CAP）の新段階

Financial Framework）の制度があり，近年は7年毎に策定され，CAP改革
も原則としてその枠組みの中で策定・実施されている。現在は2021～27年の
次期EU中期予算と，同じ期間に実施される次期CAP改革が策定中である。
以下ではおもに欧州委員会の次期中期予算提案書[25]により，その概要と
CAPの位置づけの変化を確認する。なお，今後の対英国交渉およびEU内の
交渉次第で最終的な中期予算は変更される可能性がある。

　次期中期予算の大きな問題は，英国のEU脱退である。英国はEU財政に対
する主要な純拠出国の一つであり，その脱退はEUの歳入不足をもたらす。

　しかしその一方で，EUは持続可能性（気候変動と希少資源），若者を中心
とする失業，移民問題，地政学的不安定性（ロシアやウクライナなど）への
対応を迫られており，またそれに加えてデジタル経済，人的資本，小規模企
業，イノベーションといった優先分野への対応も求められている。

　そこで，欧州委員会は加盟国拠出金の増額と，予算の重点配分，そして効
率化・有効化を提案している。各加盟国はこれまで毎年自国のGNIの1％を
EUに拠出していたが，1.11％に引上げる。

　また支出面では，大きな割合を占めるCAPの予算が前期比で5％削減（英
国を除くベース）される。EU中期予算に占めるCAPの構成比は，2014～20
年に37.8％であったものが2021～27年には28.5％となる。CAPと並んで予算
額の大きな結束政策も抑制される。両者を合わせると，2014～20年に7割強
であったものが2021～27年には6割弱へと縮小する（表4-5）。

　その代わりに増えた分野は何か。予算の項目が変更されているため単純な
比較はできないが，表4-5の下半部からは移民・国境管理や安全保障・防衛，
そして近隣諸国・世界（国際協力等）が増えていることが読み取れる。また
同表上半部のうちでは詳細資料によれば研究やデジタル化（European
Commission 2018a: p.8），経済・通貨連合などが増えているようである。

　このように今日的な各種の課題に資金を優先配分するためCAPの予算は

---

(25) European Commission（2018a）.

157

第Ⅱ部　EUにおける農政と家族農業経営の現段階

表4-5　EU中期予算（多年度財政枠組）の内訳比較

2014-2020年		2021-2027年（提案）	
スマートで包摂的な成長	47.0%	単一市場，革新，デジタル	14.6%
成長と雇用のための競争力	13.1%		
		結束と価値	34.6%
経済・社会・領域的結束	33.9%	経済・社会・領域的結束	29.2%
		教育，経済・通貨連合など	5.4%
持続可能な成長：自然資源	38.9%	自然資源・環境	29.6%
うち共通農業政策	37.8%	うち共通農業政策	28.5%
第1の柱	28.9%	第1の柱	22.4%
第2の柱	8.8%	第2の柱	6.2%
		移民および国境管理	2.7%
安全保障・市民権	1.6%	安全保障・防衛	2.2%
グローバルな欧州	6.1%	近隣諸国・世界	9.6%
行政	6.4%	欧州行政	6.7%
うちEU機構の行政支出	5.2%	うちEU機構の行政支出	5.2%
合計	100.0%	合計	100.0%

出所：筆者作成。2014-2020年は規則1311/2013およびCouncil of The European Union "Mutliannual Financial Framework (2014-2020) - List of programmes," 9 April 2013, 2021-2027年はEuropean Commission (2018a) による。

削減が提案されている。

　こうした状況の下で，EU予算全体の合理化と有効活用が重要となる。そのために予算の構造を明確化して優先課題と結びつけ，各種プログラムとルールを整理統合する。また，すべてのプログラムについて成果（performance）を重視し，目標（objectives）の明確化と成果指標の利用により，実績（results）の監視と計測，必要に応じた変更を容易にする。実は，こうした方針の一貫した適用が次期CAP改革の少なからぬ部分を規定している[26]。

（2）次期改革案

　欧州委員会が提出した次期CAP改革案は，グリーニングの見直しや，直

──────────

[26]そのほかにもCAPと他の施策に類似した手法が適用されている。安全保障や移民の分野を中心に，予期せぬ地政学的な問題に迅速かつ効果的に対処するため，プログラム内およびプログラム間の融通性を高め，危機管理施策を強化し，緊急事態に対応する連合準備金（Union Reserve）を導入する。これらは2013年CAP改革における柱同士の間の予算移転や，共通市場機構における緊急時施策と類似している。

接支払いのさらなる平準化・再分配といった2013年改革の路線を進めるとともに，加盟国に任される裁量を大胆に拡大し成果重視の仕組みを導入して政策目標の実現手法を改善しようとしている。

1）概要の提案

欧州委員会は2017年11月29日に，次期CAP改革の概要案「食料と農業の未来」を公表した[27]。この文書は一見してこれまでのCAP改革の提案文書とは異なり，広くEU市民に訴えることを目指しているようである。まず親しみやすいイラスト風の図が多く挿入されており目を引く。またページ数がかなり増え，CAPの今日的意義を説明するのに多くの紙数を割いているほか，家族農場，食料安全保障，農業の多面的機能[28]，農業には完全な貿易自由化には耐えられない部門があることなど，EU農業・農政の基本的なあり方を再確認する表記や記述が随所にみられる。

概要案が打ち出した次期CAP改革の大きな方針は，現行制度の基本的な目標と枠組みを維持しつつ，目標の実現方法ないし施策の提供方法（デリバリモデル）を刷新することであった。その主な内容は分権化ともいうべき加盟国の大幅な裁量拡大と成果重視の2点である。

これまではEUレベルの共通ルールを詳細に定めていたが，今後はEU共通の目標設定や施策の種類，基本的要件など最小限にとどめ，加盟国が自らの実情に合った政策をとりやすくする。各国（ないし地域）は直接支払いと農村振興政策の両方を含む7年間の「CAP戦略計画」を策定し，欧州委員会がそれを審査・承認する。こうした加盟国の裁量拡大を概要案では「補完性の拡大」（greater subsidiarity）と捉えている。補完性の原則は，加盟国よ

---

(27)European Commission（2017）．なお，拙稿「次期EU共通農業政策（CAP）の構想と背景―加盟国の裁量拡大と成果重視―」（『農中総研　調査と情報』(64)，2018年1月）18～19ページ参照。

(28)農業の「多面的機能」という用語は近年，欧州委員会の政策文書から姿を消し，もっぱら「公共財」が用いられていた。今回は生産性向上の目的に関する記述の中で用いられている。

第Ⅱ部　EU における農政と家族農業経営の現段階

りもEUで取り組む方が有効な範囲にEUの活動を限ることを意味しており，EUと加盟国の権限範囲を定める際は常に考慮される（EU条約第5条）。この補完性について中期予算提案には言及がなく，CAP改革独自の要素と考えられる。

　他方の成果重視については，加盟国の管理・説明責任を拡大し，成果の管理・報告の仕組みとそのための各種指標を開発する。目標設定，計画策定，成果報告，指標といった枠組みは上記の中期予算提案の方針と一致しており，かつ現行の農村振興政策とも類似している。

　また，直接支払いについては，グリーニングとクロスコンプライアンスを農村振興政策の環境・気候支払いも含む新たな枠組みに再編することと，所得支持を真に必要とする農業者への重点給付，加盟国間の格差縮小 (29) が挙げられた。

2）CAP戦略計画規則案

　概要案に続き，欧州委員会は2018年6月1日付で，次期CAP改革の詳細を定める主要な3つの規則案を公表した。以下ではそのうち直接支払い制度と農村振興政策を定めるCAP戦略計画規則案 (30) に基づき，直接支払い等の改正点をみる。なお，最終的な規則の成立までには多くの修正がなされ，新たな改革の要素は緩和されることが通例である。

①　成果重視の仕組み

　新しいデリバリモデルはEUレベルの目標に合わせて加盟各国が具体的な施策の計画を立て，実績や成果を評価するものである。

　EUレベルの目標については，CAPの全般的目標（general objectives）が

---

(29) 2013年CAP改革の直接支払い規則提案文書には次期改革の課題として明記されていたが，成立した規則1307/2013には記載がなかった。

(30) COM（2018）392 final。従来の直接支払い規則と農村振興規則を統合し，またCMO規則のうち品目別施策（助成金等）を受け継いだ。

4項目，詳細目標（specific objectives）が9項目設定された。これまでの農村振興政策の仕組みと類似している[31]。加盟国は自らのCAP戦略計画でこの詳細目標の達成を目指し，それによって全般的目標が達成される。

CAPの全般的目標は以下のとおりである。

(a) 食料安全保障を確かなものとするスマート・強靭（resilient）・多様な農業部門の助長

(b) 環境への配慮と気候への取組を支援し，EUの環境・気候関連目標に貢献すること

(c) 農村地域の社会経済機構（socio-economic fabric）を強化すること

（横断的目標）知識・革新・デジタル化の助長・共有・採用奨励による（農業）部門の現代化

全般的目標の第一に食料安全保障が取り入れられた点は大きな変化である。CAPの主要な政策分野は農業・環境・農村の3つであり，そのうち農業に相当する項目が食料安全保障を目的とするものになった[32]。かつて2013年CAP改革の概要提案にあった構想が条文案として具体化したと言えよう。この方針はCAP詳細目標の第一項目「食料安全保障を増進するために，EU全域で存続可能な農業所得と回復力（resilience）に対し助成を行う」（第9条）でさらに明確に表現されている。なお，ここでいう食料安全保障とは「十分で安全かつ栄養のある食料への常時アクセス」（説明条項17）を意味する。

---

(31) 農村振興政策では以前から3つの基本的な目標が設定されており，現行政策（農村振興規則1305/2013）ではそれに加えて欧州2020戦略に貢献するため6つのEU優先課題が設定されている。ただし，両者の関係は明確ではなかった。

(32) ちなみに現行の農村振興規則における3目標は競争力，自然資源・気候，均衡ある地域振興である。それと対比すると，CAP戦略計画規則案で全般的目標の1番目が食料安全保障となったのは，直接支払い（欧州全域での農業生産維持を目指す所得支持）が加わったことを反映していると考えられる。

第Ⅱ部　EUにおける農政と家族農業経営の現段階

② 直接支払い制度

　直接支払い制度については，グリーニングの再編，再分配と平準化の強化，そして各種直接支払いにおける規定の緩和が主な変更点である。

　グリーニングと関連施策を再編した新たな枠組みは通称「グリーンアーキテクチャー」と呼ばれている。現行制度のグリーニングは，グリーニング3要件とグリーニング支払いに分けて考えることができる。新制度案ではこれら2つの構成要素が切り離される。前者はクロスコンプライアンスと結合され，後者には別途の要件が課される。クロスコンプライアンスは，良好な農業・環境条件にグリーニング3要件を吸収して「コンディショナリティ」となる。現行制度におけるグリーニング3要件のうち作物多様化は輪作に変更され，環境重点用地は非生産的に用いる農地に変更される（つまり大豆などの蛋白作物生産が少なくとも集約的にはできなくなると考えられる）ので，いずれも厳格化の方向といえる。一方で非生産的に用いる農地の具体的な割合は定められておらず，永年草地の割合に関する規定は委任法に委ねられている。

　グリーニング支払いは廃止されて代わりに「気候・環境スキーム」が全ての加盟国で導入される。気候・環境に有益な農業の取組みで，コンディショナリティ等の最低限の基準を上回るものについて，適格農地に対する年次の面積支払いがなされる。該当する各種取組は加盟国が定める。この直接支払いの方法としては，グリーニング支払いと同様の基礎的所得支持への上乗せ，あるいは当該取組による費用および逸失所得の補償（農村振興政策と同様）のいずれかを選択できる。農村振興政策の同分野の施策と協調するよう求める規定もある。

　気候・環境スキームを除けば直接支払い制度の変更はそれほど大きなものではない。**表4-6**に示したとおり，提案されている各種直接支払いはおおむね現行制度の名称を部分的に変更したものである。制度の性格と内容も従来とよく似ている。ただし，利用がわずかであった自然制約地域支払いは廃止される（かつてのように農村振興政策に一本化される）。また，制度の正式

162

第4章　EU共通農業政策（CAP）の新段階

表4-6　新旧の各種直接支払い制度

現行制度	次期制度案	設置義務
基礎支払い	基礎的所得支持	必須
小規模農業者制度	小規模農業者一括支払い	任意
再分配支払い	補完的所得再分配支持	必須
青年農業者支払い	補完的青年農業者所得支持	任意
グリーニング支払い	気候・環境スキーム	必須
任意カップル支払い	カップル所得支持	任意
自然制約地域支払い	（廃止）	

注：筆者作成。

名に初めて「所得支持」が用いられている。この言葉には高額受給の抑制と中小農業者への再分配を正当化する意味合いがあると思われる。

　各種の直接支払いについて内容を確認すると，ほとんどの制度で共通している変化は，直接支払い予算に占める構成比の制限がなくなったことである（カップル所得支持は制限あり）。また，規定が緩やかとなって，加盟国の裁量が顕著に拡大する制度が2つある。一つは「（持続可能性のための）補完的再分配所得支持」であり，基礎支払い受給者への追加的な面積支払いで大規模農業者から中小農業者への再分配を実現するという以外に，具体的な実現方法の規定がなく，単価の規制も緩やか（直接支払いの1ha当たり平均額以下）である。いま一つは「補完的青年農業者所得支持」であり，現行制度と異なり新規就農者に限定されず，また支払い期間に関する規定もない。それ以外の制度についても変更はなされている。「（持続可能性のための）基礎的所得支持」は，現行の基礎支払いから過去実績の要素を引き継ぐが，さらに平準化される。「小規模農業者一括支払い」は，気候・環境スキームとカップル所得支持を除く4種類の直接支払いに代えて支払われる。「カップル所得支持」の対象品目には，代替燃料となり得る製品の製造に用いられる非食料作物（ただし木を除く）が加えられた。

　直接支払いの中小農業者への再分配と，1ha当たり支払い額の平準化は強化される。

　高額受給者の減額は累進化されるとともに受給上限が導入される。基礎所得支持の受給額が6万ユーロを上回る分が対象となり，減額割合は25％から

163

第Ⅱ部　EUにおける農政と家族農業経営の現段階

開始して金額が増えるのに応じて拡大し，1,000万ユーロ超過分は100％となる。第1項とあわせて補完的所得再分配支持はすべての加盟国に導入が義務づけられる。

　加盟国間の直接支払い平準化については，1ha当たり直接支払い額が低い国は，EU平均の90％を下回る差額の50％を引き上げられる。国内では基礎的所得支持の平準化が進められる。1ha当たりの基礎的所得支持が各国内（地域内）一律でない場合は，各国（地域）で最高額を設定するとともに，最低額は平均額の75％以上とする。過去実績の要素を残す余地はさらに限られることになる。

　なお，農村振興政策については各種施策の統合が大きな変更点であり，その数は8項目と従来の3分の1に減少する。

おわりに

　これまでのCAP改革は，2008年ヘルスチェックまでと2013年改革以降の2段階に分けて整理できる（**図4-11**）。

　当初のCAP改革の眼目であった価格の引下げと直接支払いによる補填，そして2003年改革で導入された直接支払いのデカップリングは，いずれも2008年のヘルスチェック改革でほぼ全品目が対象となった。その意味で当初構想されたCAP改革の主要部分はこのとき完成に達したといえよう。そしてその時までには，生産過剰とGATT対米交渉という当所の改革の要因は後退していた。また，直接支払いを中心とする政策体系への移行とともに価格と生産への市場介入的施策が後退し，生産調整は廃止の方向となった。ここまでをCAP改革の第一段階とみることができる。

　そして，2013年改革はCAP改革の新たな方向を打ち出した。CAP予算の削減を退けるために多面的機能への対応と公平性が強調された。直接支払いにはグリーニングが適用され，また単一支払い（および単一面積支払い）は各種の目的別支払いに分化した。そうした予算の再配分は，CAP改革当初

164

第4章　EU共通農業政策（CAP）の新段階

図4-11　直接支払い制度の変遷

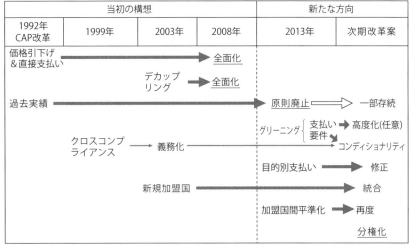

出所：筆者作成

から受け継がれていた生産の過去実績を原則廃止としたことにより容易となった。新制度の基礎支払いとグリーニング支払いの面積単価は各国（または地域）内で原則一律となり，加盟国間でも基礎支払いの部分的な平準化が実現した。

　また，CAPによる市場介入的施策の後退等がもたらした各種リスクの拡大についても2013年改革前後から対策（緊急時の市場施策，生産者組織，書面契約，不公正取引慣行の禁止，リスク管理手段）が整備された。2013年改革と2017年のオムニバス規則に加えて，CAP改革の枠外では市場観測と不公正取引慣行指令が導入された。これらの施策の一部は，生乳割当廃止後へ向けた酪農政策で導入されたものがその後他の品目へと拡大した。

　このようにCAP改革の主な目標と施策はいずれも2013年改革で大きく変化している。CAP改革の新たな段階がここから始まったとみることにしたい。

　2013年改革で実現した直接支払いのさまざまな変化は，当然ながら予算の再配分をともなっており，過去実績方式の廃止によって予算の大規模な再編が実現した。そもそも過去実績方式はデカップリング直接支払いと矛盾する

165

第Ⅱ部　EUにおける農政と家族農業経営の現段階

面があったのである。過去の品目別生産実績に由来する固定的な面積単価は，デカップリング支払い制度下における自由な生産品目選択との間で不整合を生じた。それが過去実績方式を廃止した主な理由であるが，さらに過去実績方式には財政の硬直化という副作用もあった。

　というのは，過去実績方式の下では，各農業者が固定的な受給権を有するため，直接支払いの水準を引下げたり，農業者間の予算配分を変更することは容易ではない。2013年改革以前にもモジュレーションによる一時的な予算の移転や，高額受給者に対する減額措置といった限定的な手段によってある程度の予算移転が図られたものの，その規模はわずかなものであった。そうした予算配分の制約は，過去実績方式の廃止によって解消した。直接支払い予算の大規模な再配分が可能となり，これによって1 ha当たり支払い額の平準化（すなわち低生産性地域への移転）や，各種の多面的機能に対する支払い，それに所得支持の必要度に応じた重点配分が可能になった。直接支払いの30％という大きな割合がグリーニング支払いに充てられたことは象徴的である。また加盟国間で直接支払いの予算が再配分されたのも初めてのことである。CAP改革当初から受け継がれてきた過去実績が廃止されてこうした予算の組み替えが実現したことの意義は大きい。同時に過去実績の廃止は，農業者が固定的な受給権を失うことを通じて，直接支払いの予算削減に対する抵抗力を弱めたのではないかと思われる。直接支払い制度は予算削減圧力にさらされる懸念があるので価格支持制度に比べて長期的安定性を欠くのではないかという農業者団体の見通しが当たりつつあるのかも知れない。

　かくして規模は小さいものの，再分配支払いの導入によって中小農業者への再分配は従来に比べて大幅に強化された。これまで欧州委員会は最初の1992年CAP改革以来，繰り返し大規模農業者ないし高額受給者の直接支払い減額や上限額の導入を試みてきたが，実現したのは2008年CAPヘルスチェックの累進モジュレーションのみであり，減額の規模は微々たるものであった。それに対して再分配支払いは，高額受給者の減額ではなく中小農家への重点的な支払いという新たな手法と，採用を加盟国の任意とすることに

166

第4章　EU共通農業政策（CAP）の新段階

より，EU全体で直接支払いの3％，リトアニアでは15％に達する予算が割り当てられた。高額受給者の減額についても，EUの規定を上回る減額を加盟国に委ねた結果，3分の1以上の国で受給上限額が導入された。ただし，制度上の前進はみられるが，減額は直接支払いの0.36％に過ぎない。

　次期CAP改革は新たな方向性に基づく第2期の改革となる。その路線に従い，直接支払いによる多面的機能への対応と公平性（平準化と再分配）はさらに強化されることになる。食料安全保障がCAPの全般的目標の第一項目に明示されたことや，グリーニングの再編はそうした文脈に沿ったものと見なせる。新たな改革要素である「デリバリモデル」は加盟国への分権化によって加盟国と直接支払い制度の多様化に対応し，成果主義の仕組みがその質を担保する。これがCAPの共通政策としての性格にどのような影響を及ぼすのか注目される。

　CAP改革における一連の新たな動きは，EUの家族農場にとって望ましい面があるように思われる。直接支払い制度はEU全域で農業生産を維持することをめざしており，また生産性の低い農地，小規模経営，青年といった所得支持の必要な農業者への重点化をもめざしている。いずれも経済的に弱い地域や経営を支え，次世代の就農を促進する方向に働くことが期待される。拡大する各種リスクへの対策は必要な措置であり，また各国・地域の実情に応じた施策も望ましい。懸念材料はCAP予算の縮小傾向である。

167

第5章

ポーランドの家族農業経営と今後の課題

弦間 正彦

1．体制転換と家族農

（1）集団化が限定的であったポーランド

　中央計画経済の原則に基づく社会主義経済体制下にあった中東欧諸国の農業生産部門においては，集団化の方針のもと生産手段が国有化され，大規模な集団農場や国営農場が農産物生産の中核を担うことが一般的であった。第二次世界大戦後から1989年の体制転換までの間には，家族が単位となった小規模な農業生産組織は，ポーランドの家族農や，ハンガリーの補助農地（Auxiliary Plots）を使った畜産生産の事例を除き，存在しなかった。しかし，中央による経済計画だけではまかなえない食料需要を満たすために，これら小規模生産組織の存在は重要な役割を果たしたのである[1]。

（1）中東欧諸国では，第二次世界大戦後，ソビエト連邦圏への編入直後の土地改
　　革を経て，1950年代から1960年代に農業生産手段の集団化が本格化する。た
　　だし，農用地に占める社会セクター（集団農場と国営農場）が8割を超える
　　までに進んだのは，ドイツ民主共和国（東ドイツ），ブルガリア，チェコ，
　　ルーマニア，アルバニア，ハンガリーなどであって，ポーランドとユーゴで
　　は20％水準にとどまった。Th・ベルクマン（相川哲夫・松浦利明訳）『ベルク
　　マン　比較農政論』（農政調査委員会，1978年）6ページ参照。
　　　ちなみに，ハンガリーの補助農地は，中央に位置する首都のブタペストに
　　居住する住民に，余暇や休暇の時間とスペースを与える中で，生活に必要な
　　農産物を生産する場所としても機能した。家計でソーセージをつくる伝統が
　　あるハンガリーにおいては，豚肉生産の約40％がこの部門に担われた。

169

第Ⅱ部　EUにおける農政と家族農業経営の現段階

　ポーランドにおいて小規模な家族農は，集団農場と国営農場に対比して個人農と呼ばれ，総労働力の3分の1を占める政治力を背景に，ゆっくりとした集団化を進める上で暫定的に存在する部門としてその存在が許されていた。家族を単位とした農場の経営者が引退後，子弟が都市や外国に居住し，後継者がいない場合には，この経営者が所有した農地は国の所有となり，集団農場の一部となった。

　このように，1948年に始まった農地の集団化は，ゆっくりと進み，体制転換が起こった1989年の段階で，農地の25％の集団化が終了しており，残りの農地，すなわち農地の75％は社会主義の体制下にあっても個人農による所有地として維持されていた。

　ポーランドにおいては，社会主義時代に個人農と呼ばれた家族農は，体制転換によって農地の所有権と労働供給の裁量権以外に，市場における経済活動の自由を手に入れた。さらに，2004年に実現したEUへの加盟は，家族農をそれまで提供されなかった各種の生産補助金や直接支払いの受給対象にした。これによって農場や付属施設を近代化させ，農家所得を上げることにより，生活の質を改善することが可能になった。また，農業経営に関しては，財務的にも，環境保全の面からも持続可能な農業経営の確立を可能にした。農業生産を始めとする農村地域における経済活動を中心として積極的に生活の質の向上をとげようとした一部の家族農には新たな発展の機会を与えた一方で，ポーランド農業において中心的な役割を果たしてきていた家族農の中に格差をもたらす結果となった。

（2）家族農を取り巻く環境

　ポーランドにおける家族農は，所得税，事業税，付加価値税（VAT）の支払い義務がない。保有する農地の面積とライ麦収量基準の農地の肥沃度に応じてライ麦量換算の税額が決まり，参考ライ麦価格との積に準拠した税額を，現物ではなく現金で納付することになっている。この制度は，基本的には社会主義の時代から変わっておらず，収穫量の5％程度の負担となってい

170

第5章 ポーランドの家族農業経営と今後の課題

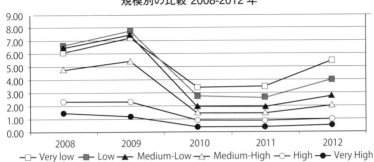

図 5-1 家族農における農家所得に対する平均税率（％）
規模別の比較 2008-2012 年

出典：Pawłowska-Tyszko et al.（2015）Figure 3 を加工して作成。

る。一方で，経営と労働において家族を単位としない大規模な企業型の農場は，所得税，事業税，付加価値税（VAT）の支払いの対象となっている。ただし，生産投入財などの購入に際して支払ったVATの還付は可能となることから，財務上も柔軟な経営が可能となっている。

平均的な税率を規模別に比較したものが図5-1である[1]。規模の大きい農家ほど，農家所得に対して低い割合で納税していることがわかる。もっとも層が厚いMedium-lowの規模の農家においては，農家所得の3％ほどを納税していることが分かる。平均しても，他部門に比べて著しく低い税率となっている。

家族農の数は減少傾向にあるが，現在でも150万戸を数え，政治的なアピールを可能にする存在である。社会主義の体制下においては，集団農場や国営農場が享受できた化学肥料や農機具などの購入に際しての優遇措置の適用は家族農にはなく，物不足の厳しい経済状況の中で農業生産を行う一方で，納税に関しては上記で述べた土地の肥沃度に応じて支払いが発生する単純な

（1）Pawłowska-Tyszko, Joanna Michat Soliwoda, Sylwia Pieńkowska-Kamieniecka, Damian Walczak（2015），Current status and prospects of development of the tax system and insurance scheme of the Polish agriculture, Institute of agricultural and food economics, national reseach institute, 5.1

第Ⅱ部　EUにおける農政と家族農業経営の現段階

制度が適応されていた。この制度は，現在も変わらず家族農には適応されており，長年続いた伝統が現在も生きている。

　これは家族農を優遇するとして批判されている制度であるが，家族農にとっては農業生産組織としての近代化を阻害する面も否定できない。というのは，VATの還付や原価償却などの財務上の措置は，投入要素などの効率的な利用をもたらすだけでなく，投資計画策定のうえで，有用なアイデアの導入とビジネスプランの策定を可能にする措置とも考えられるからである。EUの共通農業政策（CAP）の適用を受けるようになって15年目になるポーランド農業においては，税制面でも，EU域内で，また同国内の異なった経済部門間で共通化を図る流れのなかで，変革の時期が近づいていると考える。

2．家族農の存在構造

（1）中央計画経済下（1948年から1989年）での家族農

　戦間期のポーランド農業は，それまでの周辺の列強三か国により分割されていた時代の生産構造を引き継いでいた。もとドイツ（プロイセン）領であった西北部と北部には大規模経営が多く存在した一方で，南部や東部の家族農は小規模であった。農地の集団化は1956年に停滞し，家族農は中央計画経済の一部として，主食の小麦を初めとして特定の農産物の生産を担う義務が存在したが，主要農産物が安定的に生産可能となった1970年からはこの義務からも解放された。これにより，集団化されなかった家族農部門においては，文字通り，土地の所有権，経営判断，労働力の提供は家族が単位となって行われることになった。

　ただし，生産物市場と投入要素市場は中央計画経済に基づいて運営されていた。全国で適用される同一売渡し・買上げ価格が多くの産品で用いられており，その水準は国際価格よりはるかに低い水準にあった。一方で，超過需要・供給不足の状況が続き，生産物と生産投入要素の公設市場における不足の状況は慢性的に続いた。事実上の闇市場であった民間市場も限られた場所

第5章　ポーランドの家族農業経営と今後の課題

表 5-1　ポーランドの家族農業経営

	1990	2002	2012
経営数（1万）	213.8	195.2	147.7
耕地地面積（1万ha）	1,340	—	135.2
1経営当たり耕地地（ha）	6.3	7.4	9.2
経営規模別農地シェア（%）			
1〜5ha	52.5	58.8	52.8
5〜15ha	41.3	31.3	33.6
15ha 以上	6.1	10	13.6
経営規模別耕地シェア（%）			
1〜5ha	23.1	19.1	4.7
5〜15ha	56.7	36.2	31.6
15ha 以上	20.2	44.6	53.7

出所：Halamska（2016）のTable1を加工。

では設営され，生産物と生産投入要素の取引はされたが，価格は著しく高い
もので，取引には外貨が用いられることもあった。

（2）体制転換後の家族農

　体制転換後の家族農は，3分の1が市場経済の新たな機会を利用して農業
経営を近代化させた一方で，3分の2は計画経済下で存在したように食料の
自給を目的とした農業を展開した。ただし，後者の自給的農家のかなりのも
のは，非農業部門において代替的な所得を得ることにより，農業経営を近代
化させた農家やポーランド経済の他の生産部門に比べても遜色のない家計所
得を実現しているものとみられる[2]。

　表5-1は，体制転換直後の1990年，EU加盟前の2002年，そして加盟後8
年が過ぎ，直接支払いの段階的調整期間が終了し，2020年までのCAPの内
容が議論されていた2012年の，経営規模別の農地と労働力の配分を示し，農
業生産構造の推移を見たものである。

　農業経営数は213.8万戸から147.7万戸に，66.1万戸，つまり30.9％も減少し
た。とくにEU加盟後の減少が大きい。1戸当たりの耕作面積は6.3haから

（2）Hulamska, Maria（2016）, The evolution of family farms in Poland: present
　　time and the weight of the past, *Eastern European Countryside*, No.22 参照。

173

第Ⅱ部　EUにおける農政と家族農業経営の現段階

9.2haに増加し，これもEU加盟後の変化が大きい。総耕地面積に変化はないため，個人農総数の減少が，1戸当たりの耕作面積を上昇させる理由となっている。ただし，EU平均経営耕地面積の20〜30ha比べると，まだその半分くらいの水準である。

　農地（牧草地を含む）と耕地の経営規模別分布では，全農地の半分は1〜5 haの小規模層に帰属するが，耕地については15ha以上の大規模層が担っている。大規模農家は耕地での耕種作物の生産を中心にした農業生産を担い，小規模農家は牧草地での畜産との複合経営を行っている事例が多く存在することが推測される。

　なお表示はしなかったが，フルタイムで一年間働く労働量を1単位とするAEU（Annual Work Unit）で見た労働力としての家族農の推移を見ると，農業専業で働く者は2003年の249.7万人（総就業者数の18.3%）から2012年の196.0万人（同12.6%）に，53.7万人（21.5%）減少している。

（3）EU加盟後の家族農の経済状況の変化

　域内を中心に，財，サービス，資本以外に，知的所有権，労働力の国境を超えた自由な移動を可能にしたEUへの加盟は，ポーランドの農業生産部門や食品加工部門をグローバル化の波に引き込むこととなった。食品加工分野においては，EUへの加盟は，外国資本と先進技術の導入の機会となった。国際競争にさらされることとなったが，ポーランドの食品加工部門は生産額と輸出額を増やしてきている。1990年代に，ポーランドの食品加工部門においては，外国資本の活動規制が敷かれ国内資本を温存できたことが，2004年以降の成長を可能にした[3]。他方で，1990年代に外国資本に国内資本が売却されたハンガリーにおいては，2004年を待たずして外国資本が撤退した事

（3）ポーランドでは東欧におけるポピュリズム政党の政権獲得のトップを切って「法と正義」（オルバーン政権）が2015年に誕生し，2018年4月の選挙で三期目に入った。グローバル化を進めるというよりは，自国第一主義の政策をとってきている。

第 5 章　ポーランドの家族農業経営と今後の課題

表 5-2　家族農における経営代表者の特徴—経営面積（ha）別（%）（2012 年）

	1～5	5～15	15～50	50～	平　均
65 歳を超える経営代表営者	12	4.1	1	2	10.9
女性の経営代表者	39.5	23	8.7	11	30.8
経営代表者が世代交代注	120	86	72	80	83
経営代表者が農家出身	35	53.9	70.9	74.1	46.1
経営代表者の学歴（高等教育）	10.8	8.4	8.8	21.3	10

出所：Halamska（2016）の Table 4 を加工。
注：経営代表者としての経験年数が 10 年未満の者の 21 年以上の者に対する比率。

例が多く，国内の生産基盤の多くが失われたことから，2004年以降の食品加工業の発展のペースが，ポーランドに比べて落ちている[4]。

　ポーランドにおいては，食品加工産業では外国資本によるM&Aに制限が設けられたが，同様に農業生産部門においては，外国人と外国籍の企業による農地の取得が原則として禁じられてきている。ポーランドでは1990年代に，オランダやデンマークの農場が大規模で資本集約的な農業生産をポーランド西部で展開し，成功した事例がある。これらの試みは，技術移転や，農村における雇用創出につながるため，地域の経済状況によっては経済的に地域経済に貢献するという理由から，外国人と外国籍企業の農地取得に関する禁止事項の適用緩和を求める声は消えていない。

　表5-2は，EU加盟から 8 年たった2012年における家族農部門の経営代表者の特徴を，経営面積別に検証したものである。女性が経営代表者となる事例の割合は小規模な経営で多く，大規模な経営では少ない。現在の経営者は必ずしも，農業を小さいときから体験した農家の出身者ではない。また，大学などの高等教育を受けたものの割合は一般的に高くなく，もっとも高い大規模階層でも20%ほどの割合である。専業で働く者の割合は，大規模な経営

（4）Potori, Norbert, Paweł Chmieliński, Andrew F. Fieldsend（2014），Structural changes in Polish and Hungarian agriculture since EU accession: lessons learned and implications for the design of future agricultural policies, Research Institute of Agricultural Economics（AKI），Budapest, Hungary, p.92参照。

175

第Ⅱ部　EUにおける農政と家族農業経営の現段階

表5-3　家族農の世代交代および消滅（%）

2000～2005年（Ⅰ期）		2005～2011年（Ⅱ期）	
総世代交代	15.2	総世代交代	6.5
世代間	12.8	世代間	4.7
世代内	2.1	世代内	1.6
逆世代間	0.3	逆世代間	0.2
消滅	9.7	消滅	13.6
合　計	24.9	合　計	20.1

出所：Dudec, Michal（2016）, A matter of Family? An analysis of determinants of farm succession in Polish agriculture, *Studies in Agricultural Economics*, Vol.117, Table 2 を加工

ほど多いことが確認できる。

　1990年代くらいまでには，後継者問題が取りざたされていたが，高齢者が経営の中心となる事例は，ずいぶん減ってきたことが確認できる。65歳を超える経営者の割合はすべての階層で少ない。ことに，大規模経営においては，それが顕著である。このことは，「世代交代をおこなって現在に至っているもの」の割合でも確認でき，経営規模を問わず，世代交代が進んできていることが分かる。ことに，小規模経営で世代交代が進んでいる。

　世代交代が進んだことに関しては，その理由を大量の聞取り調査の結果をもとにまとめた報告がある。**表5-3**をみられたい。まずEU加盟に際しては，Ⅰ期の2000～05年の変化を見ると，急速に世代間の交代が進んだことがわかる。その後のⅡ期の2005～11年の変化を見ると，世代間の交代も進んだが，消滅した家族農の割合もその前の期間を含んで大きな割合となっている。最初の期間においては，家族農の多くがCAPの補助金の適用などを受けるために，農地の権利関係を整理したことが世代交代が進んだ理由であるとされる。CAPの補助金には若手農業者就労支援も含まれており，世代交代を進めることは新たな経済環境に適応するために有用なことであった。さらに，加盟の前後では農地の価格も低迷したため，積極的に農地を整理して農業生産市場から退出する家族農も少なかったようだ。農地を保有し続ける不利益な点は少なく，農地市場での取引も限られたものであった。その後，農地の保有が，CAP関連の資金を得るために有用で，農地価格も持ち直したこと

176

から，市場から退出しようと考えていた個人農は，Ⅱ期においては農地を整理し，消滅の選択をしたものとされる。

おわりに

ポーランドにおいては，農地購入権が農家のみにあるという原則が，自国第一主義を旨とする現政権により厳格に適用されることとなった。農地を廉価に購入し，商業施設などへ転用するデベロッパー的な企てを防ぐための方策である。さらに，外国人・外国企業の農地を含む土地の購入も原則禁止されることになった。体制転換直後においては，ドイツに隣接する西部において，デンマークやオランダの農家が近代的な生産技術を持ち込み，高い効率性を持って農場を運営する先行事例が存在したが，現状では外国人が直接的に農業をポーランドで行うことができない状況となった。国民保守主義を原則とする「法と正義」が与党として導入した政策であり，今後の政治動向によっては，土地所有に関する制度が再び変わる可能性もある。家族農は与党の重要な支援者であり，家族農に有利な政策は継続されることが予想される。2020年以降のCAPでは，これまでに増して加盟国の裁量度が上がることが予想されていることから，これらの一連の動きは，上位に位置するEUの法によって規制を受けることなく，適用されるものと思われる。

ポーランドの家族農の多くは，農場が置かれた経済状況に不満を持っている[5]。ことに経営面積が15ha以下の家族農は，それ以上の経営面積のグループに比べて農業生産から得る所得についてより多くが不満を持っている。ただし，所得の改善に取り組みたいという希望を持っており，そのためには経営規模を拡大して，一定の生産物に特化した経営が望ましいと考えている。

（5）Prus, Piotr（2018），Farmers' opinions about the prospects of family farming development in Poland, *Proceedings of the 2018 international conference on Economic Science for Rural Development*, No.47 May 11, 2018, Jelgava, Latvia, pp.267-274参照。

第Ⅱ部　EUにおける農政と家族農業経営の現段階

さらに，非農業雇用機会の拡大，生産物市場情報の効率的な利用，農業指導
（普及）センターのサービスの利用が有用であると考えている。その上で，
政府からの財政的な支援や，経営情報の提供が有用である考えているとみら
れる。

　ポーランドの家族農が共通して抱えている課題は，技術や経営資源のアッ
プデートを図り，経営を近代化させ，中長期的な目標として財務的にも自然
環境の面からも持続可能な体制に持っていくことである。EUへの加盟と
CAPの導入は，農業生産だけに依存しない農家経営の可能性を模索する機
会になり，高齢化が進んでいた家族農の世代交代を押し進めた。これらの面
で農家経済の構造改革を大きく進める糸口になった。今後も，CAPとの継
続した調和は必要であり，その環境で成功するためには，規模拡大や過剰な
資本投入は必ずしも必要でなく，他の農業生産物・加工品からの差別化が可
能となる工夫や，新たな生産者グループ組織の活用，加工や流通まで含んだ
付加価値の創出努力が重要であるだろう。

178

第6章

イギリスの家族農業経営とブレグジット農政改革

溝手 芳計

はじめに

　今，イギリスが大きく揺れている。「ブレグジット」（Brexit, "EUからの離脱"）で揺れている。とりわけ半世紀近くにわたってヨーロッパ連合（European Union, EU）の共通農業政策（Common Agricultural Policy, CAP）の下にあった農業は，激震に見舞われている。

　だが，中小家族農業経営においては，今になって変化が始まったわけではない。ブレグジット方針が決まるはるか以前から，1992年マクシャリー改革に端を発するCAP改革やEUの東方拡大がすすむもとで，21世紀に入って新たな地殻変動が本格的に展開していたからである。イングランドにおける20〜100ha規模の農場数が2005〜15年の10年間に4万8,000農場弱から4万1,000農場強へと14％も減少したことが，このことを象徴する。

　ここでは，こうしたイギリスの中小家族農業経営の苦境の実態を明らかにするとともに，その背景にある要因を探り，これを踏まえてEU離脱後の，したがってCAPに代わるイギリス独自の農業政策（以後，"ブレグジット農政改革"と呼ぶ）について，家族農業経営との関連を見据えながら検討する。その際には，戦後のイギリス農政に大きな影響力を及ぼしてきたイングランド・ウェールズ全国農業者組合（National Farmers' Union of England and Wales, NFU）[1]の見解とともに，近年結成された農場勤労者同盟（Landworkers' Alliance, LWA）[2]という中小農民組織の改革提案も紹介

179

第Ⅱ部　EUにおける農政と家族農業経営の現段階

する。

　分析に先立ち，いくつか留意すべき点を掲げる。

　第1は，家族経営の定義，及び経営規模を識別する指標の問題である[3]。家族経営を広く捉えれば，家族が経営主体の単位となっている農業経営はすべて該当するともいえる。しかし，ここでは経営主体のあり方に加えて，主たる労働力供給源が家族であることを，家族農業経営の要件とする。経営主体が家族で構成されているかどうかだけを問えば，何十人もの家族外労働者を雇用するものも含まれるからである。家族労働力と雇用労働力の構成を重

（1）NFUは，1908年の結成以来百有余年の歴史を持つ農業者組織である。第2次世界大戦中の食料増産で活躍した功績を認められ，戦後は1947年農業法によって，1970年代初頭までのイギリス農政の骨格となった農産物価格政策（不足払い制度）の運営をめぐって，年次価格審議（Annual Review of Prices）を通じて毎年，農漁業食料省（Ministry of Agriculture, Fisheries and Food, MAFF）から意見聴取を受ける特権的地位を有していた。イギリスのEU加盟にともない，この制度はなくなったが，それでも，EUでの農業関連政策決定に際して，MAFFやDEFRA（Department for Environment, Food & Rural Affairs 環境・食料・農村地域省。2002年，MAFFが解体されて発足した新行政組織）を介して発言力を行使したり，EUで決定された指令の国内での具体化を左右したりする力を持ってきた。NFUのホームページによると（https://www.nfuonline.com/about-us/，2019年7月30日アクセス），現在の会員数は，イングランドとウェールズを合わせて，5万5,000人余りとなっている。

（2）LWAは，そのホームページによると（https://landworkersalliance.org.uk/organisation/who-we-are/，2019年7月30日アクセス），農場で働く人々の草の根の組織で，会員の生活改善とすべての人々にとって望ましいフードシステムの創出とを使命とするとしている。小規模生産者と小農民の地球的運動であるビアカンペシーナに加盟し，運動としての社会的ネットワークと連帯の強化，会員間での技能や知識の訓練・共有・交換，中小のアグロエコロジー的な農業者が望ましいフードシステムの形成において果たす役割に関する大衆的な啓蒙，会員の生活向上に向けたインフラや市場を支える政策の創出などに取り組んでいる。イングランドとウェールズを主な活動の場とし，現在1,000人ほどの会員を擁する。結成は，インターネットへの投稿が始まる時期から見て，2012～13年頃と思われる。

（3）Davidova, S. and Thomson, K.（2014）Family farming in Europe: challenges and Prospects, in-depth analysis, pp.15-17; Winter, M. *et al.*（2016）Is there a future for the small family farm in the UK?, pp.14-15 を参照。

180

視すれば，経営規模の大小を測るモノサシとしても，充用労働規模を基本とするのが妥当であろう。

　第2は，分析の焦点をイングランドに合わせることである。イギリスは，歴史的経緯や地理的条件などの大きく異なるイングランド，ウェールズ，スコットランド及び北アイルランドの各地域（countries）からなる連合王国（United Kingdom, UK）であるが，4地域間で土地制度や営農形態が大きく異なる。また，ウェールズ，スコットランド及び北アイルランドの各地域議会に大幅な権限委託が行われ，農業政策においても差異が大きい。農業の実態にせよ，農政にせよ，4地域を一律に論じるには無理がある。そこで，ここではイギリス（UK）の農業純生産額の4分の3を占めるイングランド[4]に対象を絞り，分析と考察を進める。

　第3に，イギリスの家族農業経営を論じることの意義を考える必要がある。なぜなら，イギリス農業は，19世紀に資本，労働，土地所有の三分割制による資本主義的農業が成立し，家族農業経営が存在したとしてもマイナーな存在にすぎないと考えられがちだからである。前記の中心課題の分析に入るに先立ち，この点の事実を確認しておきたい。

1．イギリス農業における家族経営の位置

（1）フランス・ドイツとの比較

　現代のイギリス農業において家族経営を無視することは許されない。

　表6-1は，イギリス（UK），フランス，ドイツの3か国について，充用労働における家族労働の比重別にみた農場（farms）[5]の分布を比較したものである。

（4）DEFRA（2018）The future farming and environment evidence compendium, p.17.

（5）統計上は "holdings"（保有地）の用語が用いられる。"farms" と "holdings" は厳密には別物であるが，本稿では両者の訳語として「農場」を用いる。なお，以下では，農場事業体（"farm business"）も事実上同義のものとして使用する。

第Ⅱ部　EUにおける農政と家族農業経営の現段階

表6-1　労働力に占める家族の比重別に見た農場数と累積利用農用地面積
（イギリス（UK），フランス，ドイツ，2013）

単位：1,000件，1,000ha，%

| 区分 | 国　別 | 農場数 | | | | | 利用農用地面積 | | | | |
| | | 家族労働力の比率 | | | | 合計 | 家族労働力の比率 | | | | 合計 |
		100%	50～100%	有るが50%未満	無し		100%	50～100%	有るが50%未満	無し	
実数	イギリス（UK）	144.1	27.1	6.8	7.3	185.2	8,306.0	4,051.7	1,699.3	3,270.0	17,327.0
	フランス	294.2	48.3	11.1	118.6	472.2	9,354.8	5,243.8	1,682.6	11,458.2	27,739.4
	ドイツ	233.6	36.4	9.9	5.3	285.0	8,408.6	3,475.1	1,894.8	2,921.1	16,699.6
構成比	イギリス（UK）	77.8	14.6	3.7	3.9	100.0	47.9	23.4	9.8	18.9	100.0
	フランス	62.3	10.2	2.4	25.1	100.0	33.7	18.9	6.1	41.3	100.0
	ドイツ	82.0	12.8	3.5	1.9	100.0	50.4	20.8	11.3	17.5	100.0

資料：Eurostat, Farm Structure Survey, 2013.

注：1）Eurostat（2016）Agriculture statistics – family farming in the EU, on Eurostat web "Statistics xplained"（https://ec.europa.eu/eurostat/statistics-explained/index.php/Agriculture_statistics_-_family_farming_in_the_EU, 2019年7月16日にアクセス）, Table 4 より作成。
　　2）フランスは家族外雇用のみが25%と高いが，GAEC，EARCといった実質的には家族経営と大きく変わらない形態が法人に分類され，家族外労働雇用のみの経営とカウントされているので，実質的な家族経営的経営の比重は，ドイツ，イギリス（UK）よりもはるかに高いと思われる。

　イギリスの農場数を見ると，家族労働力のみを充用するものが78%を占め，家族外の労働者を雇用するが家族労働が過半を占めるものを加えると92%余りに達する。これらの数値は，フランス（62%と73%）[6]やドイツ（82%と95%）と比べて大差ない。

　利用農用地面積の分布については，イギリスは家族労働力のみが48%，家族労働力が過半の農場が23%，合計71%を占める。フランスとドイツについて同様の数値を採ると，前者が34%＋19%＝53%，後者が50%＋21%＝71%となっており，ここでもイギリスにおいて特段に家族労働力中心経営の比率が低いわけではない。

　ただ，表の数値から1農場当たりの平均農用地面積を計算して見ると，イギリスが94haに対して，フランスとドイツはともに59haと，イギリスは他

（6）フランスについては，GAECやEARLの労働力が一律に法人に区分されているので，事実上の家族労働力中心の経営の比重はもっと高いと考えられる。須田文明「フランスの農業構造と農地制度─最近の研究の整理から─」（農林水産政策研究所『平成26年度　カントリーレポート：EU（フランス，デンマーク）』2015年）116ページ。

第6章　イギリスの家族農業経営とブレグジット農政改革

の２カ国の1.5倍以上に達する。ここからも，イギリスは大規模農業経営の国，したがって資本主義的な経営が優位を占める国だと錯覚しやすい。しかし，フランスとドイツの農用地のそれぞれ67％と71％が耕地であるのに対して，イギリスで37％にすぎないという事実によって相殺される。耕地に比べて土地生産性が劣る永年牧草地が63％を占めるためである[7]。保有地面積が示す見かけ上の経営規模の大きさに目を奪われてはならないのである。

（2）イングランドはどうか

　イングランドについて同様のデータを探したが，入手できなかった。代替手段として，農場事業体経営調査（Farm business survey, FBS）の標本抽出のためにセンサス調査（June census）の原票から作成される母集団関係のデータやFBS数値等を用いて，農場数，農用地総面積及び投入労働量等の経済規模別に見た階層ごとの分布状況を推計してみた（表6-2）。

　表の上方にある「１事業体当たりの標準必要労働量（Standard labour requirement, SLR）」１単位は，通年フルタイム就農者１人分の労働を必要とする規模を示す。したがって，平均0.6SLRの「パートタイム」層は，通年フルタイム就農者を収容することができず，また，1.4SLRの「小規模」層は経営主の営農活動を配偶者や家族が助けているもの，平均2.4SLRの「中規模」は夫婦就農を想定してもそれだけでは労力が不足し雇用労働者が必要であるがなお家族労働力が過半を占めるもの，そして「大規模」層は8.3SLRを擁し明らかに雇用労働力中心の経営群である。また，「余暇」（Spare time）農業経営は，センサス調査では調査対象とされるが，FBSの母集団からは除外された農業事業体であって，パートタイムよりもさらに規模が小さい零細経営と見られる。

　以上を念頭に置いて表を見ていくと，農場数においては，余暇・パートタイム・小規模・中規模からなる中小零細家族経営が85％前後を占める。零細

（7）Eurostat, Farm Structure Survey 2013 データによる。

183

第Ⅱ部　EUにおける農政と家族農業経営の現段階

表6-2　農業事業体の経済規模別に見た生産要素及び生産の分布状況の推計（イングランド，2015/16）

単位：SLR, 件, ha, AWU, 頭, 羽, %

区分			余暇 a=g-f	パートタイム b	小規模 c	中規模 d	大規模 e	小計(平均) f =b+c+d+e	June Census 総数 g
1事業体当たりの標準必要労働量 (SLR)			−	0.6	1.4	2.4	8.3	3.1	-
実数	事業体数 (June Survey 2015)		56,469	18,676	14,449	8,341	15,003	56,469	104,230
	保有地総面積		544,830	1,377,943	1,639,249	1,248,367	4,180,820	8,446,995	8,991,825
	年間充用労働単位 (AWU) 総数		−	21,279	23,938	17,452	79,450	142,121	−
	作付け面積	冬小麦	100,451	233,321	304,857	250,568	803,742	1,592,477	1,692,939
		大麦（冬・春）	42,471	127,716	122,010	131,348	324,918	705,992	748,464
		菜種	2,479	77,726	126,127	106,191	298,425	608,465	610,947
	飼養頭羽数	乳牛（未経産牛を含む）	222,001	3,621	35,335	78,221	1,049,545	1,166,717	1,388,723
		肉用牛等（肉用牛繁殖雌牛, その他の牛）	298,848	534,983	650,826	539,754	1,971,618	3,697,161	3,996,030
		羊	2,761,462	632,465	2,377,801	2,368,187	7,001,648	12,379,981	15,141,563
		豚	-832,063	282,674	441,362	553,369	3,465,740	4,743,108	3,911,082
		家禽	829,803	893,873	4,779,427	5,773,199	113,156,806	124,712,607	125,433,109
構成比	事業体数 (June Survey 2015)		54	18	14	8	14	54	100
	保有地総面積		6	15	18	14	46	94	100
	年間充用労働単位 (AWU) 総数		−	15	17	12	56	100	−
	作付け面積	冬小麦	6	14	18	15	47	94	100
		大麦（冬・春）	6	17	16	18	43	94	100
		菜種	0	13	21	17	49	100	100
	飼養頭羽数	乳牛（未経産牛を含む）	16	0	3	6	76	84	100
		肉用牛等（肉用牛繁殖雌牛, その他の牛）	7	13	16	14	49	93	100
		羊	18	4	16	16	46	82	100
		豚	-21	7	11	14	89	121	100
		家禽	1	1	4	5	90	99	100

資料：1）DEFRA (2017) Farm Accounts in England 2015/16.
　　　2）DEFRA (2016) June Census 2015 (= June Survey).

注：1）「経済規模」は，Farm Accounts in England に基づく。そこでは，以下のように規定されている。
　　　　　「パートタイム」＝1SLR未満　「小規模」＝1～2SLR　「中規模」＝2～3SLR　「大規模」＝3SLR以上
　　　　　「標準必要労働量（SLR）」は，作物毎の作付け面積や家畜種類別頭羽数に所定の係数を掛けて算出される保有地規模を示す指標で，1SLRは，フルタイム就農者1人を必要とする規模に相当する。
　　　　　なお，別の資料によれば，0.5SLR未満を「余暇」（spare time）農業経営とし，0.5～1SLRを「パートタイム」（part time）とするという説明がなされている。
　　　2）本表の「1事業体当りの標準必要労働量（SLR）」と「事業体数（June Survey 2015）」は，DEFRA (2017)"Farm Accounts in England　Results from the Farm Business Survey 2015/16", Table J による。
　　　3）「年間充用労働単位（AWU）」は，各事業体が実際に用いた労働量を，フルタイム就農者1人の年間労働量に換算した数値で示すもの。
　　　4）「保有地総面積」，「年間充用労働単位（AWU）総数」，「作付け面積」，及び「飼養頭羽数」は，DEFRA(2017) op cit. の Table 6-19 のグループ毎の1農業事業体（保有地）当り平均値に「事業体数（June Survey 2015）」を掛けて算出。
　　　　　ただし，「乳牛」頭数と「豚」頭数については，Farm Accounts in England における，「酪農」経営の「パートタイム」グループ，及び「養豚」経営の「パートタイム」，「小規模」，「中規模」の各層の標本数が一桁にとどまることから，1事業体当たりの平均値に信頼を置けない。したがって，これを基にした推計値も信頼できない。参考までに数値を掲げておいたが，下線を付した数値の使用については慎重を要する。
　　　5）4) の方法により算出した「パートタイム」，「小規模」，「中規模」，及び「大規模」の各グループ毎の数値の和と，同様の方法で算出した「小計」値とでは，多少くい違う。本表の「合計（平均）」欄では前者の数値を用いている。
　　　6）「余暇」農業経営関連数値は，June Survey 2015 の総数から上記4)，5) の方法により算出した「小計」の数値を差し引いて算出。
　　　7）「年間充用労働単位（AWU）総数」の「構成比」については，「余暇」農業経営関連のデータが存在しないため，Farm Accounts in England の調査対象選定資料における「事業体数（June Survey 2015）」を分母として算出した。

な余暇経営を除いて計算してみると，パート・小規模・中規模が70％余り（73％）と，前項で見たイギリス全体の数値には及ばないものの，イングランドでも家族労働力中心経営が３分の２強を占める。

　保有地総面積の階層別累積値をとると，家族農業経営の比率が50％前後（零細な余暇経営層を含めた数値を分母とする構成比で46％，除くと51％）となる。各農場が実際に用いた「年間充用労働単位（Annual work unit, AWU）」については，余暇層のデータが存在しないので，これを除いた部分での構成比となるが，家族農業経営と目される層が44％（＝15％＋17％＋12％）を占めている。土地や労働力といった生産要素で見ても，イングランド農業の中で家族農業経営が無視しえない比重を占めることは明らかである。

　生産活動そのものを示す農作物の作付面積や主要家畜の飼養状況では，生産の集中が著しい食鳥・採卵部門（家禽）や養豚（豚），酪農（乳牛）において，雇用労働依存型の大規模層が圧倒的比重を占める。穀物（小麦，大麦）や菜種といった土地利用型作物のほか，肉用牛部門，牧羊部門においても中小零細家族農業経営がほぼ半数を占めている。

　これらの数値は，イングランド農業について家族農業経営の動向を正面に据えた分析の必要性を示すとともに，現代の家族農業研究においてイングランドを取り上げることの妥当性を裏打ちする。

２．近年におけるイングランド家族農業経営の苦境

（１）激動にさらされる中小家族経営

　まず，SLR経済規模別に見た中小家族経営の激動ぶりを確認する（**表6-3**）。

　第１に，典型的な家族経営と目される小規模層と中規模層は，2010～15年と15～17年の２つの時期を通じて一貫して減少している。７年間を通して，小規模層は１万4,700件が１万3,100件に10.8％の減少，中規模層は8,400農場が7,400農場に12.5％の減少を記録した。

185

第Ⅱ部　EUにおける農政と家族農業経営の現段階

表6-3　経済規模別に見た農場数の動向（イングランド）

単位：件, SLR

区　分		年　次	余　暇	パート タイム	小規模	中規模	大規模	合　計
農場数	実　数	2010	49,155	15,411	14,740	8,436	17,707	105,449
		2015	47,761	18,676	14,449	8,341	15,003	104,230
		2017	48,552	21,573	13,143	7,383	15,274	105,925
	増　減	2010-15	-1,394	3,265	-291	-95	-2,704	-1,219
		2015-17	791	2,897	-1,306	-958	271	1,695
	増減数の累積値 （上層から下層へ）	2010-15	-1,219	175	-3,090	-2,799	-2,704	-1,219
		2015-17	1,695	904	-1,993	-687	271	1,695
平均 規模	1農場事業体の 標準必要労働量 （SLR）	2010	—	0.6	1.4	2.5	7.8	—
		2015	—	0.6	1.4	2.4	8.1	—
		2017	—	0.6	1.4	2.4	8.3	—

資料：1）DEFRA (-) Farm Accounts in England.
　　　2）DEFRA (-) June Census (= June Survey).
注：1）「経済規模」のうち，「パートタイム」，「小規模」，「中規模」，「大規模」の定義と数値は, Farm Accounts in England による。そこでの規定については，表6-2の注1），6）を参照。「余暇」については，表6-2の注1），6）を参照。
　　2）「合計」は，各年次の June Census におけるイングランドの農場総数。
　　3）「増減数の累積値」は，表頭の階層よりも規模の大きい階層の増減数の累積値。階層移動が直近の階層（すぐ上の階層とすぐ下の階層）からの移動として始まると仮定した場合に，プラスの値は下層からの上昇が下層への下降を上回ることを，マイナスの値は下層への下降が下層からの上昇を上回ることを示唆する。
　　4）「標準必要労働量（SLR）」については，表6-2の注1）を参照。

　7年間の減少率が10％以上という数値は，それ自体として凄まじいものであるが，実際の変動はもっと激しかった。たとえば，10～15年の中規模層の変化は表面上95件の減少に留まるが，実際には，大規模層からの下降による相当数の流入にもかかわらず，これを相殺した上でなおこれだけの純減を記録しているからである。そうした激動をイメージするために，「増減数の累積値（上層から下層へ）」欄を作成した。この数値は，「直近の階層に移動する」という仮定の上でしか意味をなさないが，小規模層では34％余り，中規模層では41％程度が影響を受けた可能性を示唆する。

　第2に，大規模層，中でも多数の労働者を雇用する最上層の数が増えていると目される。大規模グループの保有地数は，2010～15年に2,700件，13.7％減少し，一見，この階層も含めて全面的な下降分解が進んでいるようでもある。だが，階層毎の平均SLR値を見ると，大規模層のみが雇用規模の拡大傾向を示している。上向拡大の力が作用し続ける下で，大規模層の内部で増減分岐が生じていたと見るべきであろう。しかも，15～17年になると，大規模層は総数としても増加に転じた。

186

第6章　イギリスの家族農業経営とブレグジット農政改革

　第3点として，パートタイム規模の家族経営の増大が目につく。10～17年に6,200件近く（約40％）増加している。

（2）所得構成の動向に見る家族経営の苦境

　こうした中小家族農業経営の分解は，各階層の収益力の差に規定されている。

　図6-1の積み上げ棒グラフで，マイナス領域に現れる部分は赤字であり，プラス領域にある部門は黒字である。全ての部門が黒字の場合は，それらの合計値が農業事業体の所得＝純収入となるが，赤字部門を抱える場合は，黒字部門から赤字分の補填がなされるので，黒字合計から赤字分を差し引いた額が純収入である。実線の折れ線グラフは，こうして算出した事業体全体の純収入額を示す。また，破線は農業部門の所得（又は損失）とCAPの基本

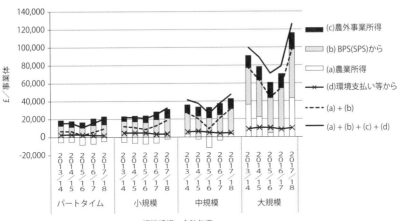

図6-1　経済規模別に見た近年の農業事業体の所得構成（イングランド）

資料：DEFRA(-)Farm Accounts in England.
注：1）X軸の「経済規模」は，Farm Accounts in Englandによる。各階層の規定については，表6-2の注1）を参照。
　　2）「BPS（SPS）から」は，2014年度までSPS（単一支払い事業，Single Payment Scheme）からの所得を指し，2015年度以降BPS（基本支払い事業，Basic Payment Scheme）からの所得を指すが，基本的に大きな変更はない。
　　3）データは，翌年度版公表時に，前年度数値が修正されることが少なくない。このため，本図では，原則として翌年度版の公表数値を用いる。ただし，「2017/18年度」は本稿執筆時点に，翌年度版が公表されていないので，この原則に従っていない。

187

第Ⅱ部　EUにおける農政と家族農業経営の現段階

支払い事業（Basic Payment Scheme, BPS）による直接支払いからの収入とを差し引きして算出した"農業関連所得"を示す。この図から，いくつか重要な事実が解かる。

　第1に，BPSを含まない農業部門だけを見ると，大規模層が曲がりなりにも一貫して黒字続きであるのに対して，パートタイムと小規模層で赤字が続いていることである。中規模層は，年次によって黒字が出ることもあるが，赤字が少なくない。つまり，中小の家族経営にとって所得補償型直接支払いであるBPSが不可欠となっている。

　第2に，農業での所得（又は損失）にBPS支払いを加えた農業関連所得を見ると，雇用依存型の大規模経営に比べて，中小家族農業経営が隔絶的に低い。

　第3に，パートタイム農場や小規模農場では，農業関連所得よりも農場で行う農外事業からの収入や環境支払い等からの収入のほうが多いことが少なくない。

　これらの事実は，中小零細家族経営にとって，経済的な営農環境が極度に悪化していることを物語るとともに，大規模経営との格差が拡大していることを示唆する。図に示される数値は各階層の平均値であるから，低所得グループほど経営破綻のリスクが高いことになろう。

　ただ，FBSの数値は農業事業体の経営収支であって，経営者の家計でないことを忘れてはならない。「パートタイム」がパートタイムであることは，農外賃金収入の可能性が残されていることを意味するからである。

　次節では，こうした事態を現出させている背景を検討する。

3．家族農業経営の圧迫要因

（1）大規模経営へのBPS直接支払いの集中と地価上昇，投資力格差

　CAP改革による直接支払いが，少数者に著しく集中していることはよく知られている[8]。2016年の農業所得補償型直接支払いBPSについて見る

と⁽⁹⁾，全受給事業体数（8万5,600件）の約半数（4万5,600件，53%）を占める1万ポンド（約150万円）⁽¹⁰⁾以下群は支給総額（16億3,900万ポンド）の1割程度（11%）しか受け取っておらず，件数でわずか1%にとどまる900ほどの15万ポンド（約2,250万円）以上受給者が1割強（2億0,564万ポンド，12%）を占めている。これは，単なる所得分配の不公正にとどまらず，農用地価格の上昇を媒介として，農業経営間の農業投資力の格差拡大要因となっている。

BPS支払いは，園芸経営や酪農経営といったほとんど支給されない部門もあるが，先の**図6-1**からも明らかなように，総じて農業経営規模に対応して大規模になるほど高額になっている。大規模層は平均で約4万4,000ポンド（約660万円）の資金を毎年入手でき，農業経営の赤字補填が必要ないとすれば，そのすべてを農用地や高能率設備向けの投資に充てることができる。とくに，土地投資は，一方で地価上昇を誘発することでキャピタルゲインの獲得につながるし，他方で土地担保金融によって追加的な投資資金を得るこ

---

(8)たとえば，村田武『現代の「論争書」で読み解く食と農のキーワード』（筑波書房ブックレット，2009年）に紹介されている Watkins, K. (2004) Spotlight on Subsidies - Cereal Injustice under the CAP in Britain, Oxfam briefing paper 55 を参照。最近も 'The Queen, aristocrats and Saudi prince among recipients of EU farm subsidies', *the Guardian, dated 2016.09.29*といった報道が絶えない。

(9)DEFRA (2018) Moving away from Direct Payments, Agriculture Bill: analysis of the impacts of removing Direct Payments, *dated Sep. 2018*, p.44, available from the web page, https://assets.publishing.service.gov.uk/government/uploads/system/uploads/attachment_data/file/740669/agri-bill-evidence-slide-pack-direct-payments.pdf, 2019年7月2日アクセスの，農業法案により移行期初年次に累進的減額方式を適用した場合における，2016年の受給額階層別の対象農場数および1農場平均減額金額の試算値資料を基に推計。農場数は資料の数値をそのまま採用した。受給額階層別の累積減額金額は，資料中の平均減額金額から算出式を用いて逆算した数値を用いているため，それなりの誤差が生じていることに留意する必要である。

(10)2016年の為替レートを参考に，1ポンド＝150円で換算。以下も同じ。

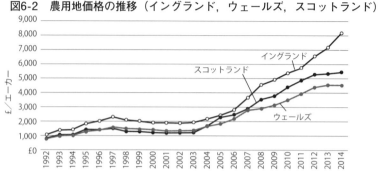

図6-2 農用地価格の推移（イングランド，ウェールズ，スコットランド）

資料：Savills Research（2015）Market Survey UK Agricultural Land, p.5.（http://pdf.euro.savills.co.uk/uk/rural---other/alms-2015.pdf, 2019年7月9日にアクセス）

ともできる[11]。

イングランド，ウェールズ，及びスコットランドの農用地価格の推移を示す図6-2は，こうした動きを端的に象徴している。2点指摘したい。

第1に，3地域すべてにおいて，1997年までの緩やかな地価上昇がいったん横ばいに転じた後，2004年以降急激な上昇に転じたことである。これは，ちょうどCAPアジェンダ2000（Agenda 2000）改革の中間見直し（Mid Term Review, MTR）によって，BPSの前身である単一支払い制度（Single Payment Scheme, SPS）の導入が確定していく時期に当たる。それまでの品目ごとの直接支払い制度が面積割による統一した支払い制度に変わることによって作付けの自由が一挙に広がるもとで[12]，上層経営の規模拡大が進みだしたのである[13]。

第2に，地域間で上昇速度の差が広がり，イングランドが他の2地域に比べて顕著な上昇を示していることである。MTRの改革では，加盟国の裁量により，直接支払い金額に上限を設けることができるようにしたが，イギリスでは，ウェールズやスコットランドで上限が定められたのに対してイングランドについては適用されなかった。地価上昇速度の格差は，その反映であ

---

(11) Hamer, E.（2012）'CAP in hand', *the Land, issue Winter 2012-13*, p.3, http://www.thelandmagazine.org.uk/articles/CAP-hand, 2019年7月10日にアクセス。

第6章　イギリスの家族農業経営とブレグジット農政改革

ろう。

　こうした事態は，中小零細農業経営にとって不利に作用する。

　EUの直接支払いは農産物価格支持水準の引下げへの対応を促す補償とし
て導入されたものであり，恒久的なものではない。したがって，中小零細経
営もまた価格低下に対応するために経営改善投資を必要とするが，農業経営
が赤字続きで，もともと少額の直接支払いが生計費として消えていく。しか
も，2013年からのヘルス・チェック（Health Check）改革で，事務手続き
の効率化を名目に５ha未満の零細保有地がBPS支払いの対象から除外される
ことになった[14]。

　そこに，豊富な投資資金を持つ大規模経営との間で農用地買取り競争であ
る。激しい地価上昇が進むなかで中小家族経営が資金不足のために改良投資
をあきらめるケースが増えることは容易に理解される。

（2）EU拡大による移民労働力の流入

　EU加盟国であることは，加盟国間の労働者の自由移動の保証とEU東方拡
大を通じて，移民労働者という安価な労働力の供給拡大をもたらすが，農業
もその恩恵を受けることになった。これにともない，雇用労働力に依存する
大規模経営のシェア拡大が進み，中小家族経営の市場喪失につながった。

---

(12)SPSは，環境保護等に関する最低基準の遵守を義務付けるクロス・コンプライ
　　アンスを受給条件とする点で，むしろ規制が強まったとする見解があるかも
　　しれない。しかし，イギリスでは，既存の環境法制の遵守と「良好な農業・
　　環境条件の維持」が条件付けられるにとどまった。また，BPSでの手直しと
　　して導入された第１の柱における環境保護の義務化も，イギリスでは作付け
　　の多様化（３作物作付けルール）にとどまり，現実の営農活動にはほとんど
　　影響しなかったようである。Diamand, E.（2017）Brexit: hope for our
　　agriculture?, p.11. https://friendsofearth.uk/sites/default/files/downloads/
　　brexit-hope-our-agriculture-103719.pdf，2019年６月20日にアクセス。
(13)拙稿「近年におけるイギリスの農業構造の変貌―大規模経営への生産の集中
　　を中心に―」（『駒澤大学経済学論集』第50巻第４号，2019年）50ページの表
　　2-1，及び51ページの本文説明を参照。
(14)Winter, M. *et al.*（2016）*op. cit.*, p.21.

191

第Ⅱ部　EUにおける農政と家族農業経営の現段階

　ブレグジット投票後，園芸での季節労働者不足問題が盛んに報道されているが[15]，東欧からの移民労働者の活用は，耕種，酪農，養豚，家禽といった部門でも顕著であったし[16]，また，基幹的な常勤スタッフにまで及んでいる。イギリス（UK）農業で働く常勤就業者のなかでEU諸国を中心とする欧州経済領域（European Economic Area, EEA）[17]出身者が占める比率は，2004年には1.4％に過ぎなかったが，16年には9.0％（2万9,000人）に上昇した[18]。出身国別の構成は年次によって変化しているが，その大半が東欧の新規加盟国であることに変わりない。

　移民労働者の賃金は総じて低いが，これを利用した農業労働者の雇用条件引下げよりも，イギリス人が就きたがらない低賃金職種に大量の追加労働力をもたらし，雇用依存型の大規模経営の展開を可能にしたことのほうが重要である[19]。

　図6-3は，FBSデータを用いて，経済規模別営農類型別の農場事業体の労働力構成を示したものである。2点指摘したい。

　第1に，パートタイム，小規模，及び中規模では，ほぼすべての営農類型で農業経営者と配偶者，及び家族就農者と目される「無給」労働者の労働が過半を占めていることである。例外は，季節労働者の比重が高い小規模の園

---

(15)'Fruit rots on farms as the EU workers stay away', *the Times, dated 2018.07.21*; 'Brits don't want to work on farms - so who will pick fruit after Brexit?', the Independent, *2018.08.4*; 'Fruit and veg farmers facing migrant labour shortages', *BBC News, dated 2017.06.22* といった具合で，枚挙にいとまがない。

(16)NFU (2017) 'NFU consultation response, Migration Advisory Committee call for evidence', *dated 2017.10.27* は，酪農，園芸，家禽飼養，食肉生産畜産（肉用牛と牧羊）を取り上げて個別に実情を報告している。

(17)EU諸国に欧州自由貿易連合（European Free Trade Association，略称"EFTA"）のノルウェー，アイスランド，リヒテンシュタインを加えた共同市場を指す。

(18)MAC (Migration Advisory Committee) (2018) EEA-workers in the UK labour market: Annexes, p.32，及びMAC (2018) EEA-workers in the UK labour market: Interim update, p.18の Table 1を参照。

192

**図6-3　経済規模別に見た営農類型別の農場事業体の労働力構成
（イングランド，2015／16年度）**

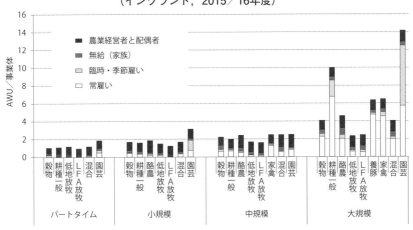

資料：DEFRA（2017）Farm Accounts in England 2015/16
注：1）X軸の「経済規模」及び「営農類型」は，Farm Accounts in Englandに基づく。なお，「経済規模」等について，表6-2の注1）を参照。
　　2）「パートタイム」の「酪農」，「養豚」，及び「家禽」は，秘匿数値のため利用できない。同じ理由により，「小規模」の「養豚」と「家禽」，並びに「中規模」の「養豚」も利用できない。

芸経営と，常雇いの比重が高い中規模の家禽経営だけである。中規模以下の経営の大半が家族労働力主体の経営だという前述の指摘が改めて確認されるとともに，これらの経営の労働力確保において移民労働力がたいした意味を持たないことがわかる。

---

(19) MAC（2018）EEA-workers in the UK labour market: AnnexesのFigure 1.4（p.33）を見ると，2014-16のイギリス（UK）農業における平均時間給は，イギリス（UK）及びアイルランド出身者が8.5ポンド前後，EEA以外からの移民労働者が約8ポンドであるのに対して，EU新規加盟国出身者7.5ポンド程度である。逆の順に非熟練職種就業比率が高いので（Figure 1.8, p.34），同一職種を取れば，格差は小さいと思われる。
　このことは，ブレグジット国民投票後，東欧移民の流出が進んで，人手不足が深刻化しても，農業労働者の賃金がほとんど上がっていないことと照応する。Evan, J.（2017）'FactCheck: Is Brexit really driving up agricultural wages?', *the TUC's web dated 2017.11.28*, https://www.tuc.org.uk/blogs/factcheck-brexit-really-driving-agricultural-wages, 2019年7月25日アクセス。

第Ⅱ部　EUにおける農政と家族農業経営の現段階

　第2に，逆に大規模経営においては，牧羊や牧牛（肉用牛）を意味する放牧経営を例外として，雇用労働の比重が半数を超え，4〜7AWUに達している。しかも，臨時・季節雇い主体の経営は園芸に限られ，耕種関係，養豚，家禽では常用雇用労働者だけで家族労働力を上回り，酪農や混合経営でも平均して2AWUほどの常雇いを用いている。こうして，東欧移民労働力は大規模経営の存立基盤を強化し，それを活用できない中小家族経営との格差が広がっていく。なお，**図6-3**では，家禽部門の季節労働者への依存度が僅少であるかのように見えるが，七面鳥や鵞鳥などを含む食鳥の大量需要が起きるクリスマス・シーズンに集中して，臨時雇用が用いられており，この時期に限れば不可欠の戦力となっている[20]。

（3）農産物輸出への依存と市場の振れ

　農産物市場の国際化がイギリス農業の不安定性を拡大している。EUの存在は，一方では単一市場の形成と東方拡大によって，EU加盟国向け輸出拡大をもたらしたが，他方ではEUの自由貿易協定（FTA）や経済連携協定（EPA）締結によって域外諸国への輸出を促す効果を持った。

　EU域内の農産物貿易は複雑である（**表6-4**）。品目を大きく2群に分けて整理する。

　第1群は，「自給率」[21]が100％を超える小麦，大麦，菜種，牛乳・乳製品である。これらの品目では，需要量を上回る生産がなされているのだから，輸出市場がなければ過剰が表面化する。需要量に比べて5％弱の過剰を有し，生産量の5％余りを輸出する牛乳・乳製品がその典型である。そして，輸出の大半はEU向けとなっている。

　第2群は，「自給率」が61〜95％で，国内供給量を上回る国内需要のある肉用牛・牛肉や豚・豚肉，羊・羊肉，食鳥・鳥肉である。これらの部門では，「自給率」だけを見ると，輸出余力がなさそうに思えるが，実際には生産量

---

(20) NFU（2018）*op. cit.*, p.22.
(21) 日本で言う自給率（＝生産量／消費量×100）とは，定義が異なることに注意。

第6章　イギリスの家族農業経営とブレグジット農政改革

表6-4　品目別に見た農産物の輸出依存度等（イギリス（UK），2015-17平均）

単位：1,000 t，%

	区　分	小麦	大麦	菜種	肉用牛・牛肉	豚・豚肉	羊・羊肉	食鳥・鳥肉	牛乳・乳製品	食用卵・卵製品
実数	国内生産量　　　　a	45,664	21,194	2,161	900	872	306	1,793	14,649	898
	EUからの輸入　　b	3,332	414	125	313	780	15	536	123	170
	その他の輸入　　c	1,625	11	41	27	1	95	26		1
	EUへの輸出　　　d	4,317	3,363	234	121	164	90	238	771	10
	その他の輸出　　e	1,266	1,097	16	13	70	5	76		0
	差し引きの新規供給量　　f=a+b+c-d-e	45,038	17,159	2,076	1,106	1,418	321	2,040	14,001	1,058
百分比	「自給率」 a/f×100	101.4	123.5	104.1	81.4	61.4	95.3	87.9	104.6	84.9
	新規供給量中の純国内供給分の比率 (a-d-e)/ f ×100	89.0	97.5	92.1	69.3	44.9	65.7	72.5	99.1	83.9
	対EU輸出依存度 d/a×100	9.5	15.9	10.8	13.4	18.8	29.5	13.3	-	1.2
	輸出依存度 e/a×100	12.2	21.0	11.6	14.9	26.9	31.1	17.5	5.3	1.2

資料：DEFRA (2019) 'Agriculture in the United Kingdom data sets - Data sets to accompany the 2018 Agriculture in the United Kingdom publication', Chap.7 and Chap.8, available from the web page, "GOV.UK", https://www.gov.uk/government/statistical-data-sets/agriculture-in-the-united-kingdom, 2019 年 6 月 12 日にアクセス。

の約15％以上を輸出している。主にEU諸国との間で，輸出と輸入が並行して進んだためである。この点は，牛乳・乳製品を除く第1の商品群にも共通する。EUとの相互依存関係は見かけ以上に大きく複雑である。

　たとえば，小麦全体の「自給率」は100％を超えるが，製粉向け小麦に限ってみると86％にとどまる。イギリス産の小麦の中には食用に適さないものが少なくなく，飼料小麦としてEU諸国に輸出する一方で，製粉用小麦を輸入するからである。鳥肉については，イギリス人が好む胸肉を輸入しながら，不人気のもも肉を輸出することで市場を確保している[22]。こうした水平的な国際分業は，肉用牛・牛肉，豚・豚肉などでも見られる。

---

(22)Linden, J.（2017）'Brexit raises labor, trade issues for UK pigs and poultry', *WATTAgNet.com dated 2017.03.15*, https://www.wattagnet.com/articles/30136-brexit-raises-labor-trade-issues-for-uk-pigs-and-poultry, 2018年 9 月17日にアクセス。

第Ⅱ部　EUにおける農政と家族農業経営の現段階

　また，北アイルランドの食鳥処理工場で発生した羽毛をアイルランド共和国の羽毛処理工場に送り，処理済み羽毛を逆輸入するといったことも行われている[23]。垂直的国際分業である。

　このような輸出市場の存在は，上層経営への生産集中の必要条件となっている。

　イングランドの食鳥部門では，2000～11年の間に10万羽以上飼養経営のシェアが65％から78％に上昇した。穀物部門では，05～15年で100ha以上経営が52％から61％へと地位を高めた。養豚でも，同期間に1,000頭以上経営が79％から85％に増えた。また，酪農では，150頭以上のシェアが46％から62％に高まった。しかも，これら最上層全体の栽培面積や飼養頭羽数は絶対値としても増大した[24]。こうした事態の出現には，規模の経済による相対的優位性の作用とともに，生産物を売りさばく市場が必要である。

　しかし，こうした輸出市場への依存は，EUの農産物価格支持・安定政策の後退や農産物市場構造の変化と相まって，市況の振れ幅を広げることになる。

（4）食品関連アグリビジネスの農産物市場支配と農業構造の変化

　図6-4は，食品関連アグリビジネスと農業との関係，及びEU農政改革との関連を示す。

　まず，3本の折れ線グラフをご覧いただきたい。

　第1に，農産物価格は，1996年まで緩やかな上昇を記録した後下降に転じ，2006年まで90年水準に復することがなかったが，その後，急速な上昇が始まるとともに，激しい乱高下を示すようになった。

　かつてのCAPは，目標価格を目安として輸入課徴金と市場介入・輸出助成を通じて，生産者に生産費を保証するとともに，市場を安定化させる役割を果たしていた。92年改革は，価格支持水準を世界市場価格に近づけるとと

(23) Ibid.
(24) 詳しくは，拙稿，前出注（13），57～65ページを参照。

196

第6章　イギリスの家族農業経営とブレグジット農政改革

図6-4　農産物，食料品，及び農業資材の価格指数の動向と食品価格の中で農業者が受け取り分を占める比率の推移（イギリス（UK））

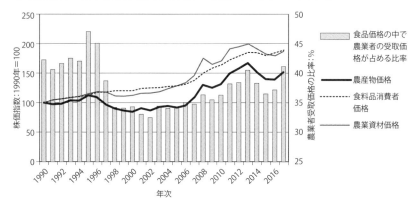

資料：DEFRA（2019）"Data sets to accompany the 2018 Agriculture in the United Kingdom publication", available from web page "GOV.UK", https://www.gov.uk/government/statistical-data-sets/agriculture-in-the-united-kingdom, 2019年7月9日にアクセス。
注：1）「価格指数」は，Table 6.1 Priceindices for products and inputs; United Kingdom に基づく。ただし，そこでは，2015年＝100 の指数表示となっているが，本図では，1990年＝100の指数に換算している。
　　2）「食品価格の中で農業者受取価格が占める比率」は，Table 14.2 Food production to supply ratio; United Kingdom による。

もに，輸入課徴金を関税に置き換え，これらにともなう価格低下から生じる生産者の所得減少分を直接支払いによって補償するものであった。世界市場の好調により96年までイギリスの農産物価格は堅調を続けたが，その後，改革の影響が表れる。価格水準の低下は価格支持機能の後退を意味する。07年以降の価格の上下動は価格安定化機能喪失の表出である。

　第2に，96年以降農産物価格指数と食料品消費者価格指数の乖離が進み，その状態が常態化した。食品関連アグリビジネスがCAP改革による市場価格の低下を利用して農業生産者への支払い価格を引下げながら，その利益を消費者に還元することなく，ちゃっかり自らの懐に取り込んだからである。

　そのことは，消費者が支払う食品価格のうち農業者の受取価格部分の比率を示す棒グラフを見れば，一目瞭然である。資材価格が高騰した08年や10～13年には競争力維持のために完全な価格転嫁を行わなかったが，97年以降，食品アグリビジネスの取り分（農業者受取り分を差し引いた分）が60％を割

第Ⅱ部　EUにおける農政と家族農業経営の現段階

ることはほとんどなかった。

　こうした事態は，フードシステムの構造が砂時計型に変化し，食品製造業や食品流通業において寡占構造が強まるもとで生じた，これらの企業と農業生産者や消費者との隔絶的な交渉力の格差を背景としている。イギリスでは，とくに食品小売市場における最大手スーパーマーケット4社のシェアが64％に達し，これらを含む量販店10社が95％を占めており（2019年4月19日までの4週間分の数値），その横暴が社会的・政治的問題とされている[25]。

　CAP改革の進展により，農業生産者は，とりあえずは直接支払いによる補償を与えられたとはいえ，激しく動揺する世界市場に放り出されることになった。こうした事態への対応において大規模経営の土地取得競争が進行し，直接支払いの相当部分が地価や地代に転化し，中小家族経営の圧迫要因となっていることについてはすでに触れたところである。

　市場競争が激化する下で，食品アグリビジネスによる農産物市場支配の強まりは，価格競争力形成をめざす生産効率引上げ競争のみならず，大手の農産物加工・食品製造業者や大規模流通業者との取引における非価格競争部面でも，中小家族経営を不利な立場に追いやっている。取引コスト削減のために，まとまった数量の供給を求められるだけでなく，規格化された商品を指定された日時に届けることができるかどうかが問われる。当然大規模生産者が有利になる。

　さらに，近年では，品質や形状，トレーサビリティなどについて，公的規制をはるかに上回る「民間規制」（private regulation）の遵守が求められることが多い。大手量販店は，民間団体が運営する品質保証制度である "Red Tractor" ラベルのない農産物を受け付けないことが多い。実際の契約獲得においては，もっと高度の資格認定の有無が成否に関わることも少なくない。これらの認証を受けるには，年々の会費の支払いと実地見分を求められる。いくつもの認証や資格を得るには多大の金銭的，労力的負担を要し，中小家

(25)数値は，Nazir, S.（2019）'Grocery sales up 2% with Sainsbury's back in 2nd position'，*Retail Gazzette, 2019.04.30* による。

第6章　イギリスの家族農業経営とブレグジット農政改革

族経営の困難要因となる⁽²⁶⁾。

　また，牛乳や食肉類，果実，鶏卵等，コモディティ型農産物とされてきた品目でも，スーパーが特定生産者と提携して，環境保全や動物福祉といった品質以外の要素を含めてプレミアム付きの農場ブランド商品（farm brands）を売り出すケースが広がっているが，中小家族経営がその恩恵に預かることは至難の業である。

（補遺）ブレグジット投票におけるイングランド農業界の捻じれ

　ブレグジット国民投票に際して，NFUは組織としては賛否いずれのキャンペーンにも加わらなかったが，評議会委員90人の中で「圧倒的多数」が「残留支持」であった⁽²⁷⁾。ところが，イングランド農民票の過半はEU「離脱支持」であったと言われる⁽²⁸⁾。この捻じれについて，現地では，EU農

---

(26) Richards, C. *et al.* (.2013) 'Retailer-driven agricultural restructuring-Australia, the UK and Norway in comparison', *Agriculture and Human Values,* Vol.30 No.2, pp.235-245（cited from　the author's version of a work that was submitted/accepted for publication, pp.3-4, and pp.11-15）.

(27) 'EU Referendum: National Farmers' Union backs staying in EU', *BBC news, dated, 2016.04.18,* https://www.bbc.com/news/uk-36078112, 2018年 7 月31日にアクセス。

(28) 投票前の16年 4 月に行われた*Farmers Weekly*誌のネット調査で，回答者の58％が「離脱」を支持した（Clarke, P.（2016）'Exclusive: Survey reveals 58% of farmers back EU exit', *Faramers Weekly, 2016.04.29,* https://www.fwi.co.uk/news/eu-referendum/survey-reveals-58-farmers-back-eu-exit 2019.06.19, 2019年 6 月19日にアクセス）。さらに，同誌17年12月の調査によると，離脱交渉の見通しについての不安が広がり，「確信が持てない」とする農業者が63％に上昇しながら（Clarke, P.（2017）'Analysis: Farmers predict income squeeze after Brexit', *Farmaers Weekly, 2017.12.20,* https://www.fwi.co.uk/news/eu-referendum/survey-reveals-58-farmers-back-eu-exit, 2019年 6 月19日にアクセス），53％が国民投票で「離脱」に投票したとし，17年末時点でブレグジットを支持するとしたものも同率の53％であった（Clarke, P.（2017）'Farmer support for Brexit as strong as ever, FW poll reveals' *Farmers Weekly, 2017.12.22,* https://www.fwi.co.uk/news/eu-referendum/survey-reveals-58-farmers-back-eu-exit, 2019年 6 月19にアクセス）。

第Ⅱ部　EUにおける農政と家族農業経営の現段階

政の恩恵を受けてきたはずの農業者たちが残留を支持しなかったのは解し難いとする者が少なくなかった[29]。

　だが，これまでみてきたような事態を踏まえれば，何も不思議ではない。中小家族農業経営者にとって，所得補償型直接支払いがなければまったく採算が取れる見込みはない。しかし，こうした困窮の事態を生み出したのも，EUの農政改革だったし，EUに残留していても明るい展望が見えないからである。

　大規模経営者が多いと言われるNFU幹部においては事情が異なる。確かに，農産物価格の低迷や食品アグリビジネスの支配のもとで，順風満帆とは言い難い状況であるにせよ，黒字経営を維持できている。しかも，BPSを活用した土地投資や生産の効率化，スーパーマーケットへの売込みにおける相対的優位性を活かすことで，事業拡張の条件さえ確保できるからである。このように，イングランド農業界における国民投票での捻じれ現象は，むしろ階層間の利害分裂を傍証しているように思われる。

4．ブレグジット農政改革と農業者団体の対応

（1）政府の農政改革提案

　今，イギリスでは，ブレグジット後を想定した農政改革が着々と進められている。

　ここでは，政府の提案する改革案の概要を示した上で，大規模農業経営の

---

[29]たとえば，The Common Agricultural Policy（1997）の著者で政治学者のWyn Grantは，「農業者は圧倒的にブレグジット支持に投票した」という見解が広がっているが，その主たる根拠とされる*Farmers Weekly*の調査結果（上記の58％という数字）は，きちんとした「標本」に基づかない「自主的選択による」として，結果の信頼性に疑問を呈している。Grant, W.（2016）'How and why farmers voted on Brexit', *Common Agricultural Policy, dated 2016.12.26* http://commonagpolicy.blogspot.com/2016/12/how-and-why-did-farmers-vote-on-brexit.html, 2019年6月19日にアクセス。

第6章　イギリスの家族農業経営とブレグジット農政改革

利害を代表すると目されるNFUと中小家族農業経営者等の利益擁護を旗印とするLWAとの2つの農業者団体の対応を整理し，比較する。

まず，国内農業政策を中心として政府の政策提案を見る。

イギリス農政を統括する環境・食料・農村問題省（DEFRA）は，CAPに代わる農政の基本方針策定をめざして，2018年2月，'Health and Harmony: the future for food, farming and the environment in a Green Brexit' と題する問題提起文書を発し，これに対する関係者の意見を踏まえて同年9月，農業法案（Agriculture Bill）を議会に提案した。法案は，EU離脱後の農政の基本方針を定めるものであるが[30]，イングランドについてはすべての規定が適用される[31]。

表6-5の「備考」欄より左の部分は，上記文書と農業法案を基本として，その他の説明文書を参考にしながら，政府提案のポイントを整理したものである。現時点では議会審議中で，今後修正もなされるはずであるし，また紙幅の制約も考慮して，骨子については表をご覧いただくこととして，重要と思われることのみ補足する。

法案は，対象とする3つの時期に分けて整理するとわかりやすい。CAPの枠組みを維持しながら運営改善を図る2019〜20年の措置（以下では説明を省略），及び，CAPの重要な柱であるBPSの漸次的廃止を進めつつ新しい制度的枠組みを用意する移行期間（21〜27年）の措置，そして新制度への基本

---

(30) 法案に規定される各項目の具体化，実施については，法案で細かく規定せず，DEFRA等に必要な措置を採る権限が付与されることになっている。法案付属文書，'Agriculture Bill, Delegated Powers Memorandum from the Department for Environment, Food and Rural Affairs to the Delegated Powers and Regulatory Reform Committee' を参照。

(31) ウェールズ，北アイルランドについては，適用される項目もあれば，それぞれの地方議会の決定に委ねられる項目もある。どの規定が適用されるかは，地域によって異なり，法案の中で指定されている。スコットランドについては，スコットランドの判断に委ねられる。Coe, S. and Downing, E.（2018）The Agriculture Bill (2017-19), Briefing paper number CBP 8405, House of Commons Library, pp.8-9, and pp.79-83.

第Ⅱ部　EU における農政と家族農業経営の現段階

表 6-5　政府のブレグジット農政改革提案と農業者団体の見解（整理表）

時期区分	大区分	基本項目	DEFRA（Command paper 及び Agriculture Bill より）内容	補足説明	備考	NFU の反応	LWA の反応
過渡的措置	CAP の運営改善（2019-20）	BPS 申請手続きの簡略化	BPS 申請手続きの簡略化。			賛成。	小規模農業経営、園芸・果樹などの林業事業体向け施策、アグロエコロジー的、有機的営農システムと小規模な商業的林業向け施策を開発せよ。
	移行期間（2021-27）	BPS の漸進的廃止	年次の進行につれて支給金額削減、7 年間でゼロに。高額受給者層に高い削減率を適用する累進削減方式。	受給額の上限を設けない。		市場の乱高下に対する対応として、直接支払いは有意義。受給額上限設定に反対。	高額受給者層に適用する削減率の削減幅を大きくし、中小農経営への資本支持資金源拡大に振り向けよ。120,000 ポンドを上限とする。受給額制限を導入せよ。
		直接支払いにおける営農要件の不要化検討（delinking）	全額一括前払い方式の選択肢も検討。			賛成。	
公共財に公的資金を		環境の改善・増進	大気・水質の改善、生物多様性、温暖化抑制、公衆に対する私有地へのアクセス権提供、農村の歴史的環境や風光明媚な景観の保全。	直接支払による環境配慮型土地管理契約を通じて環境配慮型の報酬を支払う。対象は、「農業者と土地管理者」。		意見付す了承。課題の追加は科学的、実証的根拠に基づき、生産性の低下、投資の収益性等を補償する報酬が必要。受給資格は「活動中の農業者」に限定せよ。	賛成。ただし、個別項目毎に奨励するのでなく、アグロエコロジー的、有機的営農システム、健康な価格で買える食料の生産と結合した成果ベースの支払いが望ましくし、受給資格は「積極的に農業に従事する農業者」に限定せよ。
		動物の健康・福祉増進	動物の健康・福祉の増進。				
		作物、樹木、植物及びミツバチの保護	作物、樹木、植物及びミツバチの保護。				
		農業の強靱性確保	農業・園芸・林業の起業及び生産性の向上に関連する設備投資。	農村地域生産性向上事業（Countryside Productivity）等。		賛成。	高地域での生産性向上のための家畜飼養密度引上げは、環境保全型農業を維持できる範囲にとどめよ。
		農村の強靱性保全	農村社会と遠隔地農業の支援。	農村開発増進事業（RDPE Growth Programme）、水源環境保全農業促進事業（Catchment Sensitive Farming）　イングランド農村開発事業（Programme for England）	CAP 第 2 の柱の農村開発事業の簡素化と拡充。		地元食料振興基金を創設し、ショートサプライチェーンや農場への切り替えを支援、雇用を創出せよ。　十分な資金をもつ新 LEADER+ 事業を設けよ。
		将来性の有望農業部門育成	農業技術の開発と普及を支援。　熟練労働者の確保を支援。	新移民受入れ法の制定。　農業関連の職業訓練制度の拡充。	新規就農者支援。　常用労働力と季節労働力の両方を含む。	科学的な R&D 向けや公共投資を増やせ。研究と普及の連携を強めよ。　新しい出入国管理制度提及の実情にあっていない　自作農業者と新規就農者との連携で土地保有者的な土地確保等	スコットランド型の新しい移民受入れ事業を。　農業新規参入者起業事業を。

第6章　イギリスの家族農業経営とブレグジット農政改革

基本的措置		規制様式の変更。	全農場一括実地見分方式（Whole farm inspection）など。	検査方式の簡略化。	予防行為の費用と便益を考慮して、簡略化せよ。	有機認証を奨励するインセンティブと補助金を。環境負荷が明らかな農薬や人造窒素肥料の使用に課税し、PPPを強制せよ。
農業支持	危機管理と強靱性	極端な市場混乱時に助成金や、融資、債務保証などの財政的支援を実施。EUの公的市場介入制度を当面維持。アグフロ・フード・サプライチェーン関係情報の収集と関係者での共有。	農業担当大臣が「農産物市場の深刻な混乱状態、ないし深刻な混乱状態が生じかねない重大な恐れがある」と宣言したときに適用。	農業者の危機管理に不可欠。透明性の確保。	直接支払いを廃止するなら、危機管理の代替案を示せ。危機管理制度も一考せよ。／賛成。	賛成。
	サプライチェーンにおける公正取引の確保	果実・野菜生産者の共販組織（PO）の支援。食料供給に関する行動規約の履行及び遵守を促す審判員（Groceries Code Adjudicator）の機能強化。農産物の品質等の基準と等級の区分。	独占禁止政策の適用除外、POの形成化。特に適用範囲を拡大。	スーパーマーケットによる優越的地位の適用規制。環境、動物福祉、食品安全への配慮。	賛成。	賛成。小規模生産者による協同組合の設立・運営に対する指導を。／賛成。
	競争力強化支援	WTO農業協定の枠内でできること。国内競争条件の平等化。	輸入品にも現在の環境、動物福祉、食品安全の基準を適用。UKブランドの売出し支援等。FTAの推進。ウェールズ、スコットランド、北アイルランドへの権限移譲に対応。	輸入抑制。輸出促進。国内市場での不平等な条件を回避。	賛成。	可能な限り高い関税を課し、税収をショート・サプライチェーン強化に振り向けて。反対。輸出市場よりも国内供給を優先すべし。輸出事業は産業負担で。反対。
全体的考え方		公共財の実現を根幹とする農業政策。				強固で強靱な農業育成の結果として、十分な食料自給率確保、安全で追跡可能な国内食料供給、働き口・投資・成長の支持、高水準の福祉・環境財を確保。食料主権とアグロエコロジーローチ（Whole Farm Management Approach）を基本とする全農場管理アプローチ。

資料：1）DEFRA (2018) 'Health and Harmony: the future for food, farming and the environment in a Green Brexit', Cm9755.
2）Coe, S. and E. Downing (2018) "The Agriculture Bill" (2017-19, CBP 8405", House of Commons Library.
3）Home Office and UK Visas and Immigration (2018) 'Policy paper, Future skills-based immigration system: executive summary'.
4）NFU (2018) 'NFU response to the government's consultation, "Health and Harmony: the future for food, farming, and the environment in a Green Brexit".
5）LWA (2018) 'Health and Harmony' Guideline Consultation Survey Responses for members of the Landworkers' Alliance'

注：上記資料などから溝手作成。2019年7月20日。作成。10月22日。加筆（元データは7月20日現在のもの）。

203

第Ⅱ部　EU における農政と家族農業経営の現段階

的な移行が終わった28年以降の措置である。

　移行期における BPS 廃止については，⑴①年次の進行につれて支給金額を削減する，②その際，初年次の削減で支給額の多いものほど高い削減率を課す累進削減方式を適用するが，受給額の上限を設けない，⑵受給資格について営農継続要件を外す切離し方式（delinking, デリンキング）をとり，7 年分の給付金一括前払いを検討するとしている。一括払いは，新制度に適応するための投資資金の確保を支援する，借地農業者への住宅取得資金提供により離農を促し構造再編を促進するという位置づけである。

　将来の農政の枠組みについては，第 1 に，「公共財に公的資金を」というスローガンの下，直接支払いを環境保全，動物福祉，営農環境整備，農村開発などに限定し，単なる営農継続だけでは支給を受けられないことにしたことが注目される。環境保全や動物福祉については，「土地管理契約」の締結が条件とされ，対象を「農業者と土地管理者」としている[32]。

　第 2 に，農業支持については，将来的な農業部門の育成，危機管理と強靱性の強化，食品サプライチェーンにおける公正取引の確保，国際競争力の強化の支援等を掲げている。これらは，近年の CAP 改革の路線を踏襲するものといってよいであろうが，上述の所得補償型直接支払い廃止方針と相まって，市場主義の傾向をいっそう強めている。

（2）農業団体の対応―家族農業経営支援の視点から見る

1）NFU の対応と要求

　国民投票後，NFU は次々と農政改革提案文書を発したが，ここではその中で最も系統的な 'NFU response to the government's consultation; "Health

---

[32]農業環境政策から見たブレグジット農政改革については，和泉真理の一連の著作を参照。和泉真理「EU 離脱後の英国農業政策の行方―農業環境政策からGreen Brexit への展開―」（『農業問題研究』第50巻第 2 号，2019年），同『ブレグジットと英国農政―農業の多面的機能への支援』（JCA 研究ブックレットNo.25，2019年），等。

and Harmony: the future for food, farming, and the environment in a Green Brexit"" を中心に主要な特徴を紹介する。

NFUは、「生産性向上」,「環境保全」,及び「市場激変への対応」の3点を改革の要石と位置づける。その対応は大きく次のように集約できる。

第1に,所得補償型直接支払いの廃止に真っ向から反対する。ひとつには,食料自給に必要な,強固で強靭な国内食料生産部門の維持は国民の重大な関心事であるから,食料生産者としての農業者を財務面でも支援すべきであるとし,今ひとつには,市場激動のリスク緩和において面積割の直接支払いが重要な役割を果たしているとして,その継続を求めている。

また,移行期間におけるBPS支給減額について,上限額設定はもとより,多額受給者に傾斜した減額にも不公正だとして反対している。

第2に,その他の農業支援策について,多くの点で政府提案を基本的に支持しながら,細かな注文を付していることが注目される。

たとえば,環境等に配慮した土地管理の契約を締結した者に報酬を与える直接支払いの創設について,基本的に了承しながら,①営農活動に対する新たな環境要件の追加は科学的に実証されるものに限るとともに,収益性の低下等が起こる場合は補償・報酬を付すこと,②支払いの受給資格を「活動中の農業者」に限定することを求めている。①は,「規制様式の変更」の箇所で,実地見分の簡略化を要求していることと合わせて,環境規制の負担緩和を求めているものと解される。②は,デリンキングの拡大解釈により,経営受委託や偽装耕作などを通じて,自らは実質的な農業経営に携わらないで直接支払いを獲得する地主的「土地管理者」の増大を警戒したもののようである。

また,熟練労働者の確保に関連して,政府提案の職業訓練制度の拡充,支援方針を歓迎する一方,新しい移民労働者受入法制の整備方針が遅れていると厳しく批判している[33]。低賃金雇用労働力に依存する大規模経営の利益に沿ったものと言えよう[34]。

第3に,サプライチェーンにおける公正取引の確保方策,R&D支援や安

第Ⅱ部　EUにおける農政と家族農業経営の現段階

全性や動物福祉等に関する厳しい食品規制の維持，農産物輸出支援といった
国内市場の保護・輸出促進策については，おおむね政府の政策を支持してい
る。

　以上の対応から見えてくるNFUの対応は，⑴農業内での階層間の収益力
格差には手を付けることなく，また，⑵環境等の規制をこれまで以上に強め
ることなく，むしろ緩和を進め，⑶安価な労働力供給環境を守り技術革新を
進めて競争力を維持・強化しながら，⑷対外的には，国内市場を保護しつつ
輸出拡大をめざし，⑸食品アグリビジネスとの関係では農業生産者に不利な
現状の挽回を図ることにある，と整理できよう。

---

(33)東欧からの移民労働者流入増大を背景として，2013年に，非熟練外国人季節
　　農業労働者受入れ制度（Seasonal Agricultural Workers Scheme，略称
　　"SAWS"）が廃止された（SAWSについては，内山智裕「イギリスにおける外
　　国人季節農業雇用の制度変化と課題」（『農林業問題研究』第178号，2010年）
　　105～107ページを参照。
　　　ブレグジットに伴う移民労働者不足が深刻化するなかで，NFUなどの要求
　　により，19-20年限定のパイロット事業として，2,500人を上限にEU以外から
　　の移民労働者に6カ月のインターバルで再入国を認めることになった。政府は，
　　将来的な制度として，農業法案とは別に，出入国管理・移民制度を，保持す
　　る技能が高度なものほど優遇するように改変することを提案している（Home
　　Office and UK Visas and Immigration (2018) 'Future skills-based
　　immigration system: executive summary', policy paper, *2018.12.19*）。これ
　　に対して，NFU会長は，「技能水準に焦点を合わせるのでなく，むしろ各産業
　　の成長のために必要な特定の技能セットを考慮す」るよう要求している（'New
　　immigration system proposals announced', https://www.NFUonline.com/
　　cross-sector/farm-business/employment/employment-news/new-
　　immigration-system-proposals-announced/, 2019年7月20日にアクセス）。
(34)イングランドでは，2013年に農業労働者の低賃金を規制する農業賃金審議会
　　（Agricultural Wages Board）が廃止され，一般の最低賃金制の一部に移行し
　　たが，NFUはこれに同意した（NFU (2012) 'NFU Consultation: Consultation
　　on the Abolition of the Agricultural Wages Board (AWB), Agricultural
　　Wages Committees (AWCs) and Agricultural Dwelling Houses Advisory
　　Committees (ADHACs)', *dated 2012.11.9*）。

206

第6章　イギリスの家族農業経営とブレグジット農政改革

2）LWAの対応と提案

　LWAの見解は，NFUと類似する部分もあるが，根本において大きく異なる。

　第1に，農業生産者向けの直接支払いについて，所得補償型のBPS廃止に賛成するとともに，代わりにアグロエコロジー[(35)]的な農業への転換を奨励する直接支払い制度を設けることを提案している。ヘルシーで環境に優しく，人間らしい食料を，手頃な価格で入手できることは，「公共財のひとつ」であるから，それに貢献する農業生産に公的資金を提供するべきであるという考え方である。

　その際，環境保全や動物福祉，安全性への配慮と切り離して，別個に食料生産向けの直接支払いを設けることには反対する。農業の生産効率引上げを促す他の支援策と併用されると，大規模経営を中心に，同じ農場のなかでも，生産条件の悪い土地は環境支払い等の獲得に用い，好条件の土地については，増産に注力する結果，むしろ環境等への負荷を増大させる恐れがあるというのがその理由である。生産性の向上と環境等の改善と同時追求する生産方法，すなわち，有機農業を極致とするアグロエコロジーへの転換に応じて直接支払いを増やすべきだとしている。そのため，支払いには，全農場管理アプ

---

(35)'Written Evidence: Academics and farmers from the Institute of Development Studies at the University of Sussex and the Land Workers' Alliance（AB70）', *dated 2018.11.21*, House of Commons, https://publications.parliament.uk/pa/cm201719/cmpublic/Agriculture/memo/AB70.pdf によれば，アグロエコロジーは，「主に農場で用いられる技術に焦点を合わせて［…］始まった［が，…］一部の者が，社会的文脈と食料消費を結合するためにアグロエコロジーの解釈を拡大するようになった。
　アグロエコロジー的な生産は，農場における養分やエネルギーのリサイクル，［…］土壌有機物と土壌生物の活動増進，［…］農業生態系における植物種と遺伝子資源の多様化，耕種と畜産を統合し個別品種の収量よりも営農体系全体の相互作用と生産性の最適化を図ること，すべての人々が利用できる健康的な食料の生産，そして社会（例えば，農村の生活やコミュニティ等）を支えること，といった［…］広範な諸原則を順守する」とされている。

207

第Ⅱ部　EUにおける農政と家族農業経営の現段階

ローチ（Whole Farm Management approach）[36]を用いるよう提起している。

　他方，農用地に関する権利を保有するだけで，農業経営を他者に委託するような「土地管理者」に受給資格を与えるべきでないとする点では，NFUの主張と重なる。

　また，移行期間におけるBSP支払いについては，累増方式による削減と併せて12万ポンド（約1,800万円）/年の上限を導入し，浮いた資金を中小経営の支援財源とすべきだとしている。

　第2に，直接支払い以外の方法による，農業者自身のR&D・技術普及や熟練労働者の確保といった生産支援を求めている点はNFUと共通しているようにも見える。ただ，アグロエコロジーの考え方に沿って支援対象を選定する点では大きく異なる。また，労働力確保をめぐって，NFUが移民労働力など安価な労働力確保をめざすのに対して，LWAは公正な雇用条件の確立のために，2013年に廃止された農業賃金審議会制度の再導入するよう求めている。

　第3に，農産物市場のあり方をめぐっても，共通点とともに独自性が見られる。

　両団体とも，(1)国民が求める動物や環境に優しい生産方法による安全で高品質な食料を確保するために，厳格な農産物の品質基準等を維持し，輸入品にも適用するよう求める，(2)サプライチェーンにおける食品アグリビジネスの横暴を抑制する方策として，①生産者共販組織（producer organisation, PO）に対する独占禁止法適用除外などの支援により生産者の拮抗力を強める，②スーパーマーケットによる優越的地位の濫用に対して，食料品供給に関する行動規約の遵守を促す審判員（Groceries Code Adjudicator）制度の拡充・強化を図る，とする政府提案を支持している。

　ただ，NFUがイギリス産農産物・食品のブランド売込み支援やFTA締結

---

(36)LWA（2018）'The Whole Farm Agroecology Scheme', 〈https://www.amendagbill.uk/s/WFAS.pdf, 2019年7月30日にアクセス〉を参照。

第6章　イギリスの家族農業経営とブレグジット農政改革

を通じた輸出促進施策を支持するのに対して，LWAは，輸出よりも国内供給を優先すべきとして反対している。また，地域支援型農業（CSA）やファーマーズマーケット，マーケットガーデン（market-garden）といったショートサプライチェーン（short supply chain, SSC）の支援と地域・地方市場の開発に力点を置いた施策を行うことを求めている。

こうした違いはLWAのスタンスを象徴する。NFUは，輸出と全国市場という，食品アグリビジネスが主導し，大規模生産者が相対的に有利なポジションを占める，既存のフードシステムの枠組みを変えることなく農業者の立場を改善しようとする。これに対して，LWAは，生産者と消費者が提携しやすく，また鮮度の保持やフード・マイレージの短縮等による資源・環境負荷の軽減に役立つ，ローカルなフードシステムの創出，拡大をめざす。グローバルな，あるいはナショナルな規模でのフードシステムにおいて地歩を失いつつある中小家族経営にとって，ローカルな市場は新たに開拓できる有利な活動領域として期待されている。

注目すべきは，上述のようなLWAの提案が，「食料主権論」を基盤として組み立てられていることである。アグロエコロジーは，環境保全や動物福祉の増進と健康的な食料の安定的確保とを同時追求するものである。直接支払いを通じて妥当な報酬を提供する，サプライチェーン取引の公正化を図る，移民労働者等低賃金労働力に犠牲を強いる労働市場のあり方を改善するといった政策は，市場機能をフェアな土台に据え直すことであり，また，輸出奨励策に反対し，全国市場よりはローカル市場の発展を促す文字通りのSSCの追求は，ダンピング禁止と通じあう。食の部面にとどまらず，労働や環境，健康といった人々の暮らしに関わる事項を最優先し，営利追求についてはそうした課題と矛盾しない範囲で二次的に認められるものとするという考え方である。

ここでは，近年のイギリス（イングランド）における中小家族農業経営の苦境とその規定要因を分析するとともに，ブレグジット農政改革議論のなかで提起された論点や農業者団体等の提案のポイントを整理した。しかし，本

209

第Ⅱ部　EUにおける農政と家族農業経営の現段階

章執筆時においては，イギリスのEU離脱の動きはなお着地点を見出だせずにいるし，農業法案自体も審議の途上にある⁽³⁷⁾。

　そうした中で本章で注目を促すのは，ブレグジットをめぐる激動のなかにあって，イングランドにも中小家族経営とその運動組織が存在し，大規模農業者とアグリビジネスの求めるイギリス農業のさらなる市場主義的展開に対するオルタナティブを提示しているという現実である。

---

(37)小稿で扱えなかった対外関係の変化等については，とりあえず，桑原田智之「英国—EUからの離脱による農業・食料分野における政策環境，通商条件等の変化—」（農林水産政策研究所『平成29年度　カントリーレポート：米国（米国農業法，農業経営の安定化と農業保険，SNAP‐Ed），EU（CAP農村振興政策，フランス，英国），韓国，台湾』，2018年），及び三菱UFJリサーチ&コンサルティング『平成29年度海外農業・貿易投資環境調査分析委託事業（EUの農業政策・制度の動向分析及び関連セミナー開催支援）報告書』（2018年，第3章）を参照されたい。

第7章

ドイツ・バイエルン州にみる家族農業経営

河原林 孝由基

1．農業構造の激変と迫られる気候変動・環境問題への対応

（1）EU共通農業政策の新自由主義的転換のもとでの農業構造の激変

　新自由主義支配のグローバル市場編制は，WTO農産物自由貿易体制（1995年～）のもとで，農産物輸出競争と市場争奪戦の激化が，EU諸国，したがってドイツでも農産物価格を低落させ，農業経営の危機を深刻化させた。中小規模経営を先頭にハイテンポでの離農が進み，経営数の急減と経営増減分岐点の上昇にみられる農業経営構造の変化が顕著であった。それは小稿が主たる研究対象とする南ドイツ・バイエルン州のように典型的に家族農業経営型の農業構造をもち，次節でみるようなEU共通農業政策（CAP）の構造政策「マンスホルト・プラン」に対抗するオルタナティブを打ち出した地域でも同様であった。

　ドイツの農業経営構造の変化は，まず農業経営数の減少が顕著であるところに示されている（**表7-1**）。2005年の36万6,000経営から12年には28万8,200経営になった。7万7,800経営（21.3％）も減少している。うち旧東ドイツ（2万8,400経営から2万4,000経営に減少）を除く旧西ドイツ地域の農業経営数は26万3,200経営になった。ドイツの農業センサス基準では，農業経営は2010年にそれまでの農用地面積の下限2haから5ha基準となったことを差し引いても，2000年代に入っての農業経営数の減少は異常なものとすべきであろう。なお，旧西ドイツの1987年の農業経営数（農用地規模1ha以上）

211

第Ⅱ部　EU における農政と家族農業経営の現段階

表7-1　ドイツの地域農用地面積と農業経営（2005 年・2012 年・2017 年）

	農用地（2017 年）		経営数（2005 年）		経営数（2012 年）		経営数（2017 年）		農用地／経営
	1 万 ha	（%）	1,000	（%）	1,000	（%）	1,000	（%）	2017 年 ha
バイエルン州	312.8	(18.7)	124.3	(34.0)	94.4	(32.8)	88.6	(32.8)	35
バーデン・ヴェルテンベルク州	141.9	(8.5)	50.9	(13.9)	43.1	(15.0)	40.1	(14.8)	36
南部 2 州	454.7	(27.2)	175.2	(47.9)	137.5	(47.8)	128.6	(47.6)	
ヘッセン州	77.2	(4.6)	22.5	(6.1)	17.4	(6.0)	16.1	(6.0)	48
ノルトライン・ヴェストファーレン州	258.7	(15.5)	48.4	(13.2)	33.8	(11.7)	31.6	(17.7)	69
ラインラント・プファルツ州	146.0	(8.7)	21.8	(6.0)	19.2	(6.1)	17.1	(6.3)	46
ザールラント州	70.8	(4.2)	1.5	(0.4)	1.2	(0.4)	1.2	(0.4)	42
中部 4 州	301.7	(18.1)	94.2	(25.7)	71.6	(24.8)	66.0	(30.4)	
ニーダーザクセン州	258.7	(15.5)	50.5	(13.8)	40.5	(14.1)	37.4	(13.9)	69
シュレスヴィヒ・ホルシュタイン州	98.8	(5.9)	17.7	(4.8)	13.6	(4.7)	12.6	(4.7)	79
北部 2 州	357.5	(21.4)	68.2	(18.6)	54.1	(18.8)	50.0	(18.6)	
都市州	2.5	(0.1)	0.8	(0.2)	1.1	(0.4)	0.8	(0.3)	36
旧西ドイツ計	1,116.4	(66.9)	337.6	(92.3)	263.2	(91.6)	244.6	(96.9)	46
ブランデンブルク州	132.3	(7.9)	6.2	(1.7)	5.5	(1.9)	5.4	(2.0)	246
メクレンブルク・フォアポンメルン州	134.6	(8.1)	5.0	(1.4)	4.7	(1.6)	4.9	(1.8)	277
ザクセン州	90.1	(5.4)	7.9	(1.9)	6.1	(2.1)	6.5	(2.4)	140
ザクセン・アンハルト州	117.6	(7.0)	4.5	(1.2)	4.2	(1.5)	4.3	(1.6)	274
チューリンゲン州	77.8	(4.7)	4.8	(1.3)	3.5	(1.2)	3.5	(1.3)	221
旧東ドイツ計	552.3	(33.1)	28.4	(7.8)	24.0	(8.4)	24.6	(9.1)	225
合計	1668.7	(100.0)	366.0	(100.0)	287.2	(100.0)	269.8	(100.0)	62

出所：DBV, Situationsbericht 2006/07, 2013/14, 2018/19 版による。
注：ドイツ政府は，1998 年農業センサスまでは農用地面積 1 ha 以上，99 年からは 2 ha 以上であった農業経営基準を，2010
　　年から主業・副業経営に関係なく農用地面積 5 ha 以上に変更している。

は68万1,010経営（うち農用地面積 5 ha規模以上は69.7％で47万4,737経営）
であったから，この四半世紀における農業経営構造の変化はたいへん大きい。
経営数増減分岐点は100haになった。

　これを州別に最新の2017年の農用地規模別農業経営とそれらが経営する農
用地面積をみた。バイエルン州に 8 万8,600経営（旧西ドイツの36.2％，全ド
イツの32.8％）と，全ドイツの農業経営の 3 分の 1 が集中する。バイエルン
州西隣のバーデン・ヴュルテンベルク州の 4 万経営（旧西ドイツの16.3％，
全ドイツの14.8％）を合わせれば，この南ドイツ 2 州に12万8,600経営（旧西
ドイツの52.6％，全ドイツの47.6％）と全ドイツの半分の経営が存在する。
農用地面積では，バイエルン州が312.8万ha（18.7％），バーデン・ヴュルテ
ンベルク州が141.9万ha（8.5％）と全ドイツの農用地の27.2％， 4 分の 1 強
である。両州の 1 経営当たり平均農用地は35，36haと，都市州（ベルリン，
ハンブルク，ブレーメン）と並んでもっとも小さい。

212

第7章　ドイツ・バイエルン州にみる家族農業経営

　このような農業構造変化は農地賃貸借の増加をともない，バイエルン州で
は1980年代まで農用地面積に占める借地面積は20％台であったのが，90年代
で30％台，2000年代に入ると40％台となり，最新データ2013年では農用地総
面積312.6万haのうち154.1万ha，すなわち49.3％と農地の半ばは借地になっ
ている。2012年の経営総数9万4,400経営のうち借地をもつ経営は6万7,100
経営（71.1％）で，その1経営当たりの借地面積は平均48.3haに達する。

　さて，バイエルン州には1987年には農用地規模1ha以上の農業経営が23
万1,326経営存在した。同5ha以上は17万3,663経営であった。当時の旧西ド
イツの農用地1ha以上の経営総数は68万1,010経営，同5ha以上は47万4,737
経営であった。したがってバイエルン州は，全西ドイツの1ha以上層では
34.0％，5ha以上層では36.6％を占めていた。そして2012年までの20年ほど
の間に，5ha以上層でも9万9,400経営に，7万4,263経営すなわち42.8％も
の減少をみたのであって，旧西ドイツにおける農業経営数に占める割合をわ
ずかながらも低下させている。これは「バイエルンの道」というEUの農業
構造政策「マンスホルト・プラン」へのオルタナティブを州農政が選択し，
その選択をもってしても，中小経営の離農そのものは抑制しがたかったこと
を意味している[1]。

　なお，ブランデンブルク州（5,400経営）の1経営当たり平均農用地規模
246ha，メクレンブルク・フォアポンメルン州（4,900経営）の同277ha，ザ
クセン州（6,500経営）の同140ha，ザクセン・アンハルト州（4,300経営）の
同274ha，チューリンゲン州（3,500経営）の同221haは，旧東ドイツではか
つての大規模集団経営である農業生産協同組合（LPG）や国営農場（VEG）
を中心にした社会主義の大規模経営構造を引き継いだ有限会社や協同組合な
どの大型法人経営中心の構造になっていることによる。経営数が2012年の
2万4,000経営から，17年には2万4,600経営に600経営増加しているのは，こ
の間に大規模経営の経営分割があったことによるものであろう。

213

第Ⅱ部　EUにおける農政と家族農業経営の現段階

（2）バイエルン州北部の農業構造の変化

　バイエルン州食料農林省のもとに，47の支局が州内に配置されている。バイエルン州西北部のウンターフランケン地域の最北端であるバート・キッシンゲン郡とレーン・グラプフェルト郡の2郡を管轄するバート・ノイシュタット支局が作成した資料で，バイエルン州北部の農業構造がわかる。この地域は，西のヘッセン州，北のチューリンゲン州（旧東ドイツ）とバイエルン州の三角地帯に位置するが，両郡の面積は合計21万5,883haであり，うち林地が9万ha，農地が同じく9万haを占め，両郡の土地の83％は農林業用地であって，「農林業がもつ環境上，かつ社会的役割がたいへん大きい」というのが，支局の主張である。

　ここでは，レーン・グラプフェルト郡の農業構造の変化を追ってみよう。

　1960年には農業経営は7,920経営を数えた。それが1971年には5,445経営，84年には3,603経営，97年には1,876経営にまで減少した。いわゆるEUの農業

（1）EEC委員会の「マンスホルト・プラン」（68年12月発表）は，1971年には「1980年農業プログラム」として「EC共通農業構造政策」の実施をめざすことになる。バイエルン州の政権を戦後一貫して握ってきた保守のバイエルン州地域政党「キリスト教社会同盟」（CSU）政権は，「マンスホルト・プラン」とそれに追随する西ドイツ連邦政府の動きに強く反発して，「マンスホルトの道」ではなく，「バイエルンの道」を提起した。それは，すべての農家に対して，すなわち主業（専業的）経営の経営育成だけでなく，農村地域に農業以外の就業機会を創出して，副業農家にも適切な居場所を提供し，農家の農地所有を維持することで農業環境・景観の維持に貢献する農家を確保して社会的安定を得ようというものであった。この「バイエルンの道」を法制化したのが，「バイエルン州農業振興法」（1974年8月8日施行）であり，「バイエルン州農業環境景観保全プログラム」（KULAP）は，ドイツ地方政府独自の農業環境景観保全給付金制度を代表するものとなった。なお，バイエルン州をして，「農業経営者に成長か撤退かを迫り大経営にだけ存在意義を認める」マンスホルト・プランへの独自の対抗策を立てさせることになったのは，次節でみる「マシーネンリンク」に代表される「パートナーシャフト」の農業経営間協力をめざす運動が1960年代には本格化していたことがある。「バイエルンの道」と「農業環境景観保全プログラム」の詳細については，村田武『現代ドイツの家族農業経営』（筑波書房，2016年）参照。

214

第7章　ドイツ・バイエルン州にみる家族農業経営

構造政策「マンスホルト・プラン」が開始される1971年からは3,569経営，すなわち65.5％，3分の2が離農している（この間の農業センサス統計での農業経営はいずれも農用地1ha以上）。2001年には1,655経営（これ以降は農用地5ha以上）となり，これが2010年には1,464経営，17年には1,281経営になった。2001年からは374経営，23％の減少となった。しかも17年の1,281経営のうち，主業経営（農業所得が農家所得の過半）は307経営（平

調査地

均農用地規模は100ha超），副業経営（農外所得が農家所得の過半）は974経営（平均農用地規模は20ha未満）であって，今後も副業経営の離農は進むとみられる。支局によれば，バイエルン州北部での農業経営のほぼ8割が副業である（バイエルン州南部では主副比率はほぼ40：60）。

そしていま一つの変化は，1970年代・80年代までは，農業経営のほとんどは小規模な耕畜複合経営であった（ちなみに，1971年の農業経営5,445経営のうち，乳牛飼育経営は3,691経営・67.8％（1経営当たり乳牛頭数5頭），繁殖母豚飼育経営は1,970経営・36.2％（同4頭），肥育豚飼育経営は4,912経営・90.2％（同12頭）。小頭数の乳牛と豚をともに飼育する経営が大半で，この地域はバイエルン州南部オーバーバイエルン地域のようないわゆる酪農地域ではなかったが，7割近い経営は乳牛を飼育していたのである。

1971年の乳牛飼育経営3,691経営（乳牛合計1万6,495頭，したがって1経営当たり4.5頭）は，2010年には217経営（乳牛合計4,076頭）にまで減少した。繁殖母豚飼育経営も97経営（1,970経営から95.1％減）に，肥育豚飼育経営も

215

第Ⅱ部　EUにおける農政と家族農業経営の現段階

256経営（4,912経営から94.8％減）に減少した。乳牛飼育経営217経営のうち主業経営106経営の平均乳牛頭数は29頭，繁殖母豚飼育経営97経営のうち主業経営46経営の平均繁殖母豚頭数は94頭，肥育豚飼育経営256経営のうち主業経営86経営の平均肥育豚飼育頭数は251頭になっている。さらに，肥育豚飼育経営では，100頭以上飼育経営41経営の平均飼育頭数は521頭である。そして，これら飼育頭数を拡大してきた畜産主幹の主業経営は，農用地についても離農経営からの借地によって規模拡大しており，いずれもほぼ100ha水準に達し，家畜飼料の経営内自給体制を確立している。

2．協同バイオガス発電事業と家族農業

（1）レーン・グラブフェルト郡における協同バイオガス発電事業

1）コンサルタント会社「アグロクラフト社」と郡内5つの協同バイオガス発電施設

　ここで紹介する協同バイオガス発電事業は，「レーン・グラブフェルト郡マシーネンリンク」（以下では「レーンMR」）が農業者同盟の郡支部と折半出資で，2006年に再生可能エネルギー事業を郡内で推進するためのコンサルタント会社アグロクラフト社を立ち上げたことに始まる[2]。

　アグロクラフト社の立上げは，ドイツでは2000年に再生可能エネルギーによる電力の固定価格買取り制度（Feed in Tariff, FIT制度ともいう）が導入されたことで，郡内に海外企業を含む域外企業による太陽光や風力発電事業への参入圧力が強まり，それに対抗して地域住民の出資による事業で所得を地域で確保しようとしたことが契機となっている。"協同組合の父"と慕われているF. W. ライファイゼンが19世紀に「村のお金は村に！」（Das Geld des Dorfes dem Dorfe）をスローガンに農村信用組合を組織したことに学び，同社では「村のエネルギーは村に！」（Die Energie des Dorfes dem

───────────────

（2）バイエルン州のマシーネンリンクについては，前掲村田武『現代ドイツの家族農業経営』に詳しい。

Dorfe）のスローガンを掲げている。太陽光や風力，バイオガス発電事業などを手掛け，発電などから得られる収益は事業体に出資・参加した農家・地域住民に分配されることになる。

とりわけ，バイエルン州はバイオガス発電が2,330施設（全ドイツの3割，州別トップ），発電出力77.4万kW（同2割）と盛んな地域である（数値は2013年末データ）。バイオガス発電とは，家畜糞尿や食品残渣，サイレージ用トウモロコシ（デントコーン・サイレージともいう）などをメタン原料とし，処理過程で生成されるバイオガス（メタンCH_4が主成分）をもとにバイオガス発電機により行う発電である。バイオガス発電を含む嫌気性発酵処理を担う施設はバイオガスプラントとも呼ばれ，プラントは原料調整槽（原料受入タンク），メタン発酵槽，ガス貯留設備・発電機・熱併給設備，消化液（搾液）貯留槽等から構成される。原料調整槽に投入された家畜糞尿などのメタン原料は嫌気（密閉）状態の発酵槽で加温・撹拌され，微生物群により分解・発酵しバイオガスを生成する。それをバイオガス発電機により電力や発電に伴う余剰熱を温水といったエネルギーに変換する。また，発酵済み残渣は消化液と呼ばれ液肥（有機肥料）として利用可能である。なお，バイオガス発電で発生する二酸化炭素（CO_2）はカーボンニュートラル[3]とされ，地球温暖化対策として環境に貢献する意義もある。バイオガス施設を大別すると，①戸別型プラントと②集中型プラントに分類され，戸別型とは農場単位で農家がバイオマス資源（家畜糞尿処理，デントコーン・サイレージなどエネルギー作物）を活用するため個別に設置した施設のことをいい，集中型とは地域における複数の農家から収集したバイオマス資源を集中的に処理・

（3）家畜糞尿を原料にしたメタンガスを燃焼する際に二酸化炭素が発生するが，これは家畜が餌として食べた植物に由来するものであり，燃焼で発生する二酸化炭素の量を植物がその成長過程で光合成により吸収した量を超えない限り，大気中の二酸化炭素量の増減に影響は与えないという考え方。デントコーン・サイレージなどをエネルギー作物としてメタン原料とする場合は，燃焼で発生する二酸化炭素の量は植物がその成長過程で光合成により吸収した量と捉え，大気中の二酸化炭素量の増減に影響は与えないと考える。

活用する施設のことをいう。

バイエルン州ではバイオガス発電施設の1施設当たりの出力は332kW（2013年末データ）で戸別型が多いが，レーン・グラプフェルト郡内では1施設当たりの出力は600kW（2011年末データ）と大きい。これは戸別型よりも協同組合方式などで畜産経営と穀作経営が数十戸単位で立ち上げる協同施設（集中型）が中心となっているからである。

グロスバールドルフにある協同バイオガス発電施設

アグロクラフト社では郡内に協同バイオガス発電事業として集中型の5施設を立ち上げ，運営しており，そこには計180の家族農業経営が参加し，そこから得られる収益は農家経営にとって貴重な下支えとなっている。その中でも，郡内の小村グロスバールドルフでの取組みはとくに有名で，再生可能エネルギーだけで電力需要を100％完全自給している村として，2013年に全ドイツ「再生可能エネルギーによる村おこし」表彰を受けた全国3村のひとつとなった。その中心となるのが協同バイオガス発電事業であり，2011年に創業し，バイオガス発電施設の出力は発電625kW・熱供給量680kWで，44の家族農業経営が参加している。メタン原料としては，村内には養豚が1経営・酪農が4経営と少ないながらもあり，そこでの家畜糞尿を原料として投入しているが，主にデントコーン・サイレージをエネルギー作物として使用している。このように協同バイオガス発電事業では，畜産経営だけでなく兼業穀物経営にも出資（配当）とメタン原料供給（販売）による所得確保の機会を与えている。電力はFIT制度のもとで売電し，熱は村内の各世帯に熱供給するインフラ（保温のため断熱材を使用した温水地中配管を村内に張り巡らせている）が整備されており地域暖房の熱源として販売している。熱電併給（コージェネレーション）が整備されたことで地域でのエネルギー安定供

第7章　ドイツ・バイエルン州にみる家族農業経営

給の見通しが立ち，自動車部品工場が他地域への転出を止め，新たに工作機械メーカーも進出し180人の雇用を生み出すなど地域雇用にも役立っている。

　ここでアグロクラフト社が手掛けたグロスバールドルフ以外の残る4施設も概観しておく。

　ウンスレーベンにある協同バイオガス事業は，2006年の設立時には参加農家47戸で，メタン発酵槽3基で発電620kW・熱供給600kWという出力であった。メタン原料は牧草とデントコーン・サイレージが100％で，家畜糞尿はゼロである。2010年にメタン発酵槽を1基追加し，発電889kW，熱供給600kWになった。売電と村内の各世帯への熱供給に加えて，バイオガス施設に隣接する園芸農場にも熱供給している。さらに，メタン濃度を90％以上に引き上げる都市ガス化施設を設置して，400kW分を都市ガスとして供給している。

　バート・ケーニヒスホーフェンにある協同バイオガス事業は，5つのバイオガス施設のうち同社が最初に手掛けたものであり，2006年に操業し2011年に拡大，発電625kWで，35の家族農業経営が参加している。投資額は230万ユーロである。メタン原料として年間，デントコーン9,439t，牧草1,686t，野菜などサイレージ1,130tを参加農家で供給している。発酵済み残渣の消化液（液肥）を散布する圃場面積は380haである。ここでは売電と村内の各世帯に熱供給するだけでなく，大型温水プール施設「フランケン・テルメ」に熱供給している。この施設は温水プールやサウナを中心としたレジャー施設であり，地域住民の健康増進や交流，憩いの場となっている。当該施設はバイオガス施設から1kmの距離にあり熱供給するインフラ（温水地中配管）が整備されており，90℃の温水が配管を通して届き，館内にある熱交換器で熱エネルギーを交換し，給湯管で館内に熱供給している。温水プールの温度は31℃である。これまで熱源として重油を燃料に使用していたが，バイオガス施設からの熱供給により燃料コストの削減を実現した。地域内で熱循環させることは，外部からの燃料購入による地域所得の域外流出を防ぎ，それら所得が域内で消費や再投資されれば，さらなる経済効果が生まれる。加えて，

219

第Ⅱ部　EU における農政と家族農業経営の現段階

バイオガス施設はカーボンニュートラルとされ地球温暖化対策としての環境的意義や，地域住民の健康増進や交流，憩いの場である大型温泉施設を経済面で下支えし存続・運営していくといった社会的意義も認められる。

　メルリッヒシュタットにある協同バイオガス事業は，1号メタン発酵槽630kWh・2号発酵槽526kWの発電計1,156kW・熱供給量計1,400kWと大規模なもので，売電と熱は村内にある麦芽製造工場に全量供給している。また，冬期には村内のプールも加熱している。

　オストハイムにある協同バイオガス事業は，発電635kW・熱供給量635kWで，売電と村内の各世帯に熱供給している。

　このように協同バイオガス事業では，売電・熱供給やメタン原料供給（販売）等の収益で，参加する180の個々の家族農業経営を下支えしていることに加え，エネルギーの地域での活用・循環により様々な「地域おこし」に繋げている。再生可能エネルギーはその経済的なインパクトから「地域おこし」に不可欠な「必要条件」であるが，ただ電気を売って儲けるだけでは「地域おこし」の「十分条件」には足りえない。地域の資源を活かして地域をおこし，仕事をおこし，そこで暮らす人々の思いも含めた社会的な好循環をおこしていくことにその本質があると考える。ここでは，その取組の核として，F.W.ライファイゼンにならい協同組合の理念のもとで高度な専門性をもってプロジェクトを立ち上げ，コンサルティングを行っているアグロクラフト社の存在が大きいといえよう。

　世界風力エネルギー協会が「コミュニティ・パワー」という考え方を示している。地域の人々がオーナーシップをもって進める自然エネルギーの取組のことをいい，「コミュニティ・パワー」と呼ぶには次の3原則のうち，少なくとも2つの基準を満たしていなければならない。

「コミュニティ・パワーの3原則」
①　地域の利害関係者がプロジェクトの大半もしくはすべてを所有している。
②　プロジェクトの意思決定はコミュニティに基礎をおく組織によって行わ

れる。
③ 社会的・経済的便益の多数もしくはすべては地域に分配される。
（資料　世界風力エネルギー協会）

　これらは，出資・利用・運営といった協同組合の原則と親和性が高く，協同組合に対する期待も大きい。このように，その鍵となるのは，地域に根ざした取組みを主導する核となりうる存在があることではないだろうか。当地ではレーンMRがオルガナイザーとしてアグロクラフト社を核に協同バイオガス発電事業をリードしている。そこで必要とされるのは，高度な専門性を有しトータルでコーディネート，コンサルティングを行いうる地域に根ざした人材・組織であり，農民たちのやる気（やる気の喚起も含め）の実現に向けどれだけ献身的にサポートできるかも重要だろう。

２）協同バイオガス発電事業の運営をマシーネンリンクが支えている

　協同バイオガス発電事業を運営していくには，メタン原料となるデントコーン・サイレージや牧草サイレージを，年間を通じて安定的に過不足なく必要量を供給しなければならない。それには地域全体として計画的な作付けと収穫作業，適正な経理・決算処理が求められる。それを180の個々の家族農業経営がそれぞれで行っていては，とうてい実現は不可能である。そこで登場するのがレーンMRである。マシーネンリンクにとって農業機械作業斡旋・調整は本来業務であり，その特徴を生かして協同

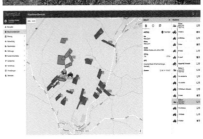

コンピュータによるデントコーン収穫（収穫機の配置と施設への運搬）管理画面
この地域は均分相続地帯であったことから，所有する農用地は飛び地で分散しており虫食い状になっている。
（写真・資料はアグロクラフト社提供）

第Ⅱ部　EU における農政と家族農業経営の現段階

バイオガス発電事業の運営・管理では大きな役割を担っている。郡内5つの協同バイオガス発電施設へのメタン原料供給調整事業の年間スケジュールをみるとそれが分かる。

〈年間スケジュール〉

1～5月　　郡内5つのバイオガス発電施設のそれぞれの施設長と年間計画の作成
　　　　　　原料供給量についての契約
　　　　　　個々の農家・施設と原料作物作付計画の作成
　　　　　　施設ごとに作付圃場報告の登録
6～7月　　牧草・ホールクロップサイレージ収穫準備
7～8月　　ホールクロップサイレージ決算，デントコーン収穫準備
8～9月　　デントコーン収穫（収穫機の配置と施設への運搬を管理）
9～11月　 デントコーン収穫決算
11～12月　全5施設（参加経営約180）についての原料供給管理最終決算
　　　　　　全参加経営にタブレットを施設には受信設備を配備し連絡・精算

　とくにデントコーン収穫では，巨大な収穫機は台数が限られていることから，農家ごとでやり繰りをしながら効率的に活用するタイム・スケジュールを組んで作業を行わなければならない。ましてや，この地域は全ドイツでもめずらしい均分相続地帯であったことから，バイエルン州内でも経営規模が相対的に小さかった歴史を持ち，所有する農用地は飛び地で分散しており虫食い状になっていることが多いのが特徴である。従って，タイム・スケジュールは，さながら「鉄道のダイヤグラム」のような綿密な計画が要求され，それに応えないといけない。

　レーンMRでは郡内5つの協同バイオガス発電施設を束ね，郡内の180の家族農業経営を束ねている。多くの農家が参加する協同施設（集中型）では，このような運営・管理の主体と仕組みがあってはじめて実現可能となるので

222

第7章　ドイツ・バイエルン州にみる家族農業経営

ある。また，マシーネンリンクもメタン原料供給調整事業によって本来の農業機械作業斡旋の事業拡大が図れる。

　日本のように総合農協がないドイツ，とくにバイエルン州ではマシーネンリンクがその歴史・事業を通じて農家のこと，農業のこと，地域のことをよく知っており，農家・農業経営に深く刺さり込んでいる。マシーネンリンクはそのネットワークをフルに活用して農村のオルガナイザーとして家族農業経営を支えているのである。

（2）"トウモロコシだらけ"に野生植物のオルタナティブ

1）"ミツバチを救え"に象徴する農業に「社会」が求めるもの

　2019年2月に始まったバイエルン州での生物多様性の保護に関する住民投票を求める「請願書」への署名運動，キャッチフレーズ"ミツバチを救え"は175万人（州人口の14％）の賛同を集め，同州史上最も成功した請願となった。その内容は，有機農業の基準を満たす農地（ハチにやさしい農地）を25年までに農地全体の20％まで増やし，30年までに30％にする。また，州内の緑地の10％は花畑とし，川や水路を農薬や肥料の汚染から保護する対策を強化する。加えて，環境教育の改善を要求するものである。

　これを受けて，同年4月にバイエルン州首相は，請願に基づいて住民投票を実施するのではなく，「請願書の文言を一字一句変えずに」そのまま法制化するとし，「環境対策では取り残されがちな農業界も，変容の達成を支援しなければならなくなるだろう」と述べた（2019年4月4日AFP通信）。

　背景には，世界の全昆虫種の半数近くが急速な減少傾向にあり，それは昆虫を餌とする動物と受粉の媒介者として昆虫を必要とする植物に深刻な結果をもたらすとの専門家の警鐘がある。ハチなどの「送粉者」（植物の花粉を媒介する生物）に全農作物の4分の3が依存しており，無償で授粉するこうした生物の経済的価値は数千億ドルに上るという。

　なにより特筆すべきは，ミツバチがいなくなったことに住民が非常に危機感を覚え，生物多様性の危機を実感して身近な問題として行動を起こしてい

223

第Ⅱ部　EUにおける農政と家族農業経営の現段階

ることだ。気候変動についても近年，局地的な豪雨や同州北部では降水量が少なく干ばつや風による土壌侵食・砂塵の被害が，同州南部では逆に降水量が多く降雨による土壌流出などの被害が発生しており，異常気象を日々の暮らしの中で実感していると聞いた。

　このように気候変動や生物多様性の喪失といった脅威に対し，現地では農業に求めるものとして，①在来農業の転換，②生物多様性の追求，③トウモロコシ作付けの削減，④土壌保全の推進，⑤水の量的保全，⑥水の質的保全（硝酸塩削減），⑦水害対策，⑧気候保全などの声が大きくなっている。ドイツは蜂蜜消費大国でもあり，生物多様性を求める声の象徴が"ミツバチを救え"なのである。

2）モノカルチャーな農業"トウモロコシだらけ"への反省

　翻って，経済一辺倒でモノカルチャーな農業を推し進めた結果が"トウモロコシだらけ"である。バイオガス発電が始まって農村景観はどのように変化したのだろうか。バイエルン州南部に位置する州都ミュンヘンの北80kmにある田園地帯フォルケンシュバントを訪問した時のこと，車でアウトバーンを1時間程度走行したが，行けども行けどもトウモロコシ畑が続く。ちょうど収穫時期に訪問したこともあり一面トウモロコシが勢いよく生い茂っていた。品種はデントコーンで日本でも家畜飼料として知られるが，その大半は牛の口に入るのではない。サイレージにしエネルギー作物としてバイオガス発電のメタン原料として使用されるのである。

　先述のとおりドイツでは2000年にFIT制度を導入し，バイオガス発電（メタン発酵ガス化バイオマス発電）の当時の買取価格は25セント/kWh（期間20年固定価格）と高い水準で設定されていたが，家畜糞尿を原料とするだけではエネルギー効率（メタン発生量）は高くない。そこで，トウモロコシのメタン原料としての優位性に注目が集まったのである。

　トウモロコシは①エネルギー収量が高い，②作付期間が短い，③サイレージにすれば長期貯蔵が可能といった利点がある。①エネルギー収量は，牛の

第7章　ドイツ・バイエルン州にみる家族農業経営

糞尿の場合1t当たりのメタン発生量は14～15m³程度だが，デントコーンの
サイレージでは同メタン発生量は100m³あり，糞尿の7倍ほどのエネルギー
効率がある。また，実取りではなくホールクロップ（茎・葉・未熟の実すべ
て）は1ha当たり平年作で40～50tの収量があり，実取り穀物の7～8倍の
収量が期待できる。②作付期間としては5月に直播きし8～9月には収穫で
きる。③サイレージにすることで必要なときにエネルギー源として利用する
ことが可能となり安定的な電力を生み出す。これらのことから，農村でトウ
モロコシを原料とするバイオガス発電が拡大していった。

　当初の政策的意図としても，①乳価下落等により低迷する酪農経営を売電
収入で下支えする，②休耕地対策につながる，③バイオガスプラントの普及
拡大により技術の確立・進歩・成熟化を図るといった効果を企図し成果をあ
げたが，一段の普及拡大はバイオガス発電競争を引き起こすこととなる。
FIT導入以降，トウモロコシ畑は一挙に80万ha増加したという。

　バイオガス発電競争は農地価格と借地料の上昇を招き，輪作体系を損なう
など農業の持続可能性の面で問題が顕在化した。当地での持続的な土地利用
の基本は穀物（小麦，ライ麦）と根菜類（甜菜，馬鈴薯）のローテーション
にあったが，それがトウモロコシの植付けにより穀物一辺倒になった。連作
障害を防ぐため化学肥料・農薬を大量に投入するが，それで土壌劣化を招き
悪循環に陥っていく。

　酪農家は酪農経営を大きくするのではなくトウモロコシ畑をひたすら拡大
し，再生可能エネルギーは本来，環境適合型であるはずなのに，それとはか
け離れたものとなってしまった。現政権では，これ以上エネルギー作物の栽
培が拡大しないよう歯止めをかけ，現在，FIT制度のもとでは新規のバイオ
ガス発電は家畜糞尿や食品残渣など廃棄物を原料とするものに限定されてい
る。

3）野生植物栽培に多様性を見出す「経済×環境×社会」面で評価
　バイエルン州最北端に位置するレーン・グラプフェルト郡内では，こうし

225

第Ⅱ部　EUにおける農政と家族農業経営の現段階

た問題に対峙し，先述のアグロクラフト社を核として，地域の家族農業経営が集まり新しい実践が始まっている。それは協同バイオガス発電事業のメタン原料としてトウモロコシに代えてウイキョウやタチアオイをはじめ，さまざまな野生植物を栽培する試みだ。

野生植物栽培と養蜂箱（写真はアグロクラフト社提供）

野生植物栽培の効用として，多年草による①通年土壌被覆，②根が深くなることで土壌の団粒構造を改善，③土壌を硬化させず保水力を保つ，それら効用は風による土壌侵食・砂塵の防止や降雨による土壌流出，干ばつからの保護にも繋がる。また，④粗放的栽培による地下水の硝酸塩削減，⑤生物多様性の回復，とくに花咲く農地が増えることによる養蜂への効果，⑥"トウモロコシだらけ"からの転換などがあげられる。

しかし，野生植物栽培に転換することの経済性はどうだろうか。表7-2にバイオガス発電のメタン原料としてのトウモロコシと野生植物を栽培する場合の経済性を比較している。野生植物栽培はトウモロコシに比較し，収量は低く，メタンガス発生量が少ないことから単価も安く収入は少ない。一方，農薬は使用せず農薬代が掛からず，収穫の手間や深く耕耘する必要がないことから収穫費・光熱費（機械運転燃料等）などの経費が少なく済む。また，多年草であることから種子代も毎年掛からない（種子代は5年分を分割計上）。それでも収支は，野生植物栽培ではトウモロコシに比較し1ha当たり485ユーロの減収となる。これをどう考えるかである。

経済面だけの評価ではトウモロコシが優位となるが，視野を広げて経済，環境，社会面で評価したのが表7-3である。野生植物栽培はトウモロコシに比較し，メタンガス収量（売電・熱供給量）では劣るものの，生物多様性，土壌保全，水保全（量・質），蜂蜜収穫量，気候変動への適応では圧倒的に

第7章　ドイツ・バイエルン州にみる家族農業経営

表7-2　トウモロコシと野生植物栽培の経済性分析

単位：ユーロ/ha

		トウモロコシ	野生植物
販売額（①×②）		1,200	320
内訳	①収量目標（ホールクロップ100kg/ha）	400	178
	②単価（ユーロ/100kg）	3.00	1.80
消化液窒素分等（液肥見合い）		378	165
収入合計		1,578	485
種子代		200	80
肥料代		362	237
農薬代		80	—
役務費		25	25
収穫費・光熱費（機械運転燃料等）		536	253
経費合計		1,203	595
収支（収入－経費）採算		376	▲ 109

資料：アグロクラフト社提供

減収▲485

表7-3　「経済×環境×社会」面での評価アプローチ

	トウモロコシ	野生植物
メタンガス収量（売電・熱供給量）	+++	++
生物多様性	0	+++
土壌保全	0	+++
水保全（量・質）	0	+++
蜂蜜収穫量	0	+++
気候保全（CO_2と有機物の収支）	+	+（+?）
気候変動への適応	0	+++
総計	+は4	+は18

資料：表7-2に同じ
注：評価は3段階，加点（+）評価

優れる。養蜂への効果では，１ha当たりミツバチ１群で約20kg/年の蜂蜜が収穫（約320ユーロ/年）できるという。

　モノカルチャーな農業は生物多様性を侵害してきたが，それを休耕でなく農業をやりながら農業と生物多様性との両立を考える。めざすのは「生産と結びついた生物多様性措置」（PIB：Produktionsintegrierte Biodiversitätsmaßnahmen）である。これをアグロクラフト社が中心となりF. W. ライファイゼンにならい「一人ではやれないことも，みんなでやればできる」（Was dem Einzelnen nicht möglich ist, das schaffen viele.）をスローガンにそのネットワークをフルに活用してパートナーシップで実現していく。アグロクラフト社はじめバイエルン州農業者同盟，ドイツ養蜂家連盟，

227

第Ⅱ部　EUにおける農政と家族農業経営の現段階

レーン・グラプフェルト郡養蜂家連盟，各協同バイオガス発電事業施設，バイオガス協会，州自然保護協会，地域の歴史的景観保全協会，鳥類保護州連盟（LBV, Landesbund für Vogelschutz in Bayern e.V.）などが参集し，プロジェクト管理はバイエルン自然保護連盟とアグロクラフト社が担うことで立ち上がった。かくして，野生植物栽培のプロジェクトはバイエルン州から1 ha当たり500ユーロの補償金を受けることになり，本格的に動き出した。参加する農家は1農家当たり2 ha以内を目途とした。意義を理解して多くの農家で実践して欲しいからだ。農家へは丁寧な説明・情報提供に努め，地域の家族農業経営が集まり自分たちの問題として議論を重ねた。先ずは郡内で100haの花咲く農地を目標とするが，既に目標に達したという。プロジェクトでは圃場でのモニター（鳥類・ミツバチなど）を行い，並行して科学的調査を実施していく。

　バイオガス発電を個別農場単位の戸別型で実施していたのでは，どうしても自身の経済的利益が優先し"トウモロコシだらけ"からの脱却は難しいが，このように地域のパートナーシップによれば経済，環境，社会面での課題解決が進む。

4）農業・地域の健全な発展とは

　エネルギー作物（デントコーン）が酪農経営を下支えしてきたことは事実である。また，再生可能エネルギー技術の普及拡大により導入・維持コスト（ひいては国民負担となるFITの買取価格）は下がった。当初の政策的意図に意義は認められるが，エネルギー効率（収益性）だけをみて圧倒的に優位なトウモロコシに集中しモノカルチャーになったことで様々な弊害が顕在化したのである。

　翻って，日本ではバイオガス発電向けのエネルギー作物はほとんど栽培されておらず，バイオガスプラントそのものが一般的に普及しているとは言いがたい（ドイツ8,500基に対し日本100基程度）。エネルギー作物は再生可能エネルギー普及拡大の起爆剤になるとも考えられるが，弊害も少なくない。

228

エネルギー作物を取り扱うには，持続可能な農業をトータルで考え，農業生産を主体にエネルギー作物はあくまでも副産物の位置づけで，農業経営を複合化（下支え）していくという視点が肝要である。要はバランスの問題であり，それには明確な政策意図の説明と機動的な政策対応が求められる。

現地では"Lebensraum"という言葉（語感は"生活圏"や"生存圏"）を繰返し聞いた。そこで問われているのは"持続可能な農業，持続可能な地域とは何か"ということである。それへのアプローチは「経済×環境×社会」的課題の統合的・同時解決にある。地域に存在する家族農業の重要性を改めて評価し，それが直面する困難を顧みると，本稿でみたレーンMRやアグロクラフト社のような家族農業経営を統合する協同組織や生産者組織の発展を支援する環境をつくりだすことが我々に必要なのである。

（3）グロスバールドルフの新たな共同経営「ヘーゼルナッツ協同農園」

レーン・グラプフェルト郡内での家族農業経営が協同組織を結成して積極的に再生可能エネルギー事業に参入することにより低迷する農業所得を補うことに加え，それを下支えに，広く「地域おこし」につなげようとする取組をみてきた。太陽光やバイオガス発電を皮切りにさまざまな事業に取り組んでおり，グロスバールドルフでは熱電併給（コージェネレーション）が整備され，地域でのエネルギー安定供給の見通しが立ったことで，新たに工作機械メーカーが進出し180人の雇用を生み出したが，さらに村ではこの人たちの「住宅建設」を協同組合方式により取り組んでいる。また，ウンスレーベンでは古い建物を改修して「農家レストラン」をオープンさせた。改修作業は自分たちで

新たに農地を取得しヘーゼルナッツの苗を植えた。
中央がクレッフェル氏家族（写真：同氏提供）

行い，その対価は賃金ではなく協同組合への出資というかたちにした。レストランのメニューは地元有機農産物を中心に提供している。協同組合という仕組みを使って村おこしのアイデアを実現させている。それが若い世代の流出を食い止めているという。

こうした取組はその核となってプロジェクトを立ち上げ，コンサルティングを行っているアグロクラフト社の存在が大きいが，同社のマネジャーであるマティアス・クレッフェル氏（55歳）は，さらに新しい協同事業を起こしている。

「共同経営」や協同組合はこれまで旧東ドイツの社会主義「集団農場」を想起させ，とけわけ，レーン・グラプフェルト郡はチューリンゲン州（旧東ドイツ）に接しており，「F・W・ライファイゼン・エネルギー・グロスバールドルフ協同組合」といったように，ドイツ農村信用組合の父・ライファイゼンの名を冠して，彼の協同組合理念のもとで運営していることを強調している。マシーネンリンクの普及過程をみても，共同経営ではなく機械作業の斡旋というかたちとしたことで抵抗感が少なかった。

クレッフェル氏は養豚（年間2,500頭出荷）と耕種農業（130ha）の複合経営であるが，その傍らでグロスバールドルフにある協同バイオガス発電事業の立ち上げをリードしてきた。2011年の協同バイオガス発電施設については第2節でみたとおりであるが，程なくして2014年にバイオガス施設の隣にヘーゼルナッツの苗を植えた。ヘーゼルナッツは少し大きめの団栗のような木の実で菓子材料に広く用いられている。ドイツ人はこの果実を好むが，そのほとんどがトルコ産である。6 haの農地に1,800本の苗を植えたが，苗から結実するには4年～5年かかる。

特筆すべきは，その経営形態である。協同組合方式やマシーネンリンクのように自立した経営間の協力といった形態ではなく，「ヘーゼルナッツ協同農園」として共同経営農場としての発足である。共同農場（Gemeinschaft）にはグロスバールドルフのバイオガス発電事業に出資する17戸の農家が参画し，農地面積単位での出資（2ユーロ/m²）と共同作業に参加し，応分の配

第7章　ドイツ・バイエルン州にみる家族農業経営

当・利益配分を受ける方式である。参画している17戸のうち10戸はグロス
バールドルフの農家である。

　2019年現在，ヘーゼルナッツは順調に果実が収穫できるまでに成長してお
り，収穫作業は全員参加の共同作業で行った。果実は9月～10月に熟すと自
然落下するので，それを拾い集める作業であり，収穫量は2018年には80kgで，
19年には120kgが期待される。成園化すれば2t/haの収穫が目標となる。
ヘーゼルナッツは水はけのよい肥沃な土壌を好むが，当地は貝殻石灰質土壌
（ブドウにも好適）に恵まれ，高品質の果実が収穫できた。クレッフェル氏
の娘がスイス・バーゼルに在住しており，現地の高級レストランのパティシ
エにこのヘーゼルナッツを紹介したところ，チョコレートに混ぜるといった
使用方法でその品質の高さが「イタリアのヘーゼルナッツ最高品質であるピ
エモンテ州産に負けない」と気に入ってくれ，相応の価格で安定的な引合い
（年間60kg以上）があるようになったとのことである。このように「ヘーゼ
ルナッツ協同農園」の事業が軌道に乗ってきたことから，新たに2018年12月
に2haの農地を取得し，新植した。この事業が順調に拡大していくのであ
れば，クレッフェル氏としては環境規制を含め，経営が厳しくなる一方の養
豚をやめて，この事業を主軸にしたいと考えるまでになっている。

　当地における協同の取組みは，マシーネンリンクに始まり，協同バイオガ
ス発電事業にみられるように協同組合方式をもって取り組んだことで，協同
による経済的，環境的，社会的意義を理解・実感して，地域での信頼関係の
醸成が図られてきた。ここに協同を学び，新しい協同のかたちとして「共同
経営」が登場する。家族農業経営の複合化の流れの中で，それぞれの主幹農
業に加え，再生可能エネルギーへの取組みなどを協同で手掛け，ついには新
たな農業複合部門としてのヘーゼルナッツを共同経営で取り込むことになっ
た。それが，参加する家族農業経営を下支えすることは言うまでもない。エ
ネルギー部門の協同をきっかけに，農業経営全体の共同経営化ではなく，収
益性が期待できる新規複合農業部門を共同経営として，参加する小規模家族
農業経営それぞれの農業所得の補完がめざされているのである。ドイツにお

231

第Ⅱ部　EUにおける農政と家族農業経営の現段階

いても，新自由主義グローバリズムのもとでは，家族農業経営の生残り戦略のひとつとして共同経営が選択されるにいたったことに注目すべきであろう。

3．有機農業に活路を見出す

　ここでは，個別の家族農業経営の生残り戦略をみてみたい。とくに酪農経営はEUでは生乳生産クオータ制が廃止（2015年4月）になるなど厳しい自由化に晒されて生乳価格が低迷し経営困難な状況にあることから，酪農の家族農業経営を取り上げ，その生残り戦略を考察する。取り上げる2事例とも有機農業に活路を見出していることが特徴である。

　ドイツにおける有機農業運動の歴史は古いが，顕著な展開を見せるのは1980年代半ば以降である。牛乳や穀物の過剰問題が深刻化し農産物価格低下に苦しむ中，有機農業がひとつの生残り戦略として登場する。その背景には，有機農業は化学肥料や農薬にかかる経費を削減できるとともに，ドイツの消費者の多くが有機産品の価値を認めて，慣行栽培産品より確実に高価格で購入してくれるようになり生産者利益を確保できるようになったことがある。

　有機農業に取り組む経営と栽培面積は全ドイツで2万3,271経営・106万700ha（全農用地面積の6.4%，数値は2013末データ）になっており，州別にみると，バイエルン州が6,724経営・21.5万ha（全ドイツの28.9%，20.3%），西隣のバーデン・ヴュルテンベルク州が6,921経営・12.2万ha（全ドイツの29.7%，11.5%）と南ドイツ2州が有機農業運動でもリードしている。

（1）酪農から撤退して有機農業へ「ロートハウプト農場」

　ロートハウプト農場はレーン・グラブフェルト郡の郡都バート・ノイシュタットの北郊の小さな村レーベンハンで酪農を経営してきた。大学農学部を卒業後，研修を経て自家農業に就業した経営主のクリストフ氏（36歳）は，生乳生産クオータ制の廃止（2015年4月）後の低生乳価格のもとで，父が2014年に56歳で死去したことにともなう労働力不足に対処して搾乳ロボット

232

第7章　ドイツ・バイエルン州にみる家族農業経営

を導入したものの，酪農経営の過重労働に耐えかねて2019年3月に酪農から全面撤退し，乳牛の育成と100haの農地での有機耕種生産へと転換しようとしている。生乳生産クオータ制廃止直前，2014年初めのロートハウプト農場の酪農経営は以下のようであった。

　自分と研修生（Lehrling）の1.5人という労働力で耕地75ha（うち60haは20戸近い離農農家からの借地）・草地35ha（うち借地31ha）・林地1.6ha，乳牛75頭（うち搾乳牛60頭）・仔牛12頭（育成牛は他経営に委託）という経営である。トラクター3台（うち1台は250馬力超の大型で6経営の共同所有），コンバイン1台など耕作機械を一貫保有している。トラクターの1台で冬期に村の道路除雪作業を担い，臨時収入を得ている。

　さらに，この経営規模では死去した父に代わる常雇労働力を雇用するわけにはいかないので，2014年位に搾乳ロボット1台（スウェーデン・DeLaval社製，10万ユーロ）を導入し，24時間搾乳（1頭当たり搾乳時間7分で6時間間隔）で1頭当たり8,000kg/年の搾乳をこなしている。乳牛品種はまだら牛（Fleckvieh）とブラウン種（Braunvieh）である（いずれも乳肉兼用品種であるが，どちらかといえば乳量重視型品種である）。

　耕地75haは，小麦20ha（単収7.5t/ha），大麦10ha（同5t），サイレージ用トウモロコシ15ha（同40t），大豆10ha（同2.8t），ナタネ15ha（同3t），ルーサン5haの栽培である。サイレージ用トウモロコシと大豆は全量自給飼料向けである。

　農産物販売は，耕種では小麦（単価18ユーロ/100kg），大麦（同13ユーロ），ナタネ（同35ユーロ）の販売で4万ユーロ，生乳では23万ユーロ（単価30～31セント）の販売で，合計27万ユーロである。収益には，これにEUの直接支払い助成金3.6万ユーロ，バイエルン州農村環境支払い（KULAP）7万ユーロが加わる。この地域は条件不利地域ではないので，条件不利地域平衡給付金の受給はない。

　支払い経費は雇用労賃（研修生と収穫期にコンバイン運転で15～30日雇用）3万ユーロと借地料（平均300ユーロ/ha）が91ha分で2万7,300ユーロ

233

第Ⅱ部　EUにおける農政と家族農業経営の現段階

となる。雇用労賃と借地料の合計5万7,300ユーロだけで農産物販売額27万ユーロの21.2％を占め，これに機械設備費などの経費を加えれば，自家労働報酬は小さいものになり，EU直接支払いなどの公的助成金で補てんされているとみられる。

　再生可能エネルギーでは，農業機械庫の屋根に張った太陽光パネル（110kW）で自給分30kWを超える80kWの売電で8万ユーロの収益を得ている。これは農家所得補てんにとってけっして小さくない。

　牛糞は冬期にスラリータンクの容量15m³を超えるので，約200m³を近隣ウンスレーベンにあるバイオガス発電施設に供給している（引取価格1.5ユーロ/m³であり，収入はわずか）。

　有機酪農への転換（次項「A・ヘルリート農場」の事例で考察する）には，農場を村外に移して広い飼育施設を確保するための投資が必要であり，生乳価格の下落が予想されるなかではそれは冒険である。またバイオガス発電事業については，この酪農経営規模では戸別発電事業の創設はもちろん，協同バイオガス発電事業への参加も経済性に乏しいとみている。

　ロートハウプト農場の経営収支は，2015年4月に始まる生乳生産自由化のなかでの生乳価格の下落にさらされることになった。クリストフ氏は「2015年3月末をもって生乳生産クオータ制が予定どおり廃止され，生乳生産が自由化されると乳価は下落を避けられないであろう。25セント/kgまで下がると自分の経営は自家労賃部分もなくなる」としていた。

　さて，生乳生産クオータ制が廃止されて1年後の2016年の生乳価格は，まさに25セント/kgにまで下落した（図7-1乳価下落グラフ）。搾乳ロボットの経費（3セント/生乳kg）がコストを押し上げるとともに，乳牛への薬剤投与に関する記帳義務も負担となり，早朝6時から夜7時，8時までの労働がきつく，2017年に生まれた赤ん坊の顔も見られないという生活は耐え難くなった。

　かくして，クリストフ氏は労働負担の大きい酪農からの撤退を決意し，60頭の搾乳牛と搾乳ロボットの売却を2019年3月上旬に終え，110haの農地と

234

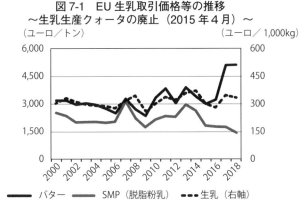

図7-1　EU生乳取引価格等の推移
〜生乳生産クォータの廃止（2015年4月）〜

資料：欧州委員会農業・農村開発局「EU Agricultural outlook for markets and income 2018-2030」（『畜産の情報2019年3月号』「EU農畜産業の展望〜2018年EU農業アウトルック会議から〜」農畜産業振興機構）

乳牛畜舎を活かした有機農業への転換を開始する。ドイツ第2の有機栽培連盟であり，この地域の有機農業経営の大半が加盟しているナトゥアラント（Natualand）[4]への加盟を申請した。2019年7月から有機農業への転換期（2年間）に入る。なお，この期間の収入減への対応として，先述のレーンMRがクリストフ氏を事務員として雇用し所得を補っている。

有機農業への転換により，まず経営する110haの農地（耕地75ha・草地35ha）での化学肥料（1万8,000ユーロ）と農薬（1万5,000ユーロ）経費が削減される。耕地75haで栽培されてきた穀物を順次減らし，大豆，甜菜，ジャガイモの有機栽培を加えていく。大豆はドイツ国内でも豆腐用の需要があるという。これらはいずれもナトゥアラントに販売される。

乳牛畜舎は，乳牛育成（生後1年から種付けまでの期間）を近隣酪農経営

---

(4) 有機栽培連盟「ナトゥアラント」（Naturland）は1982年設立で，ドイツ第2位の組織規模（2,616経営，2013年末データ）を持つ。対象地域はドイツ一円でレーン・グラプフェルト郡内の有機農業経営の多くが加盟しており，農家を束ねる共同販売組織で栽培指導，認証も行っている。EU有機農業基準を最低基準として，その上に連盟独自の有機認証基準を付加しており，このような独自の認証基準を持つ有機栽培連盟は全ドイツで8団体存在している。

第Ⅱ部　EUにおける農政と家族農業経営の現段階

から受託することで活用する。40頭規模をめざす。飼料は有機栽培した牧草やサイレージ用トウモロコシを利用する。

　こうしてロートハウプト農場は，酪農からの撤退を離農ではなく，有機耕種畜産（乳牛育成）への転換によって家族農業経営の存続をめざしている。

（2）有機酪農の「A・ヘルリート農場」

　A・ヘルリート農場はレーン・グラブフェルト郡の郡都バート・ノイシュタットの北方，レーン高地を臨む丘陵地ブルグヴァルバッハで酪農を経営している。経営主のアンドレアス氏（33歳）は，バイロイト大学を2009年に卒業，農業実習を終えて自家農業に就業，1979年に父（70歳）が開設した農場を2014年（生乳生産クオータ制廃止の前年）に新畜舎を建設して規模を拡大（乳牛150頭）して有機酪農に取り組んでいる。

　労働力は自身と父（朝晩の搾乳），妻（32歳，主に家事に従事）および雇用労働者1名（畜舎労働，時給13.5ユーロ・1日8時間/週5日）と研修生1名による。また，搾乳ロボット（オランダ・LELY社製）を導入している。耕地50ha（うち借地38ha）・草地60ha・林地3haを経営し，耕地は主に飼料作物（クローバー類3年→トウモロコシ2年などの輪作）の有機栽培，草地も飼料向けであるが，全量は賄えず有機飼料を一部購入している。農業機械はトラクター3台（300馬力，150馬力，100馬力）を所有，サイレージ運搬車2台を3経営で共有，コンバインや液肥スプレッダー（散布機）はマシーネンリンクを活用している。

　有機酪農を経営面からみると，有機飼料を全量自家栽培で賄えればよいが，近年干ばつの影響により飼料を一部購入している。有機飼料は慣行栽培に比較し収量が低くなることから，購入価格は48〜50セント/gと慣行栽培の価格30〜40セント/gより割高となる。他に，有機耕種農家と連携し，乳牛糞尿を30ha分のクローバー類（Klee）と交換している。乳量は月に100t，年間で1,200tを出荷している。飼養頭数は乳牛150頭であることから1頭あたりの搾乳は年間8,000kgになり，ドイツ酪農経営の1頭当たりの平均搾乳量

236

第7章　ドイツ・バイエルン州にみる家族農業経営

は慣行で7,096kg，有機酪農では5,585kgにとどまる（2009年データ）ことから，当農場はかなりの好成績といえる。乳牛はホルスタイン種ではなくドイツ在来種（Deutsches Fleckvieh）である。出荷はコーブルク酪農協に一括出荷している。同酪農協には48経営が有機牛乳を出荷しており，集荷エリアは200km圏内となっている。スーパーマーケットの力が強く個別経営では有機農産物でもプライベートブランドとして安く扱われることから，酪農協を通じて販売する。生乳価格は有機酪農では50セント/kgと慣行30〜35セント/kgに比較し高い。ちなみに，小売価格は1.1ユーロ/ℓである。少量だがチーズ生産にも取り組んでいるが，加工品には相応の設備投資が必要となることから現状程度にとどめている。

　収支状況は，生乳売上は年間乳量1,200t×生乳価格50セント/kgで60万ユーロとなる。利益率は20％とのことであり，利益は12万ユーロとなる。これに，当地はなだらかではあるが丘陵地であり条件不利地域にともなう補助金が幾ばくか加わる。新設した畜舎の建設費を減価償却していくには生乳価格50セント/kgが限界とのことであり，1家族経営では現状の乳牛150頭規模が適当でこれ以上の規模拡大は難しいと判断している。

　こうしてA・ヘルリート農場は，規模拡大し有機酪農（有機飼料栽培も含む）に取り組むことで付加価値を高め，家族農業経営の存続をめざしている。

第8章

フランス・ブルターニュにみる家族農業経営
―酪農を中心に―

石月 義訓

はじめに

（1）フランスの酪農

　EUの酪農部門は，加盟各国でほぼ共通して重要な農業部門である。2017年の加盟国の生乳生産量を比較した場合，もっとも生産量が多いのはドイツ（EU全体の19.1％）で，次いでフランス（15.2％），イギリス（9.1％），ポーランド，オランダの順になる。

　フランスの酪農部門は，同国にとってもとくに重要な農業部門になっている。EU酪農は，どの加盟国でも家族農業経営[1]が集中的に認められる農

（1）フランスの家族農業経営にも明確な定義があるわけではない。その経営規模も含めて，ひとつの手掛かりになるのは，同国で用いられるようになった「基準単位（Unité de Référence）」の概念である。これは，1999年「農業の方向付け法（農業基本法）」改正で取り入れられた定義で，当該地域で農業生産活動を「安定的」に継続できる経営規模の目安である。この「基準単位」は，たいていコミューン（市町村）レベルで自然環境も考慮して設定される。すなわち，過去5年間の平均就農面積について，市町村の「農業方向付け委員会」（CDOA）や「構造計画」（SDDS）を参考にして行政が決定する。また，「基準単位」は構造コントロール規則にある「最低就農面積」（SMI）の代替え基準ともなる。つまり，構造コントロールで就農者が超過してはならない面積の基礎に位置付けられる。1「基準単位」＝およそ2SMIである。たとえば，「基準単位」はモーゼル県では30ha，ヴィエンヌ県の平野部では50haというように決められる。
　これが，フランスにおいて家族経営として存立できる一応の目安になっている。

第Ⅱ部　EUにおける農政と家族農業経営の現段階

表8-1　専門経営別経営数と平均経営面積（2010～2016年）

専門経営（OTEX）	経営数		平均経営面積	
	2016	2016/2010	2016	2016/2010
	千	変化率（%）	ha	変化率（%）
普通畑作	124	1	87	5
野菜・園芸	14	4	10	22
ブドウ	65	-8	17	7
果樹・他の永年作物	13	-29	16	14
耕種専門経営　計	216	-4	56	10
酪農	41	-13	90	17
肉牛	57	-6	72	13
牛（混合）	8	-34	118	18
羊・山羊	44	-17	35	5
豚・ブロイラー	22	-26	48	16
畜産専門経営　計	172	-15	66	14
複合経営	48	-22	85	19
その他	1	ns	40	ns
合計	437	-11	63	12

出所：Agreste：フランス2010年センサス。経営構造アンケート2016年。
注：1）nsはデータなし。
　　2）土地なし経営を含む。

業部門として位置づけられる。EUの統計資料によれば[2]，2010年の1経営
当たりの平均乳牛頭数は，ドイツ46.4頭，フランス45.0頭，イギリス78.3頭，
オランダ74.6頭であり，とくにイギリスとオランダでは大規模酪農経営の優
勢が容易に見てとれる。

　フランス農業の基幹部門は，**表8-1**にみられるように，耕種部門と畜産部
門に大別され，2016年で，全経営数43万7,000のうち耕種専門経営21万6,000,
畜 産 専 門 経 営17万2,000, 残 り は 複 合 作 経 営（polycultureま た は
polyélevage）4万8,000などに分別される。同年の酪農専門経営は4万1,000
経営で，平均経営面積は90haに及んでおり，経営農地はサイレージ用デン
トコーンなどの飼料作耕地と牧草地からなっている。

（2）EU, Agriculture in the European Union-statistical and economic information,
2013.

240

（2）ブルターニュ地方の酪農

ブルターニュ地方は畜産経営が集中的に立地している地域であって，酪農部門もフランス最大の産地として地域経済発展の重要なファクターになっており，酪農関連のサプライチェーンがローカルおよびグローバル規模で展開している[3]。

歴史的にブルターニュに酪農生産が根づいたのは広大な牧草地の存在と，酪農産業にとってきわめて有利な気候のためであった。1960年代になると，それまでの伝統的な平野部（フィニステール県の南西部，モルビアン県など）で行われていた酪農生産が斜陽化し，ブルターニュ北部のレオン地方やイル・エ・ヴィレーヌ県東部に新たな酪農地帯が形成された。歴史的にこれらの地域は，いずれもブルターニュ地域圏（Région）に当たる。このブル

図 8-1　ブルターニュ地域圏

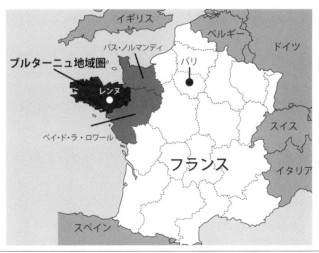

（3）筆者は，ブルターニュと並ぶ酪農地帯ノルマンディの家族酪農経営を酪農協について，生乳生産クオータ制と1992年CAP改革のもとでの構造変化を分析したことがある。拙著「フランスの家族農業経営と農協」（村田武編『再編下の家族農業経営と農協』筑波書房，2004年所収）。

第Ⅱ部　EUにおける農政と家族農業経営の現段階

ターニュ地域圏は，コート・ダルモール（Côtes-d'Armor）県，フィニス
テール（Finistère）県，イル・エ・ヴィレーヌ（Ille-et-Vilaine）県，モル
ヴィアン（Morbian）県の４つの県で構成される。なお，フランス大西部
（Grand Ouest）という場合，隣接するバス・ノルマンディとペイ・ド・ラ・
ロワールの両地域圏も含めている。

　この地方で肉牛，家禽や養豚などの施設型畜産が急拡大をみせるのはちょ
うどこの頃である。1970年代になると，ブルターニュ酪農は決定的な転換点
を迎える。生乳は脆弱で腐敗しやすい商品であり，その生産，集荷，販売に
関わる組織化の必要性があった。当時，農民自身が行っていた生乳の販売が
限界になるなかで，生乳販売は大規模流通になり，農民たちはますます厳格
な規格を課せられるようになった。酪農生産者は乳業企業や協同組合からの
正確な品質基準を求められ，それらにインテグレートされた。1970年代初頭
には，こうした状況に直面したブルターニュの酪農生産者たちは激しい抗議
活動を起こしている（「牛乳戦争」la guerre du lait）[4]。ブルターニュの生
乳生産量は1969年から1983年にかけてほぼ倍増した。同地方の酪農地帯では，
1980年には乳牛の多頭飼育は最高度に達したのである。

1．ブルターニュ地方の酪農家族経営とその存在形態

　図8-2は，2001年から16年までのブルターニュ地方における酪農経営数，
乳牛飼養頭数，１経営当たりの生乳出荷量のおおよその推移（2001年＝
100）を示している。まず，同地方の酪農経営数は，今世紀に入っても一貫
した減少傾向が継続されており，この15年間にほぼ半減している。他方，同
地方の乳牛頭数は微減傾向であったが，2013年以降は若干回復しつつある。
さらに，１経営当たりの生乳平均出荷量は，2001〜10年頃まではほぼ横ばい
だったが，2010年以降はむしろ増加傾向に転じている。この時期は，酪農政

（4）Henri Poisson, Jean-pierre Le Mat, Histoire de Bretagne, Coop Breizh, 2000,
　　p.506参照。

242

図8-2 ブルターニュにおける酪農経営数，乳牛頭数，生乳平均出荷量の推移
　　　　　　（2001～16年）2001年＝100

出所：Agreste Draaf Bretagne, Enquête Annuelle Laitière 2018.

策では1984年に開始された生乳生産クオータ制度の後半期に当たる。これら3つの指標からブルターニュ地方の酪農部門のおおまかな趨勢をまず確認できるが，こうした特徴を別の角度から検討してみよう。

　表8-2は，ブルターニュ地方の酪農専門経営（OTEX分類）[5]における経営数と労働力数の推移を示している。

　第一に，酪農経営数は2000年の1万5,485経営から2010年には1万193経営，2016年には8,995経営，2017年（推定値）には8,630経営に大きく減少した（年平均減少率は，2000年～2010年4.1％，2010年～2016年2.1％）。この表からも，ブルターニュ地方の酪農経営数がほぼ半減していることが確認できる。また，

（5）フランスでは2003年の農政改革のなかで，農業経営の経済規模をあらわす指標として標準粗生産（Production Brute Standard：PBS）という概念と，それと同時に技術的，経済的視点から専門化と経済規模を考慮した経営類型（Orientation Technico - économique des Exploitations：OTEX）概念を導入した。年間標準粗生産額でみると，2万5,000ユーロ未満を小経営，2万5,000～10万ユーロを中経営，10万ユーロ以上を大経営として大括りに分類している。なお，フランスで定義する「専門経営」は，当該経営の粗生産額が少なくとも3分の2を占める経営類型である。Agreste , Enquête sur la structure des exploitations agricoles, 2018.

第Ⅱ部　EU における農政と家族農業経営の現段階

表8-2　ブルターニュ地方酪農部門における経営数と労働力数の推移（2000～2017年）

	2000センサス	2010センサス	2010/2000(1)	2016年	2016/2010(1)	2017推定値
農業経営総数　①	15,485	10,193	-34.2%	8,995	-11.8%	8,630
（うち中規模・大規模経営）	14,590	9,944	-31.8%	8,808	-11.4%	8,450
Gaec，EARL などの会社経営数	4,685	6,149	31.2%	6,137	-0.2%	5,980
常雇利用経営数	920	1,249	35.8%	1,514	-0.9%	1,500
農業労働力総数（年間労働力単位）	25,801	19,303	-25.2%	15,561	-19.4 %	15,030
経営主・共同経営主	18,490	15,033	-18.7%	12,923	-14.0%	12,480
（うち中規模・大規模経営）	18,064	14,914	-17.4%	12,842	-13.9%	12,400
配偶者・家族	5,905	1,478	-75.0%	616	-58.3%	530
小計	24,395	16,511	-32.3%	13,539	-18.0%	13,010
常雇②	621	948	52.7%	1,027	8.3%	1,020
季節雇・臨時雇・請負会社（ETA）・機械共同利用組合（CUMA）	785	844	7.5%	995	17.9%	1,000
1 農業経営当たり常雇労働数（年間労働力単位）②÷①	0.04 単位	0.09 単位	—	0.11 単位	—	0.12 単位
小計	1,406	1792	27.5%	2,022	12.8%	2,020
完全就業者（年間労働力単位）総計	25,016	17459	-30.2%	14,566	-16.6%	14,030
時間給（名目）						
常雇　時間給	—	10.60ユーロ	—	11.61ユーロ	9.5%	—
常雇　法定最低賃金との比率		1.20 倍		1.20 倍	—	—
季節雇・臨時雇　時間給	—	10.15ユーロ	—	10.99ユーロ	8.3%	—
季節雇・臨時雇　法定最低賃金との比率		1.15 倍		1.14 倍	—	—

出所：フランス農務省 Le bilan annuel de l'emploi agricole : résultats 2016 et estimations 2017, 2019 を参照。
(1)増減率

　経営規模別でみるとどうであろうか。フランスではこれに関する農業統計で
は経済規模別データが使われる。その基準指標となるのが標準粗生産額
（Production Brut Standard：PBS）で，年間のPBSが2万5,000ユーロ（1
ユーロ＝120円で換算すると300万円）未満を小経営，2万5,000～10万ユー
ロを中経営，10万ユーロ以上（円換算，約1,200万円）を大経営と3つに分
類する。そのうち，中経営と大経営は，いわゆる「プロ経営Professionnell」[6]

（6）フランス農務省は，ブルターニュ地方の酪農経営を生産システムや土地利用
　　の相異によって以下のように5つのグループに分けている。
　　　グループ1：主たる飼料栽培面積（SFP）の4分の3が牧草地である小経
　　営（脆弱な小経営1,300経営で，平均飼養頭数22頭，生乳出荷量16万リットル。

244

第8章　フランス・ブルターニュにみる家族農業経営

　このグループはブルターニュ地方における酪農経営全体のおよそ10％（2010年同地方の酪農経営数は1万4,500経営）であり，そのうちの5％程度は有機酪農経営である。しかし，この経営システムは農業労働力や生産量の視点からもっとも脆弱であり，90％が個人経営で，経営主の高齢化が進み，その半数が55歳以上である。また，平均経営面積は38haで，同地域の酪農経営の平均面積の2分の1以下と小規模である。また，同グループは5年後にはその半数だけが存続しているに過ぎない。また，この経営システムの飼料はデントコーンと牧草であるが，農地の4分の3以上は牧草地である。2015年まで残存した経営でも経営面積の拡大はほとんどなかった。
　グループ2：もっぱら飼料作を指向する酪農専門経営（1,700経営，平均飼養頭数48頭，生乳出荷量29万リットル）。このグループに属する経営数の7％以上が有機酪農経営である。また，全体の46％が個人経営であり，経営主の年齢は55歳以上または40歳未満の経営数がほぼ同数である。また，2015年までには80％ほどはそのまま存続するが，残りの10％は新規就農や規模拡大をする他の酪農経営に経営権を譲渡するか，さらに8％は新たな経営形態（会社組織）や配偶者への名義変更などが行われている。このシステムの平均経営面積は54haであって，その95％は牧草とデントコーン栽培に向けられており，穀物類の作付けはほとんどない。
　グループ3：この地方でもっとも典型的な酪農経営（6,500経営，平均飼養頭数48頭，生乳出荷量31万リットル）。このグループには大多数の有限会社（EARL）形態の酪農経営が入るが，農業共同経営集団（GAEC）はあまり認められない。このモデルでは，経営面積のおよそ4分の3がデントコーンと牧草栽培に向けられている。
　グループ4：酪農生産が主体の複合経営（polycultureまたはpolyélevage）（2,450経営，平均飼養規模80頭，生乳出荷量54万リットル）。このモデルは生乳出荷量がもっとも大きく，穀物作と畜産の複合が特徴である。畜産部門も乳牛だけでなく肉牛・豚なども飼養され，経営形態ではGAECが大多数を占める。農業労働力数では，平均で3UTA（年間労働力単位），経営面積は平均で124haである。労働力は若い世代が多く，2世代で経営する場合もある。EARLは同じ世代や夫婦間で行われる。同グループが5つのグループのなかでは，存続性がもっとも高いとみられる。この経営システムでは，経営面積の20％以上が穀類生産に当てられており，残りの面積は牧草60％，デントコーン40％である。
　グループ5：酪農と穀物部門が組み合わされた経営（1,630経営，平均飼養規模50頭，生乳出荷量34万リットル）。このグループは酪農主体というよりも，養豚や家禽生産が複合されており，100haの経営農地では穀物栽培が重要であるが，穀物栽培面積はデントコーン栽培に押されつつある。しばしば同一世代間（45～55歳）の共同経営がみられる。3分の1の経営が賃金労働者を雇用している。同グループには完全就業者が5人いるケースもある。
　これらの分類がOTEX分類とどのように関連しているのかは，詳細な検討が必要であるので指摘だけに留める。Agreste Draaf Bretagne, Enquête Annuelle Laitière, 2018.

245

第Ⅱ部　EUにおける農政と家族農業経営の現段階

と同義である。今日のブルターニュ地方の酪農経営をこの経済規模で見た場合，そのほとんどが中・大経営に属していることが明らかである（2017年推定値で97.9％）。

　第二に，農業共同経営集団（GAEC）や農業有限会社（EARL）[7]など，共同経営ないし法人化した酪農経営の相対的割合は一貫した増加傾向にある。とくに，2000年から2010年にかけて，4,685経営（30.3％）から6,149経営（60.3％）へと絶対的にも相対的にも急増させていることが目につく。この時期に象徴されるのは，ブルターニュ地方の酪農経営のなかには，小規模な個人経営を中心とする離農が進む半面，個人経営から法人経営に経営形態を変更して経営の存続を図らんとする酪農経営の対応が明瞭にみられたことである。周知のように，共同経営ないし法人経営といっても実態は家族経営がほとんどであり，今日，家族経営を存続させるフランス的特徴と結論づけられる。2010年以降，こうした動きは鈍化傾向にあるが，それでも，2017年（推定値）には5,980経営を数え，これは酪農経営総数8,630の69.3％，7割にも及んでいる。すなわち，共同経営ないし法人化した経営は今世紀に入っても生き残ったが，そうしなかった経営1万800経営（2010年）は2017年の2,650経営までに減少している。すなわち8,150経営（75.4％）が酪農分野か

（7）フランスの個人の農業経営を会社形態へ移行する制度の動きは，かなり以前からわが国にも紹介されている。たとえば農業有限会社（EARL）は1982年に導入された。会社形態は農業経営の譲渡に際しての税制上の優遇措置等，個人経営よりも有利とされたことによって，会社経営への移行が進んだのである。Chambres d'Agriculture FRANCE, Les Sociétés d'exploitation agricole, 2015参照。また，共同経営農業集団（GAEC）は1962年の法制化で，「構成員の提供する資材を買い取りまたは借り受けて，共同作業でより合理的な家族農業を経営する方式」で，親子GAEC，兄弟GAECなど家族型GAECが大多数を占めている。GAECの構成員は独立経営の経営主と同格にみなされるので，親子GAECは農業後継者（それまで経営主である親のもとで家族労働力として働いていた子供）の自立設営に貢献するところが大きい。親子GAECの後継者の相当部分が青年農業者自立助成金の受益者であった。小倉武一「農業経営の法人化―フランスのガエク―」中安定子他編『先進国　家族経営の発展戦略』農文協，1994年参照。

246

第8章　フランス・ブルターニュにみる家族農業経営

ら撤退をよぎなくされたということである。

　第三に，農業労働力数（年間労働力単位数：UTA）の2000年から17年の推移をみると，2000年の2万5,801単位から2017年には1万5,030UTAに，経営数の減少に足並みをそろえて大幅に減少している。配偶者やその他の家族従事者の農業労働力数が2000年の5,905UTAから2010年の1,478UTA，2016年の616UTAへと大きく減少しているのは，共同経営ないし法人形態の中での構成上の変更（たとえば配偶者や子供が共同経営者になる）もあってのことであろう。

　第四に，常雇労働者は，この間に621単位から2017年には1,020単位に増加している。2017年の中規模・大規模経営は2017年に8,450経営を数えており，常雇労働者は1農業経営当たりでは，0.12単位にすぎない。これに対して，季節雇・臨時雇・農作業請負会社（ETA）への作業委託・農業機械共同利用組合（CUMA）の利用が，2000年の785単位から，2017年には1,000単位（中規模・大規模経営1経営当たりでは0.12単位）になっている。常雇労働者と季節雇などを合計しても，1経営当たり0.24単位にすぎない。中規模・大規模経営が雇用労働力に依存して規模拡大をめざす動きにならないのは，表8-2の最下段に示されている雇用労働者の賃金水準にある。常雇労働者の時間給（2016年）11.61ユーロ（1,393円）を，生乳価格水準30セント/kg（36円）と比較した時，雇用労働力による規模拡大という経営戦略は選択しようがないのである。

　そうした酪農経営の雇用労働力依存を防いでいるのが，フランス農業に歴史的に存在する協同組織である。近隣の農業経営間の地域的結合が，相互扶助精神を基礎にして農業機械，生産財（種子・肥料），あるいは農業技術の知識を交換し合っている。これらには金銭授受を基本的にともなっていないのがフランス的特徴である。そうした農業経営間の地域的結合で，大きな役割を担っているのが農業機械共同利用組合（CUMA）である[8]。これは，農業経営の外で関わる協同組合（たとえば，生産財の購入や農産物加工）や生産協同組合ではなく，あたかも複数の農業経営が「一つの単位」（single

247

第Ⅱ部　EUにおける農政と家族農業経営の現段階

unit）として「農作業の協同」（cooperation-in-farm-work）が行われている。ブルターニュ地方のこうした地域内での協同メカニズムは，酪農家族経営にとって少なからぬ支えになっているとみられる。かくして，ブルターニュの酪農経営は，この間，ほとんどが家族農業経営としての性格を維持しているとみるべきであろう。

2．生乳生産クオータ制の廃止と酪農家族経営の対応

（1）新自由主義的酪農政策と生乳生産クオータ制の廃止

　今日のフランスの酪農部門にとって，重要な画期になるのは2015年の「生乳生産クオータ制」の廃止であろう。EUでは，生乳の恒常的過剰とそれにともなう財政圧迫を理由に，1984年から続けられてきた生乳生産クオータ制度を2015年4月に廃止した。この生乳生産部門における新自由主義的農政への傾斜は，家族農業経営が集中的に認められる酪農生産や酪農経営構造にどのような影響をもたらすのか。

　まず，2015年の生乳生産クオータ制度の廃止によってほとんどの加盟国では牛乳生産量を増加させている。牛乳年間生産量がドイツに次いで第2位のフランスでも，2001年2,322万tから2017年2,460万tと同期間で140万tほど増加

（8）Jan Douwe van der Ploeg, *The New Peasantries-Rural Development in Times of Globalization*, Routledge, 2018, pp.233-234.
　　CUMAはフランス全土に11500単位があり，農業機械を共同で利用する組合であり，農作業で必要な農業機械を共同で所有するか，利用する小グループで構成され，それぞれが緊密なネットワークで繋がっている。フランス農民の40％がCUMAに属しており，1単位平均20名の農民で造られ，年平均4万ユーロの取引高がある。組合の作業はほとんどの場合，自発的な無償労働に基づいているが，1,560のCUMAは4,600人の賃金労働者を農業機械の運転手やメンテナンスの技術責任者として雇用している。CUMAは機械の共同利用や相互援助の組織化だけでなく，さまざまな地域振興（景観の維持，廃棄農産物の処理，雇用機会の創出など）にも携わっている。実際，農業・生態学の取り組みでも重要な役割を担っている。また，CUMAの全国組織としてFNCUMAがある。

248

第8章　フランス・ブルターニュにみる家族農業経営

させている。また，牛乳の国際価格の点では，世界で最も低いニュージーランド産と比較するとEU価格は2008年頃まではかなり高めであったが，今日では価格差は縮小されてきた（2019年5月時点の生乳100kg当たり，EU33.8ユーロ，ニュージーランド28.9ユーロ，アメリカ37ユーロ）。この生乳の国際価格差は，乳製品（バター，脱脂粉乳，全粉乳，チェダーチーズなど）価格と連動しており，EU（フランス）にとって，大手の乳業メーカーにとって重要な輸出品目である乳製品の国際競争力をさらに高める方向を鮮明にしている。とりわけ，フランス酪農品の国際市場として注目しているのが，中国，インドネシア，アフリカ，地中海沿岸諸国である。

　生乳生産クオータ制度の廃止以降のフランスの平均生乳価格は，生乳100kg当たり28〜34ユーロの間でかなりの変動をともなって推移している（2018年度は34ユーロ）[9]。生乳価格は地域的にも季節的にも変動するが，ブルターニュでは33ユーロでもっとも低い地域の一つである。2018年の酪農経営の生産費を保証できる乳価水準はおよそ45ユーロとされ，乳業メーカーの買取価格は平均31ユーロであり，両者にはかなりの開差があるのが実態である。

　たとえば，フランス西部最大の協同組合型乳業メーカーであるライタ（Laïta）社の社長であり，同時にフランス酪農協同組合連盟の会長は，国際競争力の強化の必要性について，乳業メーカーが国際競争力を強化するには川上部門にあたる農業部門の強化が同時に重要であることを強調していた。生乳生産クオータ制の廃止はかかる酪農情勢の下で決定されたのである[10]。

　2013年のCAP改革のなかで，乳価引下げにともなう直接支払いの補てんはけっして酪農民を納得させるものではなかった。酪農経営にとっては農業所得の低下は不可避であった。直接支払いが酪農経営の農業所得のなかで大きな割合を占めていることからすると，中小の家族酪農経営にとってとりわ

（9）Agreste Conjoncture, 2019.
（10）Terragricoles de Bretagne, juillet 2014.

249

第Ⅱ部　EUにおける農政と家族農業経営の現段階

け大きな痛手となっている[11]。

（2）生乳生産クオータ制廃止と農民団体

　近年のこうしたEU農政の動きに一貫して警鐘を鳴らしている代表的な農民団体の一つである「農民連盟 Conféderation paysanne」[12]は，生乳生産クオータ制に以下のような主張をしてきた。

　農民連盟は生乳生産クオータ制を基本的に評価してきた。生乳生産クオータ制は，EUの食料安全保障と域内のミルクの需給面ではおよそ効果的な制度である。ところが，その実際の運用と度重なるCAP改革が，酪農経営の所得の改善に繋がらないどころか経営の再編と離農をもたらしたと結論づける。

　ここでその肯定的評価と否定的評価を整理すると以下のようになる。まず，肯定的評価としては，①食料安全保障が担保されていること（域内需要に応えうる乳製品の供給），②さまざまな地域での生産が維持できること（雇用の維持，国土と環境との調和），③生産者価格と消費者価格が相対的に安定すること，④EUとフランスの酪農部門関連予算が立て直されること（在庫問題の解決）である。

　そして反対に否定的評価としては，①乳製品が第三国にダンピング輸出されたこと，②生乳生産や加工部門が集中したこと，③酪農経営の減少を抑えられなかったこと，④公的介入（再配分）が効果的でなかったこと，⑤酪農

---

(11)フランスの酪農部門における直接支払いの農業所得に占める依存度について，国立農学研究所（INRA）は試算している。これによると，2006年の依存度はフランス平均で58％（2万6,100ユーロ），地域的にはかなり開差があり，最高が南西部のポワトゥ・シャラント（Poitou-Charentes）地方の78％（4万2,900ユーロ），最低がブルターニュ地方の40％（2万1,900ユーロ）である。Confèdèration paysanne, Quotas Laitiers, 2007. 参照。

(12)農民連盟は持続可能な農業の実現をめざし，「食料主権」の概念を最初に打ち出したことでも有名な国際組織「ビア・カンペシーナ（La Via Campesina）」に参加している。なお，フランスでは他に「家族経営を擁護する運動（MODEF）」が加盟している。

250

への新規就農にはつながらないこと，⑥クオータが農地と連動しているために農地価格が上昇してしまったことなどである。このように生乳生産クオータ制についての功罪は以上のようだが，農民連盟は，クオータを廃止する政策転換が新自由主義的農政の証左であるとして反対の立場を貫いていた。酪農生産のコントロールをEU・フランス政府が主導して存続すべきであるというのが農民連盟の主張である。

　同連盟が掲げる政策目標は4つある。

　第一に，域内の生乳，酪農品の需給を調整すること，第二に，酪農生産者を存続させること，第三に，酪農民（paysan）へ所得補償を行うこと，第四に，均衡のとれた国土という観点から酪農生産者を配置することである。そして，そのための具体策として，①酪農生産者に生乳生産量・集荷量・受取価格の条件・待遇上の透明性と平等性を確保し，不服申し立ての機会を保証するような酪農政策の導入，②新規就農政策，③国境保護と公的介入政策，④酪農市場，生産費，および労働報酬を考慮して採算の取れる価格政策，⑤条件不利地域に対する補償などを提言している。

　また，農民連盟はフランスにおける酪農部門にどのような将来像を描いているだろうか。農民連盟は，農民（多くは中・少の家族酪農経営）の存続と食料主権（la souveraineté alimentaire）を掲げている。そのためには，まず，政府の介入によって，酪農生産のコントロール，地域的配置のための政府による積極的な介入を主張する。具体的には，国内クオータの増加に反対すること，暫定的な割当量に反対すること，生乳生産の再配分は最小の酪農経営が安定することを最優先にすることを求めている。また自立的な酪農経営システムを存続，強化するためには，資本主義の論理に基づいた直接支払いであってはならないこと，とくにCAPの第二の柱（農村振興）に関連して言えば，直接支払いは小規模な酪農経営に有利に働くものでなければならないことを強調している。さらに国土整備に有用なのは，農民の就農，経営の承継を優遇する必要があり，EUの需給を持続可能な均衡にするような酪農生産の配置をしなければならないとしている。

251

第Ⅱ部　EUにおける農政と家族農業経営の現段階

3．酪農家族経営のオルタナティブな対応

　これまで見てきたように，生乳生産クオータ制が継続していた時期も含めて，フランスの多くの酪農家族経営は，総じて「いばらの道」を歩んできた。2016年の同制度の廃止がこうした傾向にさらに拍車をかけることになった。今日の生乳価格水準は，酪農家族経営の労働報酬を大幅に下回っている。生乳の売渡価格は各地の酪農生産者組織と乳業メーカーとの交渉の結果決定されるのであるが，最近，多国籍乳業メーカーであるラクタリス（Lactaris）社はこの生産者価格の上昇には応えないことを表明した[13]。グローバル化のなかで最大限利潤を求める大手の商社，食品産業，スーパーにとっては，生乳生産の自由化はこの傾向をさらに強める契機になった。

　経済環境の悪化に直面するフランスの酪農家族経営は，どのような対応を迫られているのだろうか。

（1）草地型酪農システムの再評価

　今日，1990年代初頭頃よりヨーロッパ各地の山岳地帯や丘陵地帯から始まった地域独自の自然・生態系システムを重視した草地型酪農（grassland based）の長所を再認識して，こうした生産システムに移行する酪農家族経営の取組が注目されている。ここでは，とくにブルターニュ地方の草地型酪農に焦点を当てて，それを単に農村振興や自然環境的側面の利点だけでなく，経営学的側面からもその有利性を主張する論者を取り上げてみたい[14]。

　表8-3は，在来型酪農経営と草地型酪農経営の経営収支を比較しており，EUの農業簿記情報ネットワーク（RICA）で集計されたブルターニュ地方における170の酪農経営の経営収支（平均値）を求めた表である。前者は，よ

---

(13) MODEF, Lactalis rackette les èleveurs laitiers, 参照。
(14) Jan Douwe van der Ploeg The New Peasantries-Rural Development in Times of Globalization, Routledge, 2018, pp.233-234.

第8章　フランス・ブルターニュにみる家族農業経営

表8-3　ブルターニュの在来型と草地型酪農の経営比較

	在来型酪農 ①	草地型酪農②	②÷①
1人当たり生産額	118,281ユーロ	86,837ユーロ	-27%
付加価値/生産額	33%	51%	54%
1人当たり付加価値	38,884ユーロ	44,179ユーロ	14%
1人当たり粗利益	15,797ユーロ	27,271ユーロ	73%

出所：Jan Douwe van der Plog, The New Peasantries, Ruteledge, 2018,p.102.

り工業化された在来型酪農経営で飼料や肥料などの生産財を外部経済に大きく依存しているが，反対に後者はそれらを可能な限り自己の経営内で調達しているのが決定的相異である。まず，草地型酪農の農業従事者1人当たりの農業生産額は在来型経営に比べて27％低いが，農業従事者1人当たりの付加価値額は14％，粗利益は73％高くなっている。ここに，草地型酪農経営の経営的優位性が指摘されている。すなわち，最近の研究では「これらの自立的（autonomes）で，節約的（économes）な生産システムは，価格の乱高下やグローバル化の悪影響にも対応できる」と結論づけられている。

（2）酪農家族農業経営と「持続可能な農業ネットワーク」

フランスには，「持続可能な農業ネットワーク」（Reseau de Agriculture Durable, RAD）という組織がある。この組織が最初に作られたのはブルターニュ地方の草地型酪農の発展をめざした農民連盟の取組からであった。現在，このネットワークは，フランス中央部や地中海沿岸など8つの地域に拡大している。

1980年代末頃，ブルターニュ地方の酪農経営は，農業所得の低下が生産財の外部依存の増加と肥大化する資本投資に起因していることを痛感した。さらに，化学肥料と農薬の過度の利用が自然環境に悪影響を与えていることを憂慮した。その結果，同地方の酪農経営の中には，牧草地を徹底的に改良することによって，持続可能なオルタナティブな生産システムを導入しようとする酪農経営が現れたのである。RADはそうした酪農経営を繋ぐネットワークである。RADの会員になっている農業経営は，農業就業者1人当たり，

253

第Ⅱ部　EUにおける農政と家族農業経営の現段階

表8-4　草地型酪農経営の事例（2015年）

経営概況		経営費など		経営結果	
経営面積	31ha	乳牛飼養頭数	33頭	粗経営余剰/販売額	69%
乳牛飼養頭数	33頭	生乳販売量	16万5,000ℓ	粗経営余剰/労働力単位	36,000€
労働力	2人	乳牛1頭当たり	5,000ℓ	付加価値額/販売額	72%
経営形態	夫婦GAEC	濃厚飼料費	0€（1,000ℓ当たり）	付加価値額/労働力単位	31,800€
	（2012年～）	粗飼料費	39€（1,000ℓ当たり）	可処分所得/1労働力単位	33,500€
経営の歴史		農薬費	0€（1,000ℓ当たり）		
1988年　新規就農		肥料費	0€（1,000ℓ当たり）		
（現在と同規模の個人経営）		家畜診療費	15€（1頭当たり）		
1990年代　草地型酪農導入					
2012年　労働力が2人になる					
現在に至る					

出所：Reseau de Agriculture Durableのホームページより作成。
注：付加価値＝販売額－経営費－中間消費，粗経営余剰＝付加価値＋補助金－人件費・租税

　また農地面積1ha当たりでも経営収支がはるかに良くなったと指摘されている[15]。また，この草地型酪農は，存続可能であり，次世代への継承も容易で地域の雇用創出にもなっている。さらに，草地型酪農の受け取る直接支払いは，企業的酪農に比べて半分ほどだが，労働所得はかなり高い水準にある。したがって，草地型酪農は規模拡大することなしに農業所得を維持できるという積極的評価もある[16]。

　ここで，草地型酪農を実践しているブルターニュ地方の酪農家族経営（RAD会員）の事例を掲げておこう。この酪農経営の経営概況をまとめたのが表8-4である。この経営は，酪農経営の開始直後から持続可能な草地型酪農に取り組んできた。そして，1988年に酪農経営を始めて以降，その経営規模にほとんど変化がない。経営面積31ha，乳牛頭数33頭の経営規模は，ブルターニュ地方ではむしろ小規模に近い。経営費では，濃厚飼料，農薬，肥料代の出費は全くない。1頭当たり搾乳量は平均5,000リットルであって，ブルターニュ地方では平均以下である。ところが経営結果では，販売額に対する粗経営余剰が69％，販売額に対する粗経営余剰が72％と相当高い割合になっている。この点は，先の表8-3での指摘を裏付けている。そして1労働

(15) Jan Douwe van der Ploeg, op.cit. p.102.
(16) Jan Douwe van der Ploeg, op.cit., p101.

254

力単位当たりの年間可処分所得も3万3,500ユーロとかなり高い水準を維持している。経営目標は，付加価値額の増加，自家飼料の確保，生産費の削減を掲げており，RADのキーワードである自立的，節約的な生産システムに基づく持続可能な農業経営をめざしてきたといってよいのである。

おわりに

　本章ではEU最大の農業大国フランスの家族農業経営の実態を検討するために，同国の家族農業経営が広範にみとめられる酪農部門に焦点を当て，地域的には西部に位置する酪農地帯ブルターニュ地方に立ち入って考察した。

　動揺するCAPの酪農政策の歴史的な展開過程もあいまって，ブルターニュ地方の酪農家族経営はそれぞれの局面で経営的対応を迫られ，その多くが翻弄されてきたといえるだろう。それは，この間，とくに2000年以降，実に多くの酪農経営が消滅していったことに如実に示されている。しかし，困難な経済環境のなかでも存続してきた酪農家族経営も多数認められるのであって，フランスの酪農部門の主要な担い手であることは紛れもない事実である。

　それでは，今日，酪農家族経営が根強く存続する背景になっているフランス的特徴は何か。

　第1に，歴史的にもフランスでは地域内あるいは隣人間での互助意識が強く，共同の農作業やボランティア的な農作業が緊密に行われてきた。しかも，こうした互助意識に基づいた関係は，単なる過去からの継承ではなく現代の経済環境の適応したものでもある。また，この共同農作業にはCUMAが大きな役割を果たしていることにも注目すべきである。

　第2に，酪農家族経営のほとんどが，既にGAECやEARLなどの共同経営や法人組織に移行していることである。とくにGAEC（農業共同経営集団）は1962年の農基法農政のなかで制度化され，税制上の優位性もあって個別経営からGAECへの移行が行われてきた。このことがフランスの酪農家族経営の存続に大きな意味をもったのである。

255

第Ⅱ部　EUにおける農政と家族農業経営の現段階

　第3に，ブルターニュ地方では在来型の酪農生産システムとは一線を画す
持続可能なオルタナティブな生産システムが展開していることも，酪農家族
経営の存続に寄与している。徹底した草地型酪農生産システムによって，外
部経済からの自立と生産費を節約する酪農経営の存在を確認できる。

第9章

イタリアにおける「ショートフードサプライチェーン」の展開と小規模家族農業

岩元 泉

1. イタリアにおける有機農産物市場

　イタリアにおけるグローバリズムへの対抗運動はさまざまな分野で見られるが，それが明瞭に表れるのは有機農業の分野であろう。それは李他の「小売主導により進むイタリアの有機農産物マーケットの特徴」[1]が示すように，1990年以降急速に伸展したイタリアの有機農業には大規模な有機小売業の展開があり，その一方でそれに対抗する消費者や小規模農業者の動きも見られたからである。これを有機農産物市場におけるオープン・マーケットとクローズド・マーケットの対比と捉えたが，農産物流通の視点から見るとLFSC（ロングフードサプライチェーン）とSFSC（ショートフードサプライチェーン）の対抗と見なすことができると考えたからである。

　本稿では，第一にイタリアにおける有機農産物市場を対象にLFSCとSFSCの展開を前掲論文に依拠して概観する。第二に，SFSCの典型であるGAS（連帯購買者グループ）の意義と展開を事例に即して明らかにする。第三に，多様なSFSCの展開を見る。そこにはGASから派生したものや，CSAの理念に基づくもの，日本の「提携」に範をとったものなど，多様なものが見られた。多くの場合，食料主権の考え方が背景にある。第四に，イ

（1）李哉汯・岩元泉・豊智行「小売主導により進むイタリアの有機農産物マーケットの特徴―オープン・マーケットが有機農業の成長に与える影響」（『農業市場研究』第22巻第2号（通巻86号），2013年9月）

257

第Ⅱ部　EUにおける農政と家族農業経営の現段階

タリアにおける小規模家族農業の存在形態を統計的に観察したのち，SFSCと小規模家族農業のつながり，あるいはその連携と融合関係を検討して本書の課題に応えたい。

（1）イタリア有機農産物マーケットにおけるLFSC

　イタリアの有機農業はヨーロッパでは英国，ドイツおよびフランスに比べて遅れて始まった。イタリアの有機農業の先駆者であるジーノ・ジロロモーニがアルチェネロ（Alce Nero）有機農業協同組合を設立したのは1977年である[2]。またイタリアで最初の有機農業の推進活動を行ったスオーロ・エ・サルーテ（Suolo e Salute）は1969年にトリノで発足しているが，その後有機認証機関になったのは1992年である。1980年代までのイタリアの有機農業は少数者の取組として異端視されている状態だった。

　しかし1990年代に入ってEUの有機農産物理事会規則（1992年）制定以降，イタリア有機農業は急速に拡大する（図9-1）。2010年代に入りさらに有機農業面積および有機生産者数が急増する。そして2016年にはEUの国別有機農業面積で201.9万haのスペインに次いで179.6万haと第2位になっている[3]。この飛躍的な拡大にはEUの共通農業政策とくに農村開発政策の効果や大規模スーパーマーケットや有機専門チェーン店など大規模小売店の展開，またさまざまな推進組織・企業および協同組合が関わっていた。

　イタリアにおける有機農産物の販売チャネルをみた表9-1によると2004年から14年の大規模小売店数の年平均伸び率は2.2％である。しかしそのシェアは，「Bio Report 2019」によると，2016年にはイタリア国内で30.83億ユーロの有機食品の売り上げがあったが，その内訳はスーパーなどの大規模小売

（2）ジロロモーニはその後1986年にマルケ有機農業組合を設立し，さらに1996年には地中海有機農業組合（AMAB）を創立した。その後ジロロモーニはアルチェネロの商標を売却した。企業理念の不一致が原因と言われている。アルチェネロは現在グローバルに展開する有機企業になっている。ジーノ・ジロロモーニ（目時能理子訳）『イタリア有機農業の魂は叫ぶ』（2005年）。

（3）FiBL&IFOAM "The World of Organic Agriculture 2018" p.223.

258

第9章 イタリアにおける「ショートフードサプライチェーン」の展開と小規模家族農業

図9-1 イタリアの有機農業者と有機農地面積

表9-1 イタリアにおける有機農産物の販売チャネル数

	2004	2005	2006	2007	2008	2009	2010	2011	2012	2013	2014	2015	年平均変化率(%)
直売農家	1,184	1,199	1,324	1,645	1,943	2,176	2,421	2,535	2,795	2,837	2,903	2,878	8.4
大規模小売店	174	185	193	204	208	225	222	213	234	231	221	221	2.2
GAS	146	222	288	356	479	598	742	861	891	887	891	877	17.7
E-コマース	66	-	79	106	110	132	152	167	-	210	241	286	14.3
有機専門店	1,030	1,014	1,094	1,106	1,114	1,132	1,163	1,212	1,270	1,277	1,348	1,395	2.8
アグリツーリズム	772	804	839	1,002	1,178	1,222	1,302	1,349	1,541	1,567	1,553	1,527	6.4
レストラン	182	171	177	174	199	228	246	267	301	350	406	450	8.8
学校給食	608	647	658	683	791	837	872	1,116	1,196	1,236	1,249	1,250	6.8

原資料：Bio Bank データを加工
資料：Bio Report 2016 p.36
注：学校給食数は学校給食に有機農産物を使用している自治体数と私立学校数

表9-2 有機食品市場―イタリア国内と輸出の販売額（100万ユーロ）

	2007	2008	2009	2010	2011	2012	2013	2014	2015	2016
スーパーマーケット	400	420	450	500	545	585	625	855	873	1,181
専門店	550	600	700	800	895	1,005	1,075	761	862	892
その他	320	350	400	500	560	585	620	844	925	1,010
国内計	1,270	1,370	1,550	1,800	2,000	2,175	2,320	2,460	2,660	3,083
輸出	865	925	1,000	1,050	1,135	1,200	1,200	1,420	1,650	1,915
市場計	2,135	2,295	2,550	2,850	3,135	3,375	3,520	3,880	4,310	4,998

資料：Bio Bank が Assobio, Ice, Ismea, Nielsen, Nomisma のデータを加工 Bio Bank Report 2019 より。

店が11.81億ユーロで38％，有機専門店が8.92億ユーロで29％，その他が10.1億ユーロで33％を占める（表9-2）。その他にはho.re.ca（ホテル，レストラン，給食），伝統的小売店，直売，GAS，e-コマースが含まれる。大規模小売店と有機専門店を合わせると67％を占めており，極めて大きなシェアを

第Ⅱ部　EUにおける農政と家族農業経営の現段階

持っている。

（2）EcorNaturaSiの展開

　有機食品市場が拡大するに従い，イタリアにおける代表的な大規模小売店，コープイタリア，ESSELUNGA，CARREFOURなどはPBによる有機食品の販売に取り組んだ。例えばコープ・ロンバルディアでは2004年からビビ・ベルデ（ViVi Verde）というPBで有機食品およびエコ関連商品を販売している。

　それに対して，有機専門スーパーマーケットのNaturaSiはそれ自体が有機食品のブランド名である。NaturaSiは2012年時点で国内51店舗あったが，2015年にはNaturaSiブランドを取り扱うスーパーマーケットは150店になり，スペインにも2店舗展開している。NaturaSiの運営主体はEcorNaturaSiで，もともと2つの組織が2009年に合併したものである。Ecorは1987年にバイオダイナミック⁽⁴⁾の製品を扱う協同組合として設立され，主に有機製品とバイオダイナミック製品の卸売業者であった。一方NaturaSiは1992年に設立された有機食品のスーパーマーケット・ネットワークであった。もともと取引関係にあったが，2005年に株式持合い関係を取ったのち，2009年に合併に至っている。シュタイナー財団が大株主となっており，「地球と自然と社会の健康のために働いている」というのが会社の理念である。NaturaSiの他に，Cuorebioという小さな町の有機小売店チェーン290店舗を持っており，2014年のEcorNaturaSiのデータによると全体で2.7億ユーロの売上げがある。マーケット部門とロジスティックはベネト州のトレビソに，本社と購買部門は同じくベネト州ベローナにあり，680人を雇用しているが，品質管理についてバイオダイナミックにもとづく独自の品質のスタンダードを作り，ほ場での確認や，ラベリングの確認を行い，生産者との信頼関係を作っている。そのようなサプライチェーン全体を管理しているのは取り扱う製品の30％くらいで，あとは有機認証を受けたものを生産者から仕入れている。30％にはバイ

（4）バイオダイナミックとは，人智学のルドルフ・シュタイナーによって提唱された，自然農法で，農場が完結した生態系であることをめざす農法をさす。

260

第9章　イタリアにおける「ショートフードサプライチェーン」の展開と小規模家族農業

オダイナミック農業を実践する4つの直営農場が含まれる。

　EcorNaturaSiは大規模小売店に対抗して，単にビジネスではなく，有機の価値を訴求する観点で事業を行なっているが，流通実態はLFSCになっている。

（3）生産者組織の展開

　では，大型小売業の有機農産物集荷がどのように行われているか，

　前掲論文で対象になっているアポフルーツ・イタリア（APOFruit Italia）は1997年にEUの認可を受けた生産者組織（PO）である。2011年時点でイタリア最大の事業規模を誇り，2.4億ユーロの総売上げがあった。アポフルーツが有機生産を開始するのは1990年からである。当初は14人の生産者であったが，2010年には約500人，1,800ha，売上げ5,300万ユーロになり，アポフルーツ売上全体の22％を占めるまでになった。販売先は国外への輸出，量販店のPBや卸売業者，および独自ブランドのアルマベルデ（Almaverde）である。アポフルーツでは有機商品を取り扱う子会社カノバ（CANOVA）を1996年に設立している。2019年には生産者は800人，2か所の事業所と3か所の包装・出荷センターを持ち，3万4,300tの出荷と5,920万ユーロの売上げを上げるまでに至っている。カノバではアポフルーツの組合以外の生産者のものも取り扱っている。品揃えのためである。量販店等に対応するためには，選果およびパッケージのラインを必要とする他，多品目を揃える必要がある。有機食品もLFSCに沿って消費者に届くことになる。

　前掲論文では価格比較をおこなっている。それによると価格は有機が慣行よりも15〜20％高いにも関わらず，小分け包装や輸送の非効率性から出荷経費が高くなり，精算後の生産者手取りは必ずしも高くならない事を示唆している。

　このように，有機農産物市場といえどもサプライチェーンは長く，かつ競争も激しいため，有機食品流通企業は販路拡大や集荷範囲の広範囲化に迫られ，サプライチェーンはさらに長くなる傾向にある。このことが消費者に有

261

第Ⅱ部　EUにおける農政と家族農業経営の現段階

機農産物とはいえ，新鮮でないという印象を与えることは否めない。

このような状況の中で，大規模小売業による有機農産物流通に反発する動きが見られる。**表9-1**によると，GASは2004～14年で年率17.7％の伸びを示し，e-コマースも同じく14.3％の成長を見せている。つまり有機農産物市場におけるLFSCに対してSFSCの進展が明確になりつつある。

2．GAS（連帯購買者グループ）の生成と展開

（1）GASの歴史と組織

SFSCの典型としてGASを取り上げたい。GASはGruppo di Acquisto Solidaleの略であり「連帯購買者グループ」と紹介されている[5]。その活動内容や理念の幅は広く，単なる商品の購入だけではなく，フェアトレードなどの倫理的消費の側面を持っており，有機農業とも深いつながりがあることは前掲表9-1に有機農産物の販売チャネルに2015年877のGASがカウントされていることからも分かる[6]。イタリア全土にそのネットワークが広がっており，「連帯経済」[7]と呼ばれる反グローバリズムの運動の一形態とも位置づけられている。

GASは1994年にエミリア・ロマーニャ州パルマ県のフィデンツァで最初のグループが結成されたことから始まり，主に口コミで他の地方に広がって

（5）石田正昭『食農分野で躍動する日欧の社会的企業』（全国共同出版，2016年）においてはGASを「共同購買者グループ」として，ファビオモスタッチョ・今井迪代「「食と農」セクターにおける連帯経済」（「季刊くらしと協同」No.9，2014年）においては「共同購買グループ」としている。またNPO法人日本オーガニック協会の「オーガニックレポート」2012年3月29日ではGASをイタリアの「連帯型購買グループ」というタイトルで紹介している。

（6）さらにインフォーマルなグループがあると言われているので，総数は2,000以上といわれているが正確には分からない。

（7）連帯経済についてはジャン＝ルイ・ラヴィル編（北島健一・鈴木岳・中野佳裕訳）『連帯経済—その国際的射程—』（生活書院，2012年），西川潤・生活経済研究所編『連帯経済—グローバリゼーションへの対案』（明石書店，2007年）を参照。

第9章　イタリアにおける「ショートフードサプライチェーン」の展開と小規模家族農業

いった。

1997年には多様な購買者グループをリンクするためにネットワークが形成された。生産物と生産者についての情報の交換が行われ，購買者グループの考え方が広まった。1999年に最初の全国大会がフィデンツァで開催され，動機や特徴を記した多様な文献を集め，この経験を明確にするための「Basic Document」が起草された。

そこに記載されているのは，イタリアの色々なところで，多かれ少なかれ多様に組織化されている経済的オルタナティブ概念が具現化しているという多くの事実である。倫理的な意味合いも表明しない押売りや，単に節約する手段であるようなものとは明確に異なる。倫理的側面を持ち，なにかを支援する，それがグループの最も重要な側面であって，批判的消費の分野の経験を含んでいる。GASは新しいライフスタイル，批判的消費，倫理的な節約の一局面であり，新しい発展のために日常生活を始めようと願う，誰にとっても具体的な関与の可能性を供与する，と説明されている。

GASは公式には三つの組織形態がある[8]。

GASは市民による結社の自由にもとづいてつくられており，それはイタリア共和国憲法17章，18章において保証されている。三つの組織形態とは，

① 　インフォーマルグループ：集団で活動する個人のグループは内国歳入庁においては法的には登録されていない。単純には，いっしょに購買する自然人である。購買したものを集団内で分配する目的で，利益を生むことはない。

② 　組織：一定のグループ，とりわけ大きな規模あるいはその地域で大きな認知度を得ることを意図しているグループで民法36条に基づく組織の形を持っているもの。グループの活動は団体法の規定する範囲でなければならず，その目的は一致していなければならない。この形態のGASは，組織および法的な規則を作成していなければならず，地域の税務署に登

──────────
（8）事例で紹介するROMA SECONDOから入手した資料indicazioni fiscali attivita GAS 2009年に納税の観点から説明したものがある。

263

第Ⅱ部　EUにおける農政と家族農業経営の現段階

表9-3　主な州別GASの数（2015年）

GASの数	数	密度	100万人当たりのGAS数
1．ロンバルディア州	221	1．トレンティーノ・A・A州	33.1
2．トスカーナ州	102	2．トスカーナ州	27.1
3．エミリアロマーニャ州	94	3．マルケ州	23.9

資料：RAPPORTO BIO BANK 2016

表9-4　GASの多い県

1．ミラノ	91
2．ローマ	60
3．トリノ	46
4．フィレンツェ	42
5．ボローニャ	25

資料：表9-3に同じ。

録され，納税番号が必要とされる。もしそのグループが制度的な活動を，たとえばメンバーに対してのみ限定的に行う場合，納税申告書は請求されない。もし法律が商業的活動をしすぎているとみなせば（たとえば，生産物を非組合員に販売するような組織外部への直接的な活動など），納税記録を作成し，管理する義務がある。

③　他の組織に支援されているグループ：グループがフェアトレードあるいは協同組合に依存し，すでに店舗や商店を，集荷，注文の分類などに利用している場合，購買者は支援組織の顧客として貢献している。この場合，組織の運営はすでに定められた目的に沿った組織の支援を受けており，関連する納税文書は販売者－購買者の関係で作成されている。

　この他に，専従的従事者がいるか，ボランティアに依存しているかの違いも運営上は大きな相違である[9]。イタリアのGASは多少の地域性はあるものの全国に広がっているが，北部の州に多く（**表9-3**），県で見てもローマ市以外は北部の都市に多い（**表9-4**）。

　ローマ市の二つの事例を紹介する。

（9）生産者と消費者のつながりの違いを計量化し，分類した研究もある。Maria Fonte: "Food consumption as social practice: Solidarity Purchasing Groups in Rome, Italy", *Journal of Rural Studies* 32（2013）.

第9章　イタリアにおける「ショートフードサプライチェーン」の展開と小規模家族農業

（2）GAS ROMA SECONDOの事例

　ROMA SECONDOはローマ市第二区（ムニチーピオ）にある144世帯
（2016年）で構成されるGASである。これはきわめて単純に第一のタイプ，
すなわちインフォーマルグループである。

　この形態のGASは以下のような実態を持つことになる。

⑴生産物を売買するのではなく集団的に購買し，それぞれのメンバーが直接
　にその量に応じて，補助的な費用も含めて支払うということ。

⑵注文を集める仕事，分配することはボランティアレベルで行われること。

⑶品物には請求書または領収書がついていること，しかし農家の直売の場合
　には領収書を発行の義務を免除し，さらにまたは納税文書をつけることを
　免除する規定がある。

⑷この場合でも購買した品物の記述的および企業を識別した領収書は要求す
　るように勧める。つまり，レターヘッドまたは会社印のついた用紙に生産
　者の詳細が記された最終支払書や運送文書がついた領収書が必要である。

⑸厳格で細かい規則のもとで，品物は同日に購買者に配送され，商店や倉庫
　に置かれることがないようにしなければならない。

　以上が，法的側面から見たインフォーマルなGASの決まりである。

１）組織の成立

　この地区は比較的所得の高い，教育レベルの高い地域である。2009年の初
頭，数人の女性たちが，スーパーで流通する食品の品質について不安を持ち
始め，地域で流通専門家を招いて研究会を行ったことから始まる。そして
GASを設立し，地域の生産者のリストをつくり，連絡を取った[10]。最初は
10世帯ほどで，毎週土曜日に集まって，まずひとつの精神障害者で構成され

---

[10]生産者はAIAB（Associazione Italiana per l'Agricoltura Biologica）から紹介
　してもらった。

第Ⅱ部　EUにおける農政と家族農業経営の現段階

表 9-5　GAS ROMA SECONDO　収支報告

単位：ユーロ

		2013〜2014	2014〜2015	2015〜2016
前期繰越		258.81	702.14	1,055.62
参加費		3,700.00	3,825.00	3,600.00
	件数	148	153	144
生産者寄付		706.00	735.00	454.60
	収入計	4,664.81	4,560.00	4,054.60
事務所賃貸料		3,270.00	3,360.00	3,360.00
GASTIGAS 維持費		152.26		351.44
電気代		277.41	689.52	393.70
電話代		10.00	40.00	30.00
銀行手数料		60.00	63.00	63.00
解約料その他		85.00		13.70
BUCCIARELLI への寄贈と隣室の賃料		16.00	6.00	
付加価値税，運賃，その他		92.00		
運賃，他配送で賄われない雑費			48.00	
	経費計	3,962.67	4,206.52	4,211.84
収支差額		702.14	353.48	-157.24
繰越		960.95	1,055.62	898.38

資料：GAS ROMA SECONDO から入手した資料から作成。

る社会的協同組合 [11] の農場から青果物を仕入れた。情報を収集する中で GASのネットワークがあることを知り，すでにそのサイトにGASを運営するためのソフトウエアがあったので利用した。地域の民主的環境主義者協会の支援も受け，2013年に小さな部屋を借りることができて，新たな段階に入った。そこで会合を行ったり，さまざまな学習会を行ったりしている。この部屋を借りるために会費を一家族10ユーロから25ユーロに値上げした。また2012年からは倫理銀行に口座を開設している。収支状況は**表9-5**の通りになっており，主な経費は事務所の賃貸料となっている。

---

(11)社会的協同組合とは，1991年の『社会協同組合』にかかる法律第381号（社会的協同組合法）によってイタリアで制度化された協同組合である。社会的格差拡大にともなうさまざまな社会的弱者が自ら自立するための協同組合といってよい。「社会的協同組合はまさに社会的な協同組合である。この社会協同組合は，さまざまな分野で活動している。最も伝統的な企業（信用協同組合，消費協同組合，生産・労働協同組合，農業協同組合，建設協同組合，サービス協同組合）からなる協同組合運動の内部から生まれた，もっとも新しい協同組合である。」アルベルト・イァーネス（佐藤紘毅訳）『イタリアの協同組合』（緑風出版，2014年）。

第9章　イタリアにおける「ショートフードサプライチェーン」の展開と小規模家族農業

2）注文と配送

　2016年の注文状況は**表9-6**のとおりである。合計で13万4,190ユーロとなっている（日本円で1ユーロ128円と換算して1,720万8,500円になる。2016年基準以下同じ）。一世帯当たりの購入額は平均932ユーロ（同11万9,520円）である。農産物はすべて有機認証を取得したものである。EUにおける有機食品の平均購入額は一人当たり約53.7ユーロ（イタリアは38.1ユーロ）とされているから，4人家族で換算しても，また化粧品や洗剤，魚を除いても格段に高い購入額だと言えよう。

表9-6　GAS ROMA SECONDO 2016年の注文

生産者	品目	年間の注文数	合計注文額（ユーロ）
Claudio Caramadre	野菜と果実	47	31,925
Coltllese Organic High Mountain and Pica di Accumoli	赤身肉	11	17,799
Augusto Spagnoli of Nerola	サブリナ・オイル	3	4,841
Spagnoli per frutta	スペイン果実	8	2,086
Molino Silvestri di Torgiano	粉と穀物	4	3,927
Liberovo di Montecastrilli	有機卵	46	3,442
Mercuri Casperia	白身肉	8	9,331
Eu's, a duo consisting of a pie-maker (Francesca) and a chef (Valentina)	ビスケットとフレッシュパスタ	7	1,670
Ciampino Farmhouse	ワイン	5	4,723
Organic Cooperative of Calvary Iris	パスタと胡椒	2	3,461
Soc.Coop of the Small Fisherman of Anzio	魚	21	18,525
Verdisativa	化粧品	2	3,905
Officina Naturae	洗剤	2	3,181
lemma	オレンジ	2	3,648
D'Aloisio	オレンジ	3	2,645
Coop Aria	雑貨	4	2,639
Family farm in Ustica	レンズマメとマグロ	1	2,463
De Juliis cheese factory	チーズ	2	3,629
Drago Sebastiano	マグロ	1	1,022
Fattoria della Mondorla	アーモンド	1	2,046
Caseificio de Juliis	牛乳	7	2,179
Kimamori	ヘーゼルナッツ	2	1,072
Grimaldi Motta	ナッツ	2	889
Barikama Social Promotion Association	ヨーグルト	47	3,142
合計		238	134,190

資料：GAS ROMA SECONDO から入手した資料により作成。
注：ホームページには新たにスプラウトの生産者（Tommaso Radice）と最近取引が始まったとなっているが表には反映されていない。
　　さらに，Marco di Fulvio のリンゴ，La Nuova Arca 農園の果実のローマキャンペーンを支援したいとしているが，表には反映されていない。

267

第Ⅱ部　EUにおける農政と家族農業経営の現段階

　注文と配送は品目によって異なるが，青果物であれば生産者が木曜日か金曜日に8kgまたは4kgのボックスに入れるものを決める。会員はそれをパソコンやスマホで見て，土曜日か日曜日に注文をし，それを「運営委員」が取りまとめて発注する。配達スポットは2か所あり，2〜3人の会員が手伝いで仕分けに来る。パスタや小麦，化粧品，洗剤などは2か月か3か月に一度大量に配達される。

　表9-6に見るように仕入れ先は24か所あり，農産物はすべて有機認証を取得しているものである。会員に安心できるものを提供することと同時に，認証は負担が大きいのでそれを支援する意味がある。ほぼ毎週注文があるのは，野菜と果実，有機卵，ヨーグルトである。とくにヨーグルトはアフリカ難民がイタリア南部で搾取され，反乱を起こし，その一部がローマ近郊に移住して始めたものを支援する目的で取引を始め，当初は有機認証を取っていなかったが現在は認証されている。

　運営については，二人のボランティアが長年行なっている。

（3）CAPO HORN協同組合

1）組織設立の経緯

　ROMA SECONDOとは別のローマ市の十区にある専従者がいるタイプのGASの事例を取り上げる。1998年から2004年にかけてイタリアでは「代替世界」や「反グローバル化」の運動が盛り上がっていた。とくに，ローマ市の場合は，2001年から08年にかけて「もう一つの経済」（Another Economy）という運動があって，フェアトレード，有機農業，再生可能エネルギー，倫理的ファンドなどに取り組んでいた。当時この地域には二つの小さなGASがあったが，フェアトレードの店であったCAPO HORNを分配拠点としていた。そこで2006年2月に合併し，現在のGAS CAPO HORNになっている。

　フェアトレードの店CAPO HORNはもともと2004年に7〜8人で始まった労働者協同組合だったが，GASの利用者増加とともにメンバーが増えて

268

第9章　イタリアにおける「ショートフードサプライチェーン」の展開と小規模家族農業

2016年に生活協同組合になった。現在生協の組合員は約200世帯であるが，その中でGASを積極的に利用する組合員はほぼ50世帯である。2006年から18年の間にGASを一回でも利用した世帯は780世帯にのぼり，この地域約1万世帯の8％弱が利用したことになる。CAPO HORNは先の区分の第三の組織形態のGASである。

CAPO HORNの店舗
この一角でGASの集配が行われる

2）GASの注文と受取

　注文の方法は，品物をとりに来た時に次の注文をしていく直接注文，ウェブサイトからの注文，メールでの注文，WhatsAPP（日本でのLINEに相当する）での注文が出来るようになっており，配送の前週の決まった曜日の24時までに注文することになっている。おもな供給者と受取・注文日を表9-7に示した。

表9-7　CAPO HORNへの供給者

品目	供給者	受取日	注文期限
野菜・果実	Agricoltura Nuova Morani Biosolidale Penna（かんきつ）	毎週金曜日午後から日曜日午前 毎週水曜日午後	水曜日 24時 日曜日 24時
赤身肉	Morani Biosolidale	水曜日午後から土曜日午前	日曜日 24時
白身肉	San Bartolomeo （非有機認証）	毎週水曜日午後から土曜日午前	木曜日 24時
魚	Fishbox	金曜日	日曜日 24時
パン	Bonci	火曜日午後から水曜日午後 金曜日午後から土曜日午前	金曜日 24時 日曜日 24時
卵	Uovo Dor		
アイスクリーム	Agri-gelato Biola		
チーズ	Biola Parmigiano Reggiano	水曜日午後から日曜日午前 毎月	日曜日 24時
小麦粉	Antico Molino Rosso	毎月	
パスタ	Iris	毎月	

資料：CAPO HORN webpage より。

第Ⅱ部　EUにおける農政と家族農業経営の現段階

　CAPO HORNへの供給者の基準は，第一に，1時間以内で配送できる地元の生産者であり，第二にできるだけ新鮮なものであり，第三は有機農産物であるか，高い信頼性を持てるものであり，第四に，継続的な関係を持てる者，となっている。いくつかの供給者を紹介すると（**表9-7**），まず野菜・果実を供給する社会的協同組合Agricoltura Nuovaは1977年に若い失業者たちと，労働者，農民で設立された。その目的は，農業で雇用の場を作ること，広大な環境的価値を持った土地を守ることであった。「社会的協同組合の規律」ができる前から，障害者に開かれた農場を行っており，現在約50人の従業員はすべて正社員となっている。257haの土地で多様な活動を行っている。有機農場としては牛，豚，ヒツジ，採卵鶏の家畜飼養，リコッタチーズ，モッツァレラチーズ，ヨーグルトなどの乳製品，野菜各種，小麦，大麦，裸麦を生産し，石臼引きをしてパン，パスタ，デザートや蜂蜜を生産している。また直売所，レストラン，バー，教育農場，ピクニックエリア，乗馬クラブ，ヒポセラピーなどを行っている。GASへの供給も活動の一環である[12]。

　鶏と七面鳥を供給するSan Bartolomeoは，有機養鶏会社である。慣行養鶏では，通常55日かけて3kgに仕上げるが，ここでは倍の日数をかけて，半分の体重に育てる。有機認証はやめて，二者認証にした[13]。Biosolidaleは生産者ではなく，有機専門の卸業者である。Fishboxは小規模な漁業者が沿岸の資源を枯渇しない漁法でとった朝採り魚のボックスである。Pennaはカラブリア州にあるかんきつ農場だが，GASの会員の姉妹の父の農場で，慣行から有機に転換させた農場である。

　野菜・果実の注文と受取は**表9-8**のように曜日が指定されている。野菜と果実はボックス方式で3kgから9kgまでの種類がある。基本的には野菜，果実ボックスの内容をGASのメンバーが指定して注文することはできない。

---

(12) Agricoltura NouvaのHP（http://www.agricolturanuova.it/）より。

(13) CAPO HORNのHPおよび聞き取りによる。有機認証を辞めた理由は，イタリアの第三位の大手養鶏会社フィレーニが有機認証に参入してきたため，そういう会社と同一視されることを嫌い，あえて認証をやめて，認証費用の分のコストを下げた。

第9章　イタリアにおける「ショートフードサプライチェーン」の展開と小規模家族農業

表9-8　野菜・果物のボックス価格表

	供給者	小（3kg）		中		大（9kg）		果物のみ
		野菜のみまたは野菜70%+果物30%	野菜と果物半々	野菜のみまたは野菜70%+果物30%	野菜と果物半々	野菜のみまたは野菜70%+果物30%	野菜と果物半々	
火曜日	Biosolidale		16.00		21.00		26.00	
水曜日	Morani	13.60		16.70		22.00		
	Ag. Nuova	13.60					21.00	14.00
金曜日	Biosolidale		16.00		21.00		26.00	
	Ag. Nuova	13.00					21.00	14.00

資料：CAPO HORN 店内の表示より。

「自分の畑でとったものだと思ってください」と説明しているという。

3）運営方式

　GASには専従者がいて運営するものと，ボランティアによって運営されるものがあるが，CAPO HORNの運営は専従者三人で行っている（専従者とはいってもフルタイムではなく，パートタイマーである）。CAPO HORNではGASの成功要因を次のように分析している。第一は，無駄がないこと。在庫を抱えることがなく，廃棄するものもない。その分価格を安くできること。生活協同組合の店舗の一角にGASの受取場所の小さな棚が設置されているだけで，注文があった分だけ配送され，すべて利用者に受け取られていく。第二には，トレーサビリティが完璧だということ。有機認証を受けたものか，そうでないものは生産現場に直接確認に行く。第三には，専従者によって運営されていること。第四に，生産物の種類が豊富であること。魚は扱いにくいがここでは取り扱っている。第五に，新鮮さを保つのに効率的な運営を行っていること。地元のものを扱っていること，注文と受取の時間が短いことをさしている。

（4）GASにおける消費者と生産者の関係

1）GASメンバーへのアンケート

　二つのGASメンバーのGASへの評価を確認するためにアンケートを行っ

271

第Ⅱ部　EUにおける農政と家族農業経営の現段階

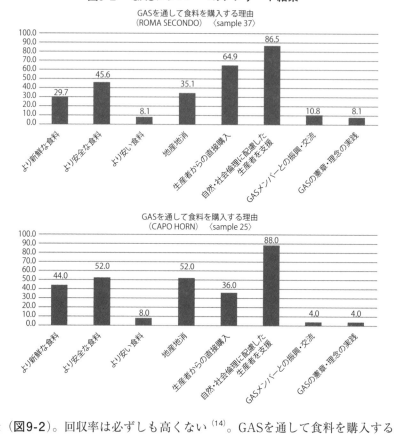

図9-2　GASメンバーへのアンケート結果

た（図9-2）。回収率は必ずしも高くない[14]。GASを通して食料を購入する理由について，両者とも「有機農産物，フェアトレード，動物福祉など自然・社会的倫理に配慮した生産・流通方法を用いる生産者を支援したい」という項目への回答率が格段に高い。毎回注文するヘビーユーザーに回答が偏っていることは否めないが，ほとんどのメンバーが生産者支援に意義を感じてGASを利用していることが分かる。

---

[14] 回答率はROMA SECONDOは124世帯中の37世帯で29.8％，CAPOHORNは50世帯中の25世帯で50％であった。

第9章　イタリアにおける「ショートフードサプライチェーン」の展開と小規模家族農業

2）GASの特徴

　以上二つのGASの経験を検討した。アンケート結果および先行研究なども踏まえてGASの特徴を要約すると以下のようになる。

　第一は，基本的に消費者主導の流通システムであるということ。消費者が，共同購買のグループとして組織化され，地域的なネットワークが形成されていること。

　第二に，共同購買は食品の安全の面だけではなく，有機農業者の支援，障害者，移民，反マフィアの支援などの倫理的意味合いを持っていること。

　第三に，少なくとも三種類のGASがある。インフォーマルなもの，何らかの法的組織（法人）になっているもの，および組織に依存しているグループである。

　第四は，原則的に青果物についてはいわゆるボックススキーム方式で，消費者が注文を取りまとめ，生産者が配送拠点に配ったものを消費者に分配するという方法が主であること。

　第五に，GASは大規模化された流通，グローバル化した流通資本による食品流通の支配と，それによって引き起こされている食品の安全問題に疑問を持った生産者と消費者によって組織されたSFSCであること。

3）GASの課題

　GASはいくつかの課題を抱えている。第一には，GASの縮小である。前掲の**表9-1**でみたようにイタリア全体でGASの数が2012年の891から2015年には877に減っている。またCAPO　HORNではGASの会員の減少がみられる。イタリア経済の不況が影響しているといわれるが，それだけでなく一時盛んであった「代替経済」「もう一つの経済」の運動の衰退も要因だといわれている。第二は，GASの不安定性である。とりわけボランティアが運営するGASは生成，消滅を繰り返している。理由は，ボランティアの場合，特定の個人の口座を通して取引が行われることになり，税務署から問題視されることがあった。2009年に緩和措置が取られたが，特定の個人に負担がか

273

第Ⅱ部　EU における農政と家族農業経営の現段階

かるという問題は解消していない。第三は，注文を取り，分配するという活動にどれだけの価値を認めるかという価値観にかかわる問題があり，この取引コストといえる活動に価値を認めない場合は，ボランティアがそれを担うことになる。第四は，CAPO HORNの事例のなかでみられた有機認証にかかる問題である。GASを通じて生産者と消費者との直接取引を行っていると，あえて第三者認証である有機認証が必要でない場合がある。このような事態を有機農業運動がどのようにとらえるか，今後の課題となるだろう。

以上のような課題を持ったGASは新たな展開を見せ，近年多様なSFSCの展開がみられる。

3．SFSCの多様化

欧米とくにヨーロッパのAFN（Alternative Food Networks: オルタナティブフードネットワーク）は，工業化した農業による環境破壊，大規模流通業者が握る食品流通システムに対する異議申し立てとして始まった[15]。各国でファーマーズ・マーケット，産直宅配，地場農産物流通，フェアトレードなどさまざまな取り組みが行われたが，イタリアではGASがもっとも広がった取組であった。

イタリア農業経済研究所（INEA）は2013年に「FARMERS AND SHORT CHAIN」においてショートチェーンの法的，社会経済的局面と事例を分析している。事例ではCSA，女性農業，給食，宅配，GASなどが紹介されている。INEAは政府機構の再編により現在はCREAになっているが，2019年のプレゼンテーションでは，いくつかの段階および流通とロジスティックを総合して図9-3のように整理している。ここでもこれに依拠し，いくつかの事例を取り上げたい。

---

(15)安藤光義「最近の欧米におけるAFNs研究を巡る論点」（『農業市場研究』82号，2012年9月）。

274

第 9 章　イタリアにおける「ショートフードサプライチェーン」の展開と小規模家族農業

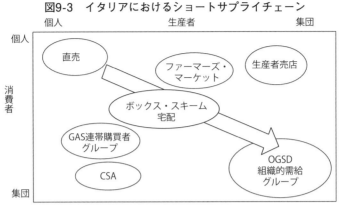

資料：Carla Abitabile, Sabrina Giuca, Laura Vigano "ORGANIC AGRICULTURE AND SHORT SUPPLY CHAIN IN ITALY" CREA 2019　より。

（1）宅配・ボックススキーム

　GASも基本的にはボックススキームといってよいが，ローマでバイクとバンを使って宅配を行なっているゾーレ（ZOLLE・土の塊）はボックススキームによる宅配という点が興味深い。ゾーレを始めたシモーネ・リモンターニは大学を卒業後，ローマの農業協同組合に勤めていたが，環境問題に実践的に取り組むためにピエモンテのコルナレ農協に働きに行き，現場の仕事をした。そこで日本の「らでぃっしゅぼーや」の取組を知った。その後コルナレ農協をやめて日本に行き，2007年にローマに戻って，まず生産者を探す活動を始めた。そして2008年にゾーレを設立した。

　ゾーレの利用者は30代の若い購買者が多い。GASの利用者より時間のゆとりがないからである。2015年あたりが利用者は最大で1,400世帯くらいあった。現在[16]は1300世帯に宅配している。会員制で，ネットで注文する。現在では基本は4〜5日前注文だが，24時間前注文もできる。売上は220〜250万ユーロくらいで約6割が仕入れコストである。約3割が人件費，約1割が

---

(16) ZOLLE，アルバイア，カンピ・アペルティの聞取りは2019年3月に行なった。したがって以下現在とあるのは2019年である。

275

第Ⅱ部　EUにおける農政と家族農業経営の現段階

宅配費となっている。

　現在では，生産者は80〜90戸あり，8〜9割は有機で，残りの10％余りは認証を受けていないだけで有機農業である。ただし，商品を仕入れた段階で有機のロゴはなくなり，「ZOLLE」のボックスに入る。当初はローマがあるラツィオ州からのものにこだわっていたが，現在は他州のものもある。できるだけ距離の短い，時間のかからない，パッケージを必要としない生産者を選んでいる。

　ゾーレは子育て中の時間にゆとりのない世代に支持されているが，他のe-コマースやファーマーズ・マーケットとの競争にさらされ，ここ数年売上は赤字となっており，広告活動の強化や事業規模の拡大あるいは店舗展開などの多角化を迫られている。

（2）アルバイア（ARVAIA）協同組合

　エミリア・ロマーニャ州はイタリアのなかでも共同体精神の強い地域であり，有機農業も盛んである。州都ボローニャの近郊にあるアルバイア協同組合は新しい形態のCSAである。

　アルバイアは2013年に設立された。その前年2012年にミラノで開かれたURGENSI（CSAの国際会議）の集会に参加しCSAを学び，ボローニャに戻り40人の会員で始まった市民の協同組合農場である。最初3 haの土地で野菜を作り，ボックススキームによってCSAのシステムで1年間の予約を取る方式で始めたが，調整が難しく，2014年1年でやめ，2015年からは取り分を固定した。同じ2015年にボローニャ市から47haの土地を25年契約で借りることになった。現在はこのうち7 haは自然のままにしてあり，残りの40haのうち，2015年は3 haから徐々に増やし2018年には12haで野菜を作り，残りは作業委託をして穀物を作っている。

　現在の会員は450人である。そのうち毎年はじめに野菜部門に参加したい組合員を募集する。生産に必要な予算があらかじめ計算され，一人当たりの分担も算出される。もし参加者全員が分担額を支払えば予算は満たされる。

276

第9章　イタリアにおける「ショートフードサプライチェーン」の展開と小規模家族農業

しかし会議中に匿名のオークションが行われ，いくら払うかを入札する。最低100ユーロから1,000ユーロの間までで，予算額に達するまでオークションを行う。少ししか払えない人もいるし，多く払える人もいる。それを配慮した連帯意識によって成立している方法である。入札額が高くても低くても1人当たりの野菜の取り分は同じである。

ARVAIAの事務所兼集配所

　2018年は450人中214人が毎週配達を受ける会員であった。配達ポイントはボローニャ市内に8か所ある。会員は配達されたものの中から自分の分だけを持っていく。またファーマーズ・マーケットでも生産物を販売している。

　アルバイアには働く組合員と利用する組合員がいる。働く組合員は賃金を貰える。利用する組合員もボランティアで働くことができる。農業体験をしたい，食べるものは自分で作りたいという意識をかなえている。農場には専従者が8人いる。いずれももともと農家ではない。つまりアルバイアの組合員に農業者はいない。

　24種類の野菜が66t生産され，すべて有機農産物である。49週間配送されるが1回あたり7種類の野菜が配達される。そのほかに4tの穀物を委託生産している。アルバイアの収入は28万ユーロが会員から集めた負担金，4万ユーロが補助金，2万ユーロがファーマーズ・マーケット，2万ユーロが利用者組合員にスポット売りした分である（arvaia: Bilancio Economico 2018より）。

　アルバイアはCSAと自称しているが，農業者がいない「市民による農業生産協同組合」というこれまでにない仕組みである。そこには食べるものは自分たちで決めるという食料主権の考え方があるといえる。

（3）カンピ・アペルティ（CAMPI APERTI）

 カンピ・アペルティはボローニャ市内にある生産者と消費者で作るファーマーズ・マーケット（以下FMと略す）を運営する組織だといえよう。**図9-3**に示す組織的需給グループOGSD（Organized groups of supply and demand）に相当するだろう。

 起源は古い。2001年のジェノバでのG8に対して反G8サミットがあり，そこで食料主権が主張され，食の面から反サミットに貢献しようという小さな生産者達が直売を始めようとした。当時ボローニャ市には市民や学生が運営する社会センターがあった。そこで週に1回直売を始めた。当初は組織にはなっておらず6～7人の生産者だったが，2005年くらいから新しい生産者が集まることで2か所目のFMができた。2007年には4か所目のFMができていたが，そのうち3か所は不法に占拠した場所だったので，ボローニャ市がFMに関する規則を制定した折に，合法化した。現在は8か所のFMがあるが，中でも最初につくったXM24センターが中心であり，最大である。

 現在会員は400人だが，うち118人が生産者である。主体は市民であり，生産者も市民である。原則が作ってある。生産は有機であるが，認証は必須ではない。しかし参加型認証を行う。新規の生産者に対して会員のなかで同種類の生産者と消費者が視察に行く。基準はEUの有機基準である。しかし85～90％の生産者は別の取引関係のため有機認証を受けている。

 年に8回くらいの総会があり，消費者会員も参加し，そこで農産物の価格も決める。消費者も積極的にFMの運営にも関与している。

 FMは開催曜日が決まっており，出展者はFMの規則に従う必要がある。並べる商品の前に価格以外にも生産

CAMPI APERTIのXMセンターのファーマーズマーケット（開店前）

第9章　イタリアにおける「ショートフードサプライチェーン」の展開と小規模家族農業

方法や，加工品の場合は原料も全て有機であることを示す必要がある。それはFMの財政，運営，健康についての合意に責任を持つことを意味している。そしてこのようなFMの運営に積極的に関わる消費者を共同生産者（Co-producer）と呼んでいる。

　食の安全，食に対する権利を実現する食料主権を実現するコミュニティを形成しているといえよう。

4．イタリアの家族農業

（1）統計上の家族農業

　EUにおける農業経営規模の定義は，EU自体が東欧などに広がったことから統一した基準を作ることが難しくなっている。経営構造を反映した規模，経済規模，家畜規模，労働力規模，市場アクセスを考慮した規模などがあるが，もっとも一般的なのは農業経営面積規模である[17]。そこでEUROSTATやFAOでは，地域によって差はあるが面積で5 ha以下および粗収益で8ESU[18]以下を小規模農業と定義している。イタリアのFADN[19]（Farm Accountancy Data Network）に対応するRICA（Agricultural Accountancy Information Network）では8,000ユーロを採用している。

　ここではイタリアの家族農業をINEAの「家族農業」（Agricoltura Familiare）[20]に依拠して概観したい。2010年の農業センサスでは162.1万農場が登録されていた。そのうちの98.8%（160.4万農場）は家族によって経

---

(17) N. Guiomor et.al "Typology and distribution of small farms in Europe: Towards a better picture" *Land Use Policy* 75（2018）pp.784-798. （18）ESU（European size unit）は経済的規模を表す指標で1ESU標準粗収益は1,200ユーロである。したがって8ESUは9,600ユーロとなる。

(19) FSDNはEUにおける農家経済状態を把握する統一的なデータベースである。

(20) INEA（イタリア農業経済研究所）データは2010年センサスに基づく。イタリアでは10年毎にセンサスが行われるので，次回は2020年になる。

(21) 南北格差の歴史的経緯については境憲一『近代イタリア農業の史的展開』（名古屋大学出版会，1988年）を参照のこと。

279

第Ⅱ部　EUにおける農政と家族農業経営の現段階

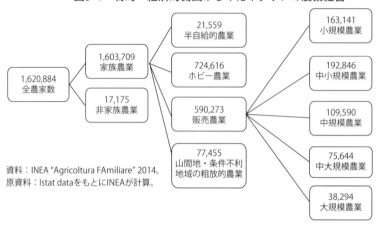

図9-4　物的・経済的側面からみたイタリアの農業経営

資料：INEA "Agricoltura FAmiliare" 2014。
原資料：Istat dataをもとにINEAが計算。

営され，そのうちの96.4％は直接家族によって経営されていた。家族農業の利用する農地は89.4％（1,149.6万ha）を占めている。平均耕地面積は7.2haになるが，かなりの地域差がある。南部のプーリア，島嶼部のシシリーとサルジニアでは平均規模は大きい。また家族農業数が多いのも南部と島嶼部で，それぞれ42.8％，17.3％を占め，北部が24.4％を占める[21]。

　INEAレポートによると，家族労働に依存する割合の高い経営ほど純収益が低く，他産業に努める家族が多いほど，純収益が高くなっている。兼業農家を含む日本の家族農業と同様の傾向がみられる。

　興味深いのは図9-4の家族農業の分類である。家族農業のうち販売農業は59万273戸（36.8％）であり，ホビー農業の72万4,616戸（45.2％）より少ない。それもさることながらホビー農業も半自給的農業，山間地・条件不利地域の粗放的農業とともに，家族農業に分類されており，イタリア家族農業の大きな部分を占めているわけである。

（2）家族農業とショートフードサプライチェーン（SFSC）

　イタリアにおけるSFSCは生産者と消費者の直接の取引をベースにするものであったが，その場合の生産者とは，明示的に説明しなかったが，ほとん

第9章　イタリアにおける「ショートフードサプライチェーン」の展開と小規模家族農業

ど小規模家族農業である。

　GASの場合には，「連帯購買」は共同で購買するという意味だけではなく，フェアトレードや小規模農民，とくにコストが高くて困難な小規模有機農業者，あるいは移民労働者を支援するという明確な意図を持っている。ROMA SECONDOの場合も，スーパーマーケットの有機農産物には新鮮さがなく，できる限り中間業者を通さずに取引するところから始まっている。表9-6の筆頭にあるCloudio Caramadreは27haの有機農業者の協同組合であるが，もともとは兄弟二人で別々に経営していたものを協同組合化したものである。また，CAPO HORNの場合には，代表的に社会的協同組合Agricoltura Nuovaを紹介したが，失業者，小農民で設立された協同組合であった。

　ゾーレ（ZOLLE）の場合も，いくつかの商品は他州からのものがあるが，ほとんどはラツィオ州内のものであり，新鮮で，健康な農業生産に取り組む小規模の有機業者からの仕入れたものである。

　アルバイア（ARVAIA）の場合は，CSAであるが，もともとの農業者はいない。市民による農業といってよい。ここで農作業をする市民が図9-4のホビー農業に含まれるかどうかは不明であるが，生産する消費者という意味でPro-summerという言葉も聞かれた。

　カンピ・アペルティ（CAMPI APERTI）はファーマーズ・マーケット連合といってよいが，生産者と消費者が運営するFMである。消費者は積極的にFMの運営に関わり，生産者の選択にも関わる。積極的に運営に関わる消費者をここではCo-producerと呼んでいた。生産者はFMに参加できる範囲の近隣の小規模生産者である。

　ショートフードサプライチェーン（SFSC）に参加している小規模生産者，とくに有機農業者は，冒頭でみた大量のロットを必要とするがゆえに，大規模化，広範囲化，グローバル化する大規模なスーパーマーケット・チェーンや有機専門店チェーンなどが構築するロングフードサプライチェーン（LFSC）にアクセスできない小規模な生産者であり，小規模であるがゆえ

281

第Ⅱ部　EUにおける農政と家族農業経営の現段階

に販売先を見つけるのに苦労する生産者である。SFSCの意義はLFSCに対応できない小規模生産者に存続機会を与えるとともに，消費者にとっても新鮮で，健康的なものを自ら選択できるという意味で，食料主権を実現するものであるといえよう。

　SFSCに参加している小規模生産者は家族経営がほとんどであるが，アルバイアの場合に見られた市民農業者や，いわゆる半農半Xのホビー農業者も含まれていると考えてよい。市民自らが農業生産への関与を高めていることに注目したい。

　本稿の作成にあたっては共同研究者の李哉泫氏（鹿児島大学農学部）およびコーディネーター兼通訳をしていただいた栗原大輔氏に感謝いたします。

【参考文献】

序章

アルバート・ハワード（横井利直・江川友治・蜷木翠・松崎俊英訳）『ハワードの有機農業 上・下』農文協，2002年

R・バーバック/P・フリン（中野一新・村田武監訳）『アグリビジネス—アメリカの食糧戦略と多国籍企業』大月書店，1987年

磯田宏『アグロフュエル・ブーム下の米国エタノール産業と穀作農業の構造変化』筑波書房，2016年

磯辺俊彦「家族制農業の分析課題」椎名重明編『ファミリー・ファームの比較史的研究』をめぐって」『土地制度史学』第119号，XXX—3，1988年4月

磯辺俊彦編『危機における家族農業経営』日本経済評論社，1993年

磯辺秀俊編『家族農業経営の変貌過程』東京大学出版会，1962年

磯辺秀俊『改訂版・農業経営学』養賢堂，1971年

岩元泉『現代家族農業経営論』農林統計出版，2015年

ウイリアム・M・マイナー，デイル・E・ハザウェイ（逸見謙三訳）『世界農業貿易とデカップリング』日本経済新聞社，1988年

ＮＨＫ食料危機取材班『ランドラッシュ・激化する世界農地争奪戦』新潮社，2010年

F・マグドフ，J・Bフォスター，F・Hバトル編（中野一新監訳）『利潤への渇望』大月書店，2004年

太田原高昭『新明日の農協・歴史と現場から』農文協，2016年

小野塚知二『経済史—いまを知り，未来を生きるために』有斐閣，2018年

金子勝『平成経済 衰退の本質』岩波新書，2019年

カール・マルクス（社会科学研究所監訳・資本論翻訳委員会訳）『資本論』Ｉb・Ⅲa・Ⅲb，新日本出版社，1997年

金沢夏樹編『農業経営学の体系』地球社，1978年

北原克宣・安藤光義『多国籍アグリビジネスと農業・食料支配』明石書店，2016年

工藤昭彦『資本主義と農業』批評社，2009年

小池恒男編著『グローバル資本主義と農業・農政の未来像—多様なあり方を切り拓く—』昭和堂，2019年

国連世界食料保障委員会専門家ハイレベル・パネル（家族農業研究会・㈱農林中金総合研究所共訳）『家族農業が世界の未来を拓く』農文協，2014年

コノー・J・フィッツモーリス/ブライアン・J・ガロー（村田武/レイモンド・A・ジュソーム・Jr.監訳）『現代アメリカの有機農業とその将来—ニューイングランドの小規模農場』筑波書房，2018年

佐藤正『国際化時代の農業経営様式論』農文協，1991年

椎名重明『近代的土地所有―その歴史と理論』東京大学出版会，1973年

椎名重明『農学の思想―マルクスとリービヒ』東京大学出版会，1976年

ジャン＝ルイ・ラヴィル編（北島健一・鈴木岳・中野佳裕訳）『連帯経済―その国際的射程―』生活書院，2012年

J・I・ロデイル（一楽照雄訳）『有機農法―自然循環とよみがえる生命』（財）協同組合経営研究所，1974年

ジェレミー・シーブルック（渡辺景子訳）『世界の貧困・1日1ドルで暮らす人々』青土社，2005年

小規模・家族農業ネットワーク・ジャパン（SFFNJ）編『よくわかる国連〔家族農業の10年〕と小農の権利宣言』農文協ブックレット，2019年

食糧の生産と消費を結ぶ研究会編『リポート・アメリカの遺伝子組み換え作物』家の光協会，1999年

食糧の生産と消費を結ぶ研究会編『食料危機とアメリカ農業の選択』家の光協会，2009年

ジョセフ・E・スティグリッツ（鈴木主税訳）『世界を不幸にしたグローバリズムの正体』徳間書店，2002年

ジョセフ・E・スティグリッツ（楡井浩一・峯村利哉訳）『フリーフォール・グローバル経済はどこまで落ちるのか』徳間書店，2010年

ジョセフ・E・スティグリッツ（峯村利哉訳）『ユーロから始まる世界経済の大崩壊』徳間書店，2016年

ジョン・ベラミー・フォスター（渡辺景子訳）『破壊されゆく地球・エコロジーの経済史』こぶし書房，2001年

スーザン・ジョージ（杉村昌昭/真田満訳）『オルター・グローバリゼーション宣言』作品社，2004年

スティーブン・M・ドルーカー（守信人訳）『遺伝子組み換えのねじ曲げられた真実』日経BP社，2016年

生協総合研究所編（栗本昭監修）『危機に立ち向かうヨーロッパ生協に学ぶ』日本生活協同組合連合会，2010年

田代洋一編著『TPPと農林業・国民生活』筑波書房，2016年

立川雅司『遺伝子組換え作物をめぐる「共存」―EUにおける政策と言説』農林統計出版，2017年

玉真之介『日本小農問題研究』筑波書房，2018年

チャールズ・ファーガソン（藤井清美訳）『強欲の帝国・ウォール街に乗っ取られたアメリカ』早川書房，2014年

デイビッド・モントゴメリー（片岡夏実訳）『土・牛・微生物―文明の衰退を食い止める土の話』築地書館，2018年

デヴィッド・ハーヴェイ（大屋定晴他訳）『資本主義の終焉・資本の17の矛盾とグローバル経済の未来』作品社，2017年

中野一新・岡田知弘編『グローバリゼーションと世界の農業』大月書店，2007年

参考文献

中安定子・小倉尚子・酒井富夫・淡路和則『先進国家族経営の発展戦略』農文協，
　　1994年
西川潤・生活経済研究所編『連帯経済―グローバリゼーションへの対案』明石書店，
　　2007年
日本農業経営学会編『新時代の農業経営への招待―新たな農業経営の展開と経営
　　の考え方―』農林統計協会，2003年
日本農業経営学会・津谷好人責任編集『農業経営研究の軌跡と展望』農林統計
　　出版，2012年
日本農業経営学会編（酒井富夫・柳村俊介・佐藤了責任編集）『家族農業経営の変
　　容と展望』農林統計出版，2018年
農業問題研究学会編『現代の農業問題1　グローバル資本主義と農業』筑波書房，
　　2008年
野田公夫『名著に学ぶ地域の個性⑤〈歴史と社会〉日本農業の発展論理』農文協，
　　2012年
ハリエット・フリードマン（渡辺雅男・記田路子訳）『フード・レジーム―食料の
　　政治経済学』こぶし書房，2006年
坂内久・清水徹朗「ドイツ・バイエルン州の農業支援システム」『農林金融』2015
　　年9月
藤原辰史『ナチス・ドイツの有機農業―「自然との共生」が生んだ「民族の絶滅」』，
　　柏書房，2005年
マイク・デイヴィス（酒井隆史他訳）『スラムの惑星・都市貧困のグローバル化』
　　明石書店，2010年
マーク・エデルマン/サトゥルニーノ・ボラス・Jr.（ICAS日本語シリーズ監修
　　チーム監修）『グロ―バル時代の食と農　国境を越える農民運動』明石書店，
　　2018年
マーク・マゾワー（依田卓巳訳）『国際協調の先駆者たち・理想と現実の200年』
　　NTT出版，2015年
三宅芳夫「リベラル・デモクラシーの終焉？　新自由主義グローバリズムの奔流
　　の中で」『世界』2019年2月号
三宅邦夫・菊池恵介編『〔共同研究〕近代世界システムと新自由主義グローバリズ
　　ム・資本主義は持続可能か?』作品社，2014年
松尾秀哉『ヨーロッパ現代史』ちくま新書，2019年
松原豊彦・磯田宏・佐藤加寿子著『新大陸型資本主義国の共生農業システム　アメ
　　リカとカナダ』農林統計協会，2011年
村田武「多国籍アグリビジネスの農業支配研究の現段階」『農業・農協問題研究』
　　第62号，2017年3月
村田武編著『シリーズ地域の再生4　食料主権のグランドデザイン』農文協，
　　2011年
村田武『戦後ドイツとEUの農業政策』筑波書房，2006年

285

村田武編『21世紀の農業・農村〔第1巻〕再編下の世界農業市場』筑波書房，2004年

村田武「国際的視点からみた食糧問題と協同組合」『協同組合研究』第16巻第3号，1997年2月

柳村俊介編『現代日本農業の継承問題』日本経済評論社，2003年

リービヒ（吉田武彦訳・解題）『化学の農業および生理学への応用』北海道大学出版会，2007年

Borras Jr, S. M./M. Edelman/C. Kay eds., Transnational Agrarian Movements Confronting Globalization, Wiley-Blackwell, 2008

Burch, D./R. E. Rickson/G. Lawrence, eds. Globalization and Agri-Food Restructuring, Pespectives from the Australasia Region, Avebury, Brookfield USA, 1996

Burpee, G./K. Wilson, The Resilient Family Farm-Supporting Agricultural Development and Rural Economic Growth, ITDG Publishing, 2004

Canavari, M./P. Caggiati/K.W. Easter eds., Economic Studies on Food, Agriculture, and the Environment, Kluwer Academic/Plenum Publishers, 2000

Guthman, Julie., Agrarian Dreames, The Paradox of Organic Farming in California, University of California Press, 2014

Hoppe, Robert A., Structure and Finances of U.S. Farms: Family Farm Report, 2017 Edition, USDA

Josling, T., Farm Polocies and World Markets, *World Scientific*, 2015

Kae Sekine/A.Bonanno, The Contradictions of Neoliberal Agri-Food Corporations, Resisteance and Disasters in Japan, West Virginia University Press, Morgantown 2016

Patrizia, Longo., "Food justice and sustainability: a new revolution," *Agriculture and Agricultural Science Procedia Volume 8*, 2016, pp 31-36

Sourisseau, Jean-Michael., Family Farming and the Worlds to Come, Springer, 2015

Wikening, B. eds., Family Farming in Europe and America, Westview Press, 1987

第1章

秋元英一『ニューディールとアメリカ資本主義・民衆運動史の観点から』東京大学出版会，1989年

磯田宏「アメリカにおける新世代農協の展開—穀物セクターの場合を中心に—」『農業市場研究』第9巻1号，2000年

磯田宏「アメリカ穀作農業構造の現局面—サウスダコタ州を主な事例に—」『九州大学大学院農学研究院農業資源経済学部門農政学研究分野ワーキングペー

パー』2012年

岩間信之「フードデザートエリアにおける高齢者世帯の『食』と健康問題」『2010年度日本地理学会発表要旨集』日本地理学会，2010年

岩間信之編著『フードデザート問題 無縁社会が生む食の砂漠』農林統計協会，2013年

F・マグドフ，J・Bフォスター，F・Hバトル編（中野一新監訳）『利潤への渇望』大月書店，2004年

エリック・シュローサー著（楡井浩一訳）『ファストフードが世界を食いつくす』草思社，2001年

大森彌・小田切徳美・藤山浩編著『田園回帰⑧世界の田園回帰』農文協，2017年

金沢夏樹『現代の農業経営』東京大学出版会，1975年

金沢夏樹編集代表『日本農業年報No. 2 家族農業経営の底力』農林統計協会，2003年

貴堂嘉之『移民国家アメリカの歴史』岩波文庫，2018年

貴堂嘉之『南北戦争の時代』岩波文庫，2019年

クリストファー・D・メレット，ノーマン・ワルツァー編著（村田武・磯田宏監訳）『アメリカ新世代農協の挑戦』家の光協会，2003年

グレッグ・クライツァー著（竹迫仁子訳）『デブの帝国』バジリコ株式会社，2003年

ジェニファー・コックラル＝キング（白井和宏訳）『シティ・ファーマー——世界の都市で始まる食料自給革命』白水社，2014年

齊藤真生子「米国における都市農業の動向（現地調査報告）」『レファレンス803』国立国会図書館，2017年

酒井惇一・柳村俊介・伊藤房雄・斎藤和佐著『農業の継承と参入 日本と欧米の経験から』農文協，1998年

佐藤加寿子「アメリカにおける地域流通の展開——CSAを中心に——」『農業市場研究』第16巻第2号，2007年

佐藤加寿子「アメリカにおける地域が支える農業（CSA）の展開とその背景——シアトル近郊に見る運営主体の特徴——」『農業・農協問題研究』第31号，農業・農協問題研究所，2004年

立川雅司「解題」『のびゆく農業——世界の農政—1036-1037 都市食料政策ミラノ協定—世界諸都市からの実践報告』農政調査委員会，2017年

田中研之輔『ルポ不法移民・アメリカ国境を超えた男たち』岩波文庫，2017年

長憲次編『農業経営研究の課題と方向』日本経済評論社，1993年

長憲次『現代アメリカ家族農業経営論』九州大学出版会，1997年

辻村英之『農業を買い支える仕組み フェア・トレードと産消提携』太田出版，2013年

堤未果『ルポ貧困大国アメリカ』岩波新書，2008年

トゥラウガー・グロー，スティーヴン・マックファデン（兵庫県有機農業研究会

訳）『バイオダイナミック農業の創造』新泉社，1996年

トム宮川コールトン『オーガニック・アメリカンズ』木楽舎，2012年

西山未真「アメリカの食育と生産者・消費者連携」『農業および園芸』82巻1号，2007年

松原豊彦・磯田宏・佐藤加寿子著『新大陸型資本主義国の共生農業システム　アメリカとカナダ』農林統計協会，2011年

三石誠司・鷹取泰子解題／翻訳「ローカル・フードシステム」『のびゆく農業—世界の農政—（1029-1031）』農政調査委員会，2016年

レーニン「農業における資本主義の発展法則についての新資料」マルクス＝レーニン主義研究所訳『レーニン全集』第22巻，大月書店，1957年

矢口芳生編著『農業経済の分析視角を問う』農林統計協会，2002年

矢作弘「インナーシティの『食料砂漠』とコミュニティ組織の連携」『季刊経済研究』Vol.32 No.1・2，2009年

渡辺靖『アメリカン・コミュニティ—国家と個人が交差する場所』新潮社，2013年

和田光弘『植民地から建国へ』岩波新書，2019年

Alwitt, Linda F /Thomas D Donley, Retail stores in poor urban neighborhoods, *The journal of consumer affairs, Vol.31 No.1*, 1997, pp. 139-164

Hamm, Michael W./Monique Baron, Developing an Integrated, Sustainable Urban Food System: The Case of New Jersey, United States, *For Hunger Proof Cities Sustainable Urban Food Systems*, International Development Research Center, 1999

Hayes, Cassidy R./Elena T Carbone, Food Justice: What is it? Where has it been? Where is it going?, *Nutritional Disorders & Therapy, Volume 5 Issue 4*, 2015

Longo, Patrizia Food justice and sustainability: a new revolution, *Agriculture and Agricultural Science Procedia, Volume, 8*, 2016, pp 31-36。

第2章

磯田宏・松原豊彦・佐藤加寿子著『新大陸型資本主義国の共生農業システム　アメリカとカナダ』農林統計協会，2011年

木下順子・鈴木宣弘「新しい酪農政策の方向性—米国との比較から得る示唆を踏まえて—」『共済総合研究』第59号，JA共済総合研究所，2010年，24-69頁

服部信司『アメリカ2014年農業法』農林統計協会，2016年

村田武編『21世紀の農業・農村〔第2巻〕再編下の家族農業経営と農協　先進輸出国とアジア』筑波書房，2004年

渡辺雄一郎，樋口英俊「海外駐在員レポート96年農業法以降の米国酪農政策の動きについて」農畜産業振興事業団http://lin.alic.go.jp/alic/month/fore/2002/apr/rep-us.htm

参考文献

Agri-Mark Cooperative, Cabot Creamery Co-operative at 100 Celebrating and Building Upon a Century of Cooperative Dairy Farming, 2019 https://www.cabotcheese.coop/filebin/Centennial/100thSmallFile.pdf

Liebrand, C. Structural Change in the Dairy Cooperative Sector, 1992-2000, *United States Department of Agriculture RBS Research Report* 187, 2001

MacDonald, James M. et.al Profits, Costs, and the Changing Structure of Dairy Farming, *United States Department of Agriculture, Economic Research Report* No.47, 2007

Whitman, Andrew, Impacts of Massachusetts dairy farms and key farm assistance programs: A summary of the 2016 Massachusetts Dairy Farm Impact Survey, manomet, 2017

第3章

浅川昭一郎「文化としての農地保全—マサチューセッツ州における事例を中心として—」現代ランドスケープ研究会編『ランドスケープの新しい波—明日の空間論を拓く—』メイプルプレス, 1999年

浅川昭一郎・愛甲哲也「米国におけるランド・トラストと農地保全」『第9回環境情報科学論文集』1995年

石川幹子「ボストンにおける公園緑地系統の成立に関する研究」『造園雑誌』54(5), 1991年

井出慎司・大石知宏「米国土地トラスト団体による保全地役権の利用実態に関する研究」『環境システム論文集』vol.33, 2005年

遠藤新「米国における歴史保全地役権プログラムに関する研究」『日本建築学会計画系論文集』第652号, 2010年6月

小野佐和子「アメリカのオープンスペース計画におけるNPO（民間非営利組織）の役割」『造園雑誌』56(5), 1993年

熊谷宏「アメリカ・カリフォルニア州における農地利用と農地保全：分析（1）取組体制とそのもとでの活動の現状と課題」『京都大学生物資源経済研究』1996年

立川雅司「アメリカにおける農地転用規制政策の動向」『先進諸国における地域経済統合の進展下での農業部門の縮小・再編に関する比較研究』農林水産政策研究所, 2007年3月

トーマス・ライソン著（北野収訳）『シビック・アグリカルチャー—食と農を地域にとりもどす』農林統計出版, 2012年

新澤秀則「保全地役権について」『研究年報』第32号, 神戸商科大学, 2002年

西浦定継・平修久「米国メリーランド州の農地等保全政策の発展と問題点について」『都市計画論文集』No.43-3, 日本都市計画学会, 2008年10月

ムスタファ・メキ（斎藤哲志訳）「環境地役権—アメリカ法における保全地役権」吉田克己＝マチルド・ブトネ編『環境と契約—日仏の視線の交錯（早稲田大

289

学比較法研究所叢書42)』成文堂，2014年11月

柳村俊介「ゆらぐ一世代農場の伝統と世代継承に向けた模索―アメリカ―」酒井惇一・柳村俊介・伊藤房雄・斎藤和佐『農業の継承と参入 日本と欧米の経験から』農文協，1998年

Abbott, G. Jr. SAVING SPECIAL PLACES A Centennial History of The Trustees of Reservations: Pioneer of the Land Trust Movement, *THE IPSWISH PRESS*, 1993

Bengston, D. et al. Public policies for managing urban growth and protecting open space: policy instruments and lessons learned in the United States, *Landscape and Urban Planning*, 69 (2004) 271-286

Bray, Z. A., Reconciling Development and Natural Beauty: The Promise and Dilemma of Conservation Easements, *Harvard Environmental Law Review*, Vol.34, 2010

Hellerstein, D. et al. Farmland Protection: The Role of Public Preferences for Rural Amenities/AER-815, *Economic Research Service USDA* 2002

第4章

亀岡鉱平「EU生乳クオータ制度の廃止と対応策―30年間続いた生産調整の終焉―」『農林金融』68 (9) 2015年9月

須田文明「フランスの農業構造と農地制度―最近の研究の整理から―」，平成26年度 カントリーレポート：EU（フランス，デンマーク），プロジェクト研究［主要国農業戦略］研究資料　第6号，農林水産政策研究所，2015年3月

平澤明彦「次期CAP（共通農業政策）改革とEUの財政・成長戦略―直接支払いの「緑化」，公共財供給の重視へ―」『農林金融』65 (1)，2012年2月

平澤明彦「次期EU共通農業政策（CAP）改革の方向性」『食農資源経済論集』63 (1)，2012年4月

平澤明彦「EU共通農業政策（CAP）の2013年改革―新制度の概要と成立過程―」『農林金融』67 (9)，2014年9月

平澤明彦「農林水産省 平成26年度海外農業・貿易事情調査分析事業（欧州）報告書 第I部 CAPにおける価格支持制度及びカップル支払の変更点」，2015年3月

平澤明彦「米国とEUにおける農産物の生産調整廃止とその後」『日本農業年報64』，2019年，農林統計協会.

フェネル，ローズマリー『EU共通農業政策の歴史と展望―ヨーロッパ統合の歴史―』食料・農業政策研究センター国際部会，1999年

Council of The European Union, Mutliannual Financial Framework (2014-2020) -List of programmes, 9 April 2013

Commission of The European Communities, Agenda 2000-For A Stronger and Wider Union, COM (97) 2000 Final, Vol. I, 15 July 1997

Davidova, Sophia & Kenneth Thomson, Family Farming in Europa: Challennges and Prospects, *Document requested by the European Parliament's Committee on Agriculture and Rural Development*, 2014

Del Cont, Cahterine & Antonio Iannarelli, Research for AGRI Committee – New competition rules for agri-food chain in the CAP post 2020, European Parliament, Policy Department for Structural and Cohesion Policies, 2018

European Commission, A better functioning food supply chain in Europe, *COM (2009) 591final*, 28 October 2009

European Commission, The Future of Food and Farming, *COM (2013) 713 final*, 29 November 2017

European Commission, A Modern Budget for a Union that Protects, Empowers and Defends The Multiannual Financial Framework for 2021-2027, *COM (2018) 321final*, 2 May 2018 (a)

European Commission, Summary Report on the implementation of direct payment [except greening] -Claim year 2016, June 2018 (6)

Teagasc, Thai Hennessy, CAP 2014-20120 Tools to Enhance Family Farming: Opportunities and Limits, In Depth-Analysis, *Document requested by the European Parliament's Committee on Agriculture and Rural Development*, 2014

第5章

田中信世「EU新規加盟国の農業と農業政策～ルーマニア，ブルガリアの現状と課題」『季刊 国際貿易と投資』Spring 2007/No.67

ベルグマン（相川哲夫・松浦利明編）『比較農政論』農政調査委員会，1978年

Chmielinski, Pawel, Bosena Karwat-Wozniak, Changes in population and labour force in family farming in Poland, *Studies in Agricultural Economics*, Vol. 117, 2015

European Parliament, Directorate-General for Internal Policies, Policy Department B: Structural and Cohesion Policies, Agriculture and Rural Development, Family Farming in Europe: Challenges and Prospects – In-depth Analysis, 2014

Fonte, Maria., Food consumption as social practice: Solidarity Purchasing Groups in Rome, Italy, *Journal of Rural Studies 32*, 2013

Guiomor, N., Typology and distribution of small farms in Eorope: Towards a better oicture, *Land Use Policy 75*, 2018, pp.784-98.

Hulamska, Maria, The evolution of family farms in Poland: present time and the weight of the past, *Eastern European Countryside*, No. 22, 2016

Józwiak, Wojciech, Marek Zieliński, Agricultural company and agricultural holding towards climate and agricultural policy changes (4), *Institute of agricultural and food economics, national research institute*, 6.4, 2018

Münch, W., Effects of EU Enlargement to the Central European Countries on Agricultural Markets, Peter Lang, 2000

Pawłowska-Tyszko, Joanna, Michał Soliwoda, Sylwia Pieńkowska-Kamieniecka, Damian Walczak, Current status and prospects of development of the tax system and insurance scheme of the Polish agriculture, *Institute of agricultural and food economics, national research institute*, 5.1,2015

Potori, Norbert, Paweł Chmieliński, Andrew F. Fieldsend, Structural changes in Polish and Hungarian agriculture since EU accession: lessons learned and implications for the design of future agricultural policies, *Research Institute of Agricultural Economics（AKI）*, Budapest, Hungary, 2014)

Prus, Piotr, Farmers' opinions about the prospects of family farming development in Poland, *Proceedings of the 2018 international conference on Economic Science for Rural Development*, No. 47 May 11, 2018, Jelgava, Latvia, 2018

第6章

ジョン・マーチン（溝手芳計・村田武共監訳）『現代イギリス農業の成立と農政』筑波書房，2002年

溝手芳計「近年におけるイギリス農業構造の変貌─大規模農場への生産の集中を中心に─」『駒澤大学経済学論集』第50巻第4号，2019年2月

ルース・ガッソン，アンドリュー・エリングトン（ビクター・L・カーペンター，神田健策，玉真之介監訳）『ファーム・ファミリー・ビジネス─家族農業の過去・現在・未来』筑波書房，2000年

Dragucallenges A.K./C. Tisdell, eds.,Sustainable Agriculture and Environment・Globalisation and the Impact of Trade Liberalisation, Cheltenham,UK, 1999

Marsden, T., "Towards the Political Economy of Pluriactivity," *Journal of Rural Studies*,Vol.6, No.4, 1990

Moyer, W./T. Josling, Agricultural Policy Reform—Politics and process in the EU and US in the 1990s, Ashgate, 2002

第7章

石田信隆・寺林暁良「再生可能エネルギーと農山漁村の持続可能な発展─ドイツ調査を踏まえて」『農林金融』2013年4月

A・ハイセンフーバー他（四方康行他訳）『ドイツにおける農業と環境』農文協，1996年

小田志保「EUの乳製品市場の国際化とドイツ酪農協の対応」『農林金融』2013年4月

小田志保「ドイツの酪農協系乳業DMKグループにみる農業協同組合の今日的課題」『農林金融』2018年6月

小田志保「ＥＵの酪農部門における生産者組織POSの制度と実態」『農林金融』2019年6月

河原林孝由基「再生可能エネルギーによる農業経営の多角化─畜産バイオマス発電の可能性」『農林金融』2017年10月

寺西俊一・石田信隆・山下英俊編著『ドイツに学ぶ地域からのエネルギー転換・再生可能エネルギーと地域の自立』家の光協会，2013年

寺西俊一・石田信隆・山下秀俊編著『農家が消える─自然資源経済学からの提言』みすず書房，2018年

寺西俊一・石田信隆編著『輝く農山村─オーストリアに学ぶ地域再生』中央経済社，2018年

寺林暁良「ドイツにおけるエネルギー協同組合による地域運営─オーデンヴァルト・エネルギー協同組合を事例に」『農林金融』2018年10月

松木洋一・永松美希編『日本とEUの有機畜産・ファームアニマルウェルフェアの実際』農文協，2004年

村田武・河原林孝由基編著『自然エネルギーと協同組合』筑波書房，2017年

村田武『現代ドイツの家族農業経営』筑波書房，2016年

村田武『日本農業の危機と再生─地域再生の希望は食とエネルギーの産直に』かもがわ出版，2015年

村田武『ドイツ農業と「エネルギー転換」バイオガス発電と家族農業経営』筑波書房ブックレット，2013年

村田武・渡邉信夫編著『脱原発・再生可能エネルギーとふるさと再生』筑波書房，2012年

Hahne, U., Wiederentdeckung des ländlichen Raumes?, AgrarBündnis, *Der kritische Agrarbericht 2010*, 2009

Thiede, Gunter., Landwirt in Europa, Kontraste in den EG-Regionen, DLG-Verlag Frankfurt (Main), 1990

Weinschenk, G., Agrarpolitik und ökologischer Landbau, *AGRARWIRTSCHFT*, Jahrgang 46, Heft 7, Juli 1997

第8章

内田多喜生「フランスにおける農協の新たな展開」『農林金融』2018年6月

クロード・セルヴァラン（是永東彦訳）『現代フランス農業─「家族農業」の合理的根拠』農文協，1992年

日本農業法学会『農業法研究42　直接支払制度の国際比較研究』農文協，2007年

農業総合研究所『研究資料第1号　EC農業の需給調整─牛乳クオータ制度を中心に─』（柘植徳雄執筆），1989年

プラシド・ランボー（小倉武一訳）「フランス農村における家族農業協同組合の工夫」『世界の農業の協同』食料・農業政策センター，1984年

Bruckmeier, K./W. Ehlert eds., The Agri-Environmental Policy of the European

Union, Peter Lang, 2002

Buller, H./G.A. Wilson/A. Höll, eds., Agri-environmental Policy in the European Union, Ashgate, 2000

Cecchini, P., The European Challenge 1992, Wildwood House, 1988

第9章

アルベルト・イアーネス（佐藤紘毅訳）『イタリアの協同組合』緑風出版，2014年

安藤光義「最近の欧米におけるAFNs研究を巡る論点」『農業市場研究』通巻82号，2019年9月

石田正昭『食農分野で躍動する日欧の社会的企業』全国合同出版，2016年

境憲一『近代イタリア農業の史的展開』名古屋大学出版会，1988年

ジーノ・ジロロモーニ（目時能理子訳）『イタリア有機農業の魂は叫ぶ―有機農業協同組合アルチェ・ネロからのメッセージ』家の光協会，2005年

ジャン＝ルイ・ラヴィル『連帯経済―その国際的射程―』生活書院，2012年

李哉汯・岩元泉・豊智行「小売主導により進むイタリアの有機農産物マーケットの特徴」『農業市場研究』通巻86号，2013年9月

李哉汯「イタリアの青果部門における農協間ネットワークの構造と特徴―エメリヤ・ロマーニャ地域におけるケース・スタディ―」『農林金融』2017年8月

FiBL&IFOAM, The World of Organic Agriculture 2018

294

事項索引

■数字・アルファベット

1956年連邦補助高速道路法（米）⋯⋯ 93

1957年保全委員会法（米）⋯⋯ 94

1957年ローマ条約（EEC設立条約）
⋯⋯ 127

1980年農業プログラム（独）⋯⋯ 214

1981年統一保全地役権法（米）⋯⋯ 94

1992年EU条約（マーストリヒト条約）
⋯⋯ 131, 160

1996年農業法（米）⋯⋯ 13, 33, 67,
100-101

2013年CAP改革（EU）⋯⋯ 123, 130,
133-134, 136-137, 141, 149-156, 158,
160-161, 164, 249

2014年農業法（米）⋯⋯ 68, 101, 114

2017年オムニバス規則（EU）⋯⋯ 150,
152-153, 165

2019年不公正取引慣行指令（EU）⋯⋯
150, 155, 165

AFT ⋯⋯ 97, 100‒101, 113

Agricoltura Nuova ⋯⋯ 269-270, 281

BIA（B影響評価）⋯⋯ 83

Biosolidale ⋯⋯ 269-271

Bコーポレーション認証 ⋯⋯ 70, 83-84

CAPO HORN協同組合 ⋯⋯ 268-272,
274, 281

CAPアジェンダ2000 ⋯⋯ 190

CAP戦略計画 ⋯⋯ 159, 161

CAPヘルスチェック小改革 ⋯⋯ 128

CSA ⋯⋯ 19, 25, 34-35, 38, 42-44,
46-49, 54, 56, 58, 61-62, 64, 105,
209, 257, 274-277, 281

EcorNaturaSi ⋯⋯ 260-261

GAS（連帯購買者グループ）⋯⋯ 257,
259, 262-275, 281

HIP ⋯⋯ 56, 58

HP Hood ⋯⋯ 70, 75

JD農場 ⋯⋯ 40-44, 61-62

NaturaSi ⋯⋯ 260-261

PACEプログラム ⋯⋯ 100, 114

Penna ⋯⋯ 269-270

ROMA SECONDO ⋯⋯ 263, 265-268,
272, 281

SNAP ⋯⋯ 56-57

TM農場 ⋯⋯ 41, 45-47, 49, 52, 57,
61-62, 118

URGENSI ⋯⋯ 276

WhatsAPP ⋯⋯ 269

WTO ⋯⋯ iii, 5, 8-13, 18-19, 67, 72,
128, 133-134, 203, 211

ZOLLE（ゾーレ・土の塊）⋯⋯
275-276, 281

■あ行

アーチャー・ダニエルズ・ミッドラン
ド社（ADM）⋯⋯ 12

アーミッシュ農場 ⋯⋯ 71, 79

アグリカルチュラル・ラダー（農業の
階梯）⋯⋯ 62-63

アグリビジネス ⋯⋯ iii-v, 3, 7-8, 10-15,
17-19, 25, 30, 32, 36, 61, 69, 71-73,
75-79, 82-85, 89-90, 196-198, 200,
206, 208-210

アグリマーク ⋯⋯ 70, 74, 87

295

アグロインダストリー …… 34

アグロクラフト社 …… 216, 218-221,
　226-230

アニマルウェルフェア（動物福祉）…… 81

アベノミクス …… 1

アポフルーツ・イタリア（APO
　FruitItalia）…… 261

アルバイア協同組合 …… 276

アルマベルデ（Almaverde）…… 261

イタリア共和国憲法 …… 263

イタリア農業経済研究所（INEA）……
　274, 279

一次産品総合プログラム …… 9

遺伝子組換え（GM）…… 3, 12, 14,
　18-19, 21

移動販売 …… 35, 54, 56-57, 64

移民労働者受入れ法制 …… 205

インガルス学校農場 …… 54, 57

イングランド・ウェールズ全国農業者
　組合（NFU）…… 179

ウェストコテージ農場 …… 54-55

牛成長ホルモン（rBST）…… 3, 18,
　79-80

ウルグアイ・ラウンド（UR）…… 8, 128

営農実態のある農業者（active farmer）
　…… 146

エネルギー作物 …… 217-218, 224-225,
　228-229

欧州会計検査院 …… 156

欧州共通市場 …… 134, 149

欧州経済領域 …… 192

欧州食品価格監視ツール …… 151

オープン・マーケット …… 257

オックスファム（Oxfam）…… 11

オルタナティブフードネットワーク
　（AFN）…… 274

温室栽培 …… 49

■か行

カーギル社 …… 8, 11-12

カーライル土地保全財団 …… 41

外国籍企業 …… 175

過去実績方式 …… 130, 136-137,
　165-166

ガット（GATT）…… iii, 1, 8-9

カノバ（CANOVA）…… 261

可変輸入課徴金 …… 127

環境保護要件 …… 131-132

環境保全的農業 …… 38

カンピ・アペルティ …… 275, 278, 281

既往加盟国 …… 133-136

気候・環境スキーム …… 162-163

技術移転 …… 175

基礎支払い制度 …… 138

基本支払い事業（BPS）…… 187

キャボット（Cabot）…… 69, 73-76, 80,
　83

キャボット農家協同組合乳業 …… 71

共通市場機構（CMO）…… 125, 127,
　131, 158

共同拠出 …… 127, 146

共同経営者 …… 247

共同農場（Gemeinschaft）……124, 230

協同バイオガス事業 …… 219-220

キリスト教社会同盟（CSU）…… 214

切離し方式（delinking, デリンキング）
　…… 204

クラフト社 …… 69, 71, 74-76

グリーニング支払い …… 141-145,
　162-163, 165-166

グリーンアーキテクチャー …… 162

グリホサート …… 14, 18

クリントン民主党政権 …… 1, 8

クレジット・ユニオン …… 84

クローズド・マーケット …… 257

クローバー類（Klee）…… 236
クロスコンプライアンス …… 132, 134, 142, 156, 160, 162, 165
経済連携協定（EPA）…… 10, 19, 194
結束政策 …… 136, 157
工業的フードシステム …… 34
公共保存地管理財団 …… 97
後継者問題 …… 176
高設ベッド（Raised-Bed）…… 56-57, 59
コープイタリア …… 260
国営農場 …… 134, 169-171, 213
穀物農場 …… 27
国立公園管理局 …… 96
国連サミット …… iv, 4
国連食糧農業機関（FAO）…… 4-5
国連人権理事会 …… iv, 5, 11
国連農業開発基金（IFAD）…… 5
固定価格買取り制度（Feed in Tariff, FIT）…… 216, 218, 224-225, 228
コミュニティ（農村）…… 6, 19-20, 33, 37-38, 42, 53, 55, 57, 60-62, 71, 83, 98, 207, 220, 279
コミュニティ・パワー …… 220
コミュニティ食料保障連合 …… 39
雇用型法人経営 …… 45
コルナレ農協 …… 275
混合方式（hybrid model）…… 130
コンチネンタル・グレイン社 …… 8, 11-12
コンディショナリティ …… 162, 165

■さ行
ザ・フード・プロジェクト …… 41, 46, 52-54, 60, 62, 64-65
財政移転（効果）…… 135-136
再生可能エネルギー …… 118, 216, 218, 220, 225, 228-229, 231, 234, 268

再生可能燃料基準法 …… 12
再分配支払い …… 141, 143-145, 148, 163, 166
搾乳ロボット …… 85-86, 90, 232-234, 236
サッチャー政権 …… 1
サプライチェーン（付加価値連鎖）…… 33, 36, 83, 155, 202-205, 208-209, 241, 257, 260-261
サンキスト（Sunkist）…… 85
シードクルー（Seed Crew）…… 59-60
支援出資（Sponsored Share）…… 44
次期CAP改革案 …… 124, 155, 158
施設園芸農場 …… 27
自然制約地域支払い …… 141, 144, 162, 163
持続可能な開発目標（SDGs）…… 4, 17
持続可能な農業ネットワーク（RAD）…… 253
社会的協同組合 …… 266, 270, 281
社会的公正 …… 39, 59-60, 65
シャトーゲイ協同組合販売協会 …… 71
ジャンクフード …… 33, 37
収穫体験（you pick）…… 43-44, 46
集団化 …… 169-170, 172
集団農場 …… 134, 169, 170-171, 230
シュレーダー政権 …… 1
小規模農業者制度 …… 141, 144-145, 163
条件不利地域助成 …… 132
条件不利地域平衡給付金 …… 233
常雇労働者 …… 247
ショートサプライチェーン（SSC）…… 209, 275
ショートフードサプライチェーン（SFSC）…… 257, 280-281
職業訓練制度 …… 202, 205

297

食品加工業 …… 175

食料主権論 …… 209

食料不安（food insecurity）…… 38

除草剤 …… 3, 14

自留地 …… 134

新自由主義グローバリズム …… iv-v, 1-2, 4, 7-8, 11, 13, 18, 232

審判員制度 …… 208

スオーロ・エ・サルーテ …… 258

スプロール化 …… 26, 91, 102, 114

生活協同組合 …… 269, 271

生産者共販組織（PO）…… 208

生産と結びついた生物多様性措置（PIB）…… 227

青少年教育 …… 59

生乳市場観測 …… 151

生乳生産割当制度（ミルククオータ）…… 123, 136, 143, 150

青年農業者支払い …… 141, 144, 163

生物多様性条約（COP）…… 4

世界社会フォーラム …… 11, 13

世代交代 …… 175-176, 178

全国有機プログラム …… 34

全国酪農市場損失支払（DMLPまたはMILC）…… 68

全農場管理アプローチ …… 203

総合的病害虫管理（IPM）…… 46

草地型酪農 …… 252-254, 256

粗放的農業 …… 27, 280

■た行

ダートクルー（Dirt Crew）…… 59-60

ダーンステイブル農村ランドトラスト …… 105

第1の柱 …… 125-127, 142, 150, 158, 191

大規模農業経営体 …… 134

体制転換 …… 169-170, 173, 177

代替経済 …… 273

大都市メガ・スラム …… 3

第2の柱 …… 123, 125-127, 141, 150, 158

太陽光パネル …… 234

多国籍アグリビジネス …… iii, 13, 15, 30, 36, 61

多国籍企業 …… iii-v, 7, 10, 14, 18

ダドリー・ストリート・ネイバーフッド・イニシアチブ …… 55

多年度財政枠組制度（MFF）…… 140, 156, 158

多面的機能 …… 4, 123, 130-134, 136, 141, 155, 159, 164, 166-167

単一支払い（SPS）…… 128-130, 132, 134, 137, 142-143, 164, 187, 190

地域方式（regional model）…… 130, 137-138

地球環境サミット …… 4-5

中央計画経済 …… 169, 172

鳥類保護州連盟（LBV）…… 228

直接支払い制度 …… 123, 127-128, 130, 132-133, 136, 140-141, 144, 156, 160, 162-163, 165-167, 190, 207

直接販売 …… 25, 28-29, 34-35, 38, 40, 42-43, 45, 48, 50-51, 56, 58, 61

チョバニ社（Chobani）70, 75

デカップリング …… 9, 18, 128, 130, 134, 143, 148, 164-166

ドイツ在来種 …… 237

ドイツ農業者同盟（DBV）…… 19

ドイツ養蜂家連盟 …… 227

ドイツ酪農家全国連盟（EDM）…… 19, 21

ドーハラウンド …… 133

特別支援措置（SAPARD）…… 134

事項索引

都市近郊農業 …… 29
都市食料政策ミラノ協定 …… 39
都市農場 …… 54, 60
土壌栄養管理計画 …… 81
ドラムリン農場 …… 54, 58
トレーサビリティ …… 198, 271

■な行
ナトゥアラント（Natualand）…… 235
肉牛放牧農場 …… 27
二国間自由貿易協定（FTA）…… 10
任意カップル支払い …… 141, 143-145,
　163
認証有機（農場）…… 28-29
認定生産者組織 …… 151-152, 154
ネオニコチノイド系農薬 …… 18
熱電併給（コージェネレーション）……
　218, 229
年間充用労働単位（AWU）……
　184-185
農業機械共同利用組合（CUMA）……
　247
農業教育 …… 40, 44, 53, 55, 59, 61-62,
　64-65
農業共同経営集団（GAEC）…… 124,
　245-246, 255
農業経営の二極分化 …… 30
農業生産協同組合（LPG）…… 213, 277
農業の工業化 …… v, 3, 13, 17-18, 25,
　30, 32, 34
農業保全地役権制度（APR）…… 92,
　100, 109-120
農業有限会社（EARL）…… 246
農場勤労者同盟（LWA）…… 179
農場事業体経営調査（FBS）…… 183
農場ブランド（Farm brands）…… 199

農村振興政策 …… 123, 125-127,
　131-132, 134, 136-137, 141-142,
　144, 146, 151, 159-162, 164, 210
農村信用組合 …… 216, 230
農地購入権 …… 177
農地争奪（ランドラッシュ）…… 3
農地保全プログラム（FPP）…… 100
農民の権利宣言 …… 13, 21
農民連盟（Conféderation paysanne）
　…… 250-251, 253

■は行
パートタイム …… 45, 88, 183-184,
　186-188, 192-193
パートナーシャフト …… 214
バイエル社 …… 15, 21
バイエルン州農業環境景観保全プログ
　ラム（KULAP）…… 214
バイエルン州農業者同盟 …… 227
バイエルン州農業振興法 …… 214
バイエルンの道 …… 213-214
バイオテクノロジー …… iv, 11, 14, 17,
　18, 30
バイオ燃料（エタノール）…… 12
バイオマス発電 …… 224
バイタル・キャピタル・インデックス
　（Vital Capital Index）…… 82
ビア・カンペシーナ …… iv, 4-5, 11, 13,
　15, 21, 250
非営利組織 …… 39-41, 52-53, 55, 61,
　63-65
非家族農場 …… 31, 41, 61
ビビ・ベルデ（ViVi Verde）…… 260
貧困救済団体 …… 53, 56-59, 61
ファーストフード …… 37-38

299

ファーマーズ・マーケット …… 25,
　34-35, 38, 46, 48, 54, 56-58, 60, 64,
　105, 274, 276-278, 281
ファームスタンド …… 43, 46, 48, 56
フードジャスティス（「食の正義」運
　動）…… 39, 60
フードデザート …… 37-38
フェアトレード運動 …… 9, 13
付加価値税（VAT）…… 170-171, 266
複合作経営 …… 240
不公正取引慣行（UTPs）…… 150,
　154-155, 165
部分的平準化 …… 137-139
フランス酪農協同組合連盟 …… 249
ブルー・ダイアモンド・アーモンド生
　産者協同組合 …… 84
ブレア政権 …… 1
ブレグジット（Brexit）…… 179,
　192-193, 199-200, 202, 204, 206,
　209-210
ベイカーブリッジ農場 …… 54, 58
平和部隊 …… 48
ヘーゼルナッツ協同農園 …… 229-231
ヘリンボーン式ミルキングパーラー
　…… 88
ヘルリート農場 …… 234, 236-237
法人化（LLC）…… 16, 45, 246
法と正義 …… 174, 177
放牧養豚（肉豚肥育）…… 42
ホールクロップサイレージ …… 222
補完性の拡大 …… 159
補完的青年農業者所得支持 …… 163
北東部諸州酪農協定 …… 67
補償支払い …… 131, 137
ボストン大学アマースト校 …… 105
保全地 …… 41, 49, 58, 63, 86, 91, 95,
　103, 106, 110

保全地役権 …… 41, 63, 91-103, 106,
　109-110, 118-120
ボックススキーム …… 273, 275-276
ポリスパワー …… 94

■ま行
マーケットガーデン（market-garden）
　…… 209
マサチューセッツ州オーデュボン協会
　…… 52
マサチューセッツ州ランドトラスト連
　合（MASSLAND）…… 104
マシーネンリンク …… 214, 216, 221,
　223, 230-231, 236
マッカダム（McCadams）…… 69, 75
マンスホルト・プラン …… 211, 213-215
ミツバチ …… 202, 223-224, 227-228
ミルクパッケージ …… 150-151
面積単価平準化 …… 137
モジュレーション …… 132, 134, 146,
　148, 166
モノカルチャー化 …… 19, 32
モンサント社 …… 14-15, 21
モンローストリート農場 …… 54, 57

■や行
野菜農場 …… 27
野生植物 …… 223, 225-228
有機小売業 …… 257
有機専門チェーン店 …… 258
有機農業 …… 13, 17, 19-20, 25, 27-29,
　33-34, 38, 40, 46, 49, 61, 126,
　202-203, 207, 223, 232, 235,
　257-259, 262, 268, 276, 281
　――企業的有機農業 …… 34
　――スーパーマーケット有機 ……
　13, 20, 29, 34

事項索引

有機農産物市場 …… 257, 261-262
有限責任農業経営（EARL）…… 124
輸出補助金 …… 126-128, 134, 152
余暇経営 …… 185

■ら行・わ行
ライタ社 …… 249
ラウンドアップ …… 14
ラクタリス社（Lactaris）…… 252
酪農専門経営 …… 240, 243, 245
酪農マージン保護計画 …… 68
らでぃっしゅぼーや …… 275
ラムサール条約 …… 4
ラングドンストリート農場 …… 54-55
ランドトラスト …… 54, 56, 91-106,
　　109, 111, 113, 115, 118-119
ランドトラスト連盟 …… 97
リスク管理施策 …… 126, 152-153
リンカーン保全委員会 …… 58
倫理的ファンド …… 268
ルートクルー（Root Crew）…… 59-60
レヴィットタウン …… 93
レーガン政権 …… 1, 37
連帯経済 …… 262
連盟協同組合連合会 …… 71
連邦児童労働法 …… 52
連邦ミルク・マーケティング・オー
　　ダー …… 67
労働者協同組合 …… 268
ローカルフード（システム）…… 13,
　　19-20, 33, 35-36, 38-41, 60-63, 65,
　　91-92, 105, 109, 120, 202
ロートハウプト農場 …… 232-234, 236
ロングフードサプライチェーン
　　（LFSC）…… 257, 281
若手農業者就労支援 …… 176

301

◆執筆者紹介◆

村田　武（むらた たけし）　編者，序章
　金沢大学・九州大学名誉教授　博士（経済学）・博士（農学）
　主要著作：『現代ドイツの家族農業経営』筑波書房，2016年，
　　　　　　『食料主権のグランドデザイン』（編著）農文協，2011年

椿　真一（つばき しんいち）　第1章
　愛媛大学農学部准教授　博士（農学）
　主要著作：『東北水田農業の新たな展開　秋田県の水田農業と集落営農』筑波書房，
　　　　2017年，『転換期の水田農業　稲単作地帯における挑戦』（共著，「第4章 JA
　　　　による担い手経営体支援の現状と今後の対応方策」）農林統計協会，2017年

佐藤加寿子（さとう かずこ）　第2章
　弘前大学農学生命科学部准教授　博士（農学）
　主要著作：『転換期の水田農業―稲単作地帯における挑戦―』（編著）農林統計協
　　　　会，2017年。『新大陸型資本主義国の共生農業システム　アメリカとカナダ』
　　　　（共著）農林統計協会，2011年

橋本直史（はしもと なおし）　第3章
　徳島大学生物資源産業学部講師　博士（農学）
　主要著作：「JAとうや湖におけるグローバルGAP取得と将来展望」『農業と経済』
　　　　2017年10月号。「北海道米における「内部規格」導入の影響に関する考察―
　　　　ホクレンの集荷・販売対応―」日本農業市場学会『農業市場研究』第23巻第
　　　　4号，2015年3月

平澤明彦（ひらさわ あきひこ）　第4章
　㈱農林中金総合研究所基礎研究部長／主席研究員　博士（農学）
　主要著作：『日本農業年報60　世界の農政と日本―グローバリゼーションの動揺
　　　　と穀物の国際価格高騰を受けて―』（編集担当・共著），農林統計協会，2014年。
　　　　「次期EU共通農業政策（CAP）改革の方向性」『食農資源経済論集』63（1），
　　　　2012年4月

弦間正彦（げんま まさひこ）　第5章

早稲田大学理事／社会科学総合学術院教授　Ph.D.

主要著作：Profit Based Efficiency Measures, with an Application to Rice Production in Southern India（Smith, R., K. Palanisamiと共著）, *Journal of Agricultural Economics*, Agricultural Economic Society（UK）, Volume 62.2, 2011; The Stabilization Value of Groundwater and Conjunctive Water Management under Uncertainty（Y. Tsurと共著）, *Review of Agricultural Economics*, American Agricultural Economic Association, Vol. 29 Number 3, 2007

溝手芳計（みぞて よしかず）　第6章

駒澤大学経済学部教授　経済学修士

主要著作：「グローバル化・リージョナル化とEUの農業・農政―食品アグリビジネスとの関連を中心に―」加瀬良明編『グローバル資本主義と農業』筑波書房，2008年，「近年におけるイギリス農業構造の変貌―大規模農場への生産の集中を中心に―」『駒澤大学経済学論集』第50巻第4号，2019年

河原林孝由基（かわらばやし たかゆき）　第7章

㈱農林中金総合研究所主席研究員

北海道大学大学院農学院博士後期課程在籍中

主要著作：『自然エネルギーと協同組合』（共編著）筑波書房，2017年，「第8章 原発災害による避難農家の再起と協同組合の役割―離農の悔しさをバネに「福島復興牧場」を建設へ―」，『原発災害下での暮らしと仕事 生活・生業の取戻しの課題』筑波書房，2016年

石月　義訓（いしづき よしのり）　第8章

明治大学農学部准教授

主要著作：「フランスの家族農業経営と農協」村田武編『再編下の家族農業経営と農協』筑波書房，2004年。「先進国農業・農業政策の特徴―CAP改革・農業保護から農村振興へ」明治大学農学部食料環境政策学科編『食料環境政策を学ぶ』日本経済評論社，2011年

岩元　泉（いわもと いずみ）　第9章

鹿児島大学名誉教授　農学博士

主要著作：『現代家族農業経営論』農林統計出版，2015年

新自由主義グローバリズムと家族農業経営

2019年12月27日　第1版第1刷発行

編　者　村田 武
発行者　鶴見 治彦
発行所　筑波書房
　　　　東京都新宿区神楽坂2－19 銀鈴会館
　　　　〒162－0825
　　　　電話03（3267）8599
　　　　郵便振替00150－3－39715
　　　　http://www.tsukuba-shobo.co.jp

定価はカバーに示してあります

印刷／製本　中央精版印刷株式会社
©2019 Printed in Japan
ISBN978-4-8119-0564-8 C3061